KB183948

브레인 밸런스

브레인 밸런스

정신의학이 찾아낸 균형 잡힌 뇌

커밀라 노드

진영인 옮김

역자 진영인

대학에서 심리학과 비교문학을 공부했다. 옮긴 책으로는 『마음이 아픈 사람들』, 『보이지 않는 질병의 왕국』, 『나를 알고 싶을 때 뇌과학을 공부합니다』, 『퍼스트 셀』, 『우리가 사랑한 세상의 모든 책들』 등이 있다.

브레인 밸런스 : 정신의학이 찾아낸 균형 잡힌 뇌

저자/커밀라 노드
역자/진영인
발행처/까치글방
발행인/박후영
주소/서울시 용산구 서빙고로 67, 파크타워 103동 1003호
전화/02 · 735 · 8998, 736 · 7768
팩시밀리/02 · 723 · 4591
홈페이지/www.kachibooks.co.kr
전자우편/kachibooks@gmail.com
등록번호/1−528
등록일/1977. 8. 5
초판 1쇄 발행일/2024. 11. 15

값/뒤표지에 쓰여 있음

ISBN 978−89−7291−857−8 03400

차례

RPL에게

서론

기쁨은 그야말로 인간의 광기이다.
—제이디 스미스

완벽한 기쁨을 느낀 가장 최근의 순간은 언제인가?

2019년 여름, 스물아홉 살의 나는 케임브리지 언저리의 작은 숲속에서 결혼식을 올렸다. 그때가 딱 적기였다. 1년 후, 서른 살 친구들이 가장 많이 약혼한 시점에 하필이면 코로나19가 유행했고, 결혼식은 취소되거나 연기되거나 아니면 증인만 참석하여 치러졌다. 그렇지만 내 결혼식 전날 밤에도, 객관적으로 그렇게 큰일은 아니지만 문제가 생기기는 했다. 비가 퍼붓기 시작한 것이다. 새벽 2시 무렵에는 비바람이 성서 속 폭풍처럼 야단스럽게 몰아쳤다. 손님용 침실로 옮겨간 나는 밤새도록 잠을 이루지 못했다. 불안해서 속이 쓰린 가운데 숲에 마련해둔 탁자며 의자, 건초 더미, 소파가 흠뻑 젖는 모습을 상상했다. 진흙 범벅이 된 양가의 가족이 하필이면 영국의 여름에 야외에서 식을 치르기로 한 우리의 무모한 결정을 용서하지 않을지도 모른다는 생각에 사로잡혔다.

그렇지만 다음 날 정오가 되자 숲에는 폭풍의 흔적이 하나도 남아 있지 않았다. 나뭇잎 사이로 흘러들어온 햇빛이 내 결혼식에 참석하리라고 수년간 한 번도 기대한 적 없던 친척들의 머리 위로 내려앉았다. 나는 내 인생의 파트너를 돌아보았다. 그리고 이후 잠들기 전까지 열 시간 동안 환희를 만끽했다(완전히 푹 잠들어버린 까닭에 그날 밤에는 비가 왔는지

어땠는지 모른다).

***

기쁨은 잠시 왔다 가는 감정으로, 수량화가 불가능하다. 본질상 희귀하고 예상하기가 어렵다. 매일 같은 일상에서 예측하는 수준을 훨씬 뛰어넘는 색다른 감정이다. 기쁨을 가져다주는 독특한 경험을 누리는 날은 많지 않다. 일상은 대체로 좋은 일도 있고 나쁜 일도 있으며, 예측이 가능한 일과 불가능한 일로 구성된다. 뜻밖의 성공도 주어지고, 생각지도 못한 손해도 겪는다. 이 책은 우리를 둘러싼 세상에서 시간에 따라 변하는 복잡한 정보를 예측하는 법을 학습하여, 자기 자신의 정신 건강을 감지하는 힘을 기르는 책이다.

기쁨보다 일상적인 감정이 쾌감이다. 우리는 평균적으로 적어도 하루에 한 번 쾌감을 경험한다.[1] 쾌감을 "웰빙wellbeing"을 감지하는 구체적인 방법이라고 보는 연구자들도 있다. 웰빙은 보통 두 가지 기본 범주로 구성된다. 첫 번째는 어느 한순간의 기분 좋음이고, 두 번째는 삶 전반에 걸친 좋음이다. 아리스토텔레스는 이 두 범주에 각각 해당하는 용어를 제시하면서, 첫 번째 범주를 **헤도니아**hedonia라고 불렀다. 헤도니아는 행복하고 즐거운 느낌을 뜻하며, 대체로 심리학자들이 실험을 통해서 측정한다. 또한 이것은 행복에 관한 유명한 두 가지 정의와도 관계가 있다. 제러미 벤담은 행복이란 "고통이 없는 가운데 즐거움을 누리는 것"이라고 정의했다.[2] 대니얼 카너먼은 행복을 "시간에 걸쳐 순간순간 느끼는 즐거움과 고통의 기록"이라고 보았다.[3] 한편 개인이 아니라 한 나라가 다른 나라보다 얼마나 더 행복한지 알고자 하는 사회과학자라면 두 번째 범주 **에우다이모니아**eudaimonia를 측정할 것이다. 에우다이모니아는 만족스러운 삶, 즉 개인의 잠재성 실현을 뜻한다. 사회과학자의 작업은 다음의 질문에 답할 수 있다. 부유한 사람들이 삶에서 더 많은 만족을 느끼는가? (어느 정도까지는 그렇다고 한다.[4] 제10장을 보라.)

개인적으로, 웰빙에 관한 두 가지 고전적 정의에는 차이점보다 공통점이 더 많다고 생각한다. 연구에 따르면, 일상에서 더 많은 쾌감을 경험하는 사람이 삶에 더 만족한다. 에우다이모니아의 경험은 헤도니아와 씨실과 날실처럼 엮인다.[5] 그리 놀랍지는 않은 이야기이다. 개인의 내면에서 두 범주는 밀접한 관계를 맺기 때문에 서로 분리해서 측정하는 일이 불가능할지도 모른다. 전 세계 사람들을 대상으로 각각 질문을 던져 헤도니아와 에우다이모니아를 측정해보면 둘은 거의 완전한 상관관계를 보이므로(0.96), 이 둘이 정말 다른 것인지 의심하게 된다.[6] 게다가 헤도니아와 에우다이모니아를 구분한 질문을 제시하여 사람들에게서 대답을 얻을 수는 있지만, 이처럼 "웰빙"을 두 범주로 나누지 않고 하나로 보고 계산 할 때 수학적으로 더 그럴듯한 설명이 도출되었다.[6] 쾌감과 삶의 만족감은 개념상 다를지 몰라도 기능적으로는 웰빙의 전체 개념을 똑같이 아우른다는 말이다.

정신 건강의 개선은 수십, 수백, 수천 년 동안 인류의 과제였다. 그렇지만 오늘날에도 사회와 과학은 이 문제로 다급히 씨름하고 있다. 이 책에서는 순간적이든 지속적이든 더 좋은 상태란 무엇인지 신경과학이 밝힌 내용을 살펴볼 것이다. 정신적으로 건강한 느낌이 어디에서 비롯되는지 근원을 파고들겠다는 말이다. 일상의 자잘한 쾌감에서 헤도니아를 경험하는 이유는 무엇일까? 긍정적인 사건과 부정적인 사건의 경험이 인생 전반에 대한 부정적 혹은 긍정적 감각의 구축에 어떻게 영향을 미칠까? 이 같은 과정을 뒷받침하는 메커니즘에 작은 변화가 일어나면, 그것은 어떤 과정을 거쳐 정신 건강의 악화로 이어지게 될까? 그리고 약물, 운동, 심리치료 같은 정신 건강의 개선을 위한 개입이 어떤 과정을 거쳐 효과를 거두는 것일까?

정신 건강이란 무엇인가?

우리 연구실은 강과 목초지로 둘러싸인 케임브리지 대학교의 MRC 인지 및 뇌과학 연구소에 소속되어 있다. 연구실에서는 정신 건강의 향상 혹은 악화를 유발하는 뇌 과정을 알아내는 실험을 수행하는데, 특히 정신의학적 장애가 있는 사람들을 대상으로 한다. 이 과정을 해독하면 훗날 치료법 개발 및 개선에 도움을 줄 수 있다. 그런데 정신 건강은 사람마다 그 의미가 아주 다를 수 있다. 신경과학자들은 "정신 건강mental health"의 보편적인 정의에 대해서 합의를 보지 못했다. 이 문제에 대한 명확한 입장이 있는지 심리학이나 철학 혹은 다른 어떤 분야를 찾아봐도 확인할 수가 없다. 여러분은 이것이 나처럼 정신 건강을 연구하는 과학자들에게 문제가 될 것이라고 생각할지 모르겠다. 그러나 철학적 난제가 있다고 해서 그것이 흥미로운 실험에 방해가 되도록 내버려두는 신경과학자는 많지 않다. 정신 건강이 좋다는 말은 임상 지수에서 점수가 낮게 나왔다는 뜻이기도 하다(임상 지수 자체로 우울증, 불안, 스트레스 및 여러 요인을 측정할 수 있다). 때로는 웰빙 지수에서, 예를 들면 삶의 만족도 같은 항목에서 나오는 긍정적인 점수를 활용하기도 한다. 한편 뇌의 특정 화학물질, 동물이나 인간이 수행하는 행동, 뇌의 활동 영역이 정신 건강의 어떤 측면(기쁨, 보상 등)을 보여준다고 추론할 수도 있다. 정신 건강을 전체적으로 파악하려면 경험적 차원에서부터 생물학적 차원까지 모든 측면을 아우르면서 그 경로를 찾아나서야 한다.

이 책에서는 주요 우울증, 조현병, 범불안장애 등과 같은 장애를 언급할 때 "정신 건강 상태mental health conditions", "정신의학적 장애psychiatric disorders", "정신질환mental illness"과 같은, 비교적 호환이 가능한 용어들을 사용할 것이다. 이 같은 의학적 용어들은 기능이 손상되고 구체적 진단 기준을 충족할 만큼 정신 건강이 심하게 나빠진 상태를 가리킨다. 그렇지만 과학자들이 이런 질환을 언급하는 방식은 끊임없이 변화하고 있다. 이 책에서도 전통적인 진단 기준을 충족하지 못하는 문제, 혹은 하나의 진단 기준에 딱 맞게 떨어지지 않는 문제를 일컬을 때에는 "정신 건강 문제" 혹은 "정신 건강의 저하"와 같은 보다 일반적인 표현을 사용할 것이다. 어떤 경우든 정신 건강이 좋지 않은 사람들은 본인에게 가장 의미 있는 용어로 경험을 설명할 수 있음을 기억해두자(예를 들면 "장애"나 "질병" 등의 표현보다 "경험" 혹은 "문제" 같은 표현을 쓸 수 있다).

뇌의 정신 건강에 관한 내 입장은, 그것이 일종의 균형 문제라는 것이다. 생물학에서 살아 있는 유기체는 항상성을 유지함으로써 생존한다. 항상성이란 생명이 어떤 변화를 겪어도(외부 온도, 혈당 수치, 수분 등) 그와 상관없이 내부가 비교적 안정된 상태를 뜻한다. 그런데 균형을 유지하려면 변화가 필요하다. 우리의 몸은 체온을 낮추기 위해서 땀을 흘린다. 우리는 혈당을 올리기 위해서 도넛을 먹고, 달리기 시합 후에는 음료수를 마신다. 우리가 "정신 건강"이라고 여기는 대상 또한 항상성이 필요하다. 신체의 항상성처럼 "뇌의 균형"을 유지하기 위해서는 환경에 맞춰 유연하게 변화할 필요가 있다. 여기서 환경이란 일상의 다양한 스트레스 요인으로 우리를 힘들게 하는 외적 환경뿐만 아니라, 정서적 고통이나 심지어 감염과 같은 사건으로 우리를 힘들게 할 수 있는 내부적 환경까지 포함한다. 우리가 생존 가능성을 높이는 방향으로 기능하는 데에 방해가 되기 보다는 도움이 되는 고유한 힘이 바로 균형을 잡는 능력이다. 삶의 어느 시점에서 정신 건강이 나빠진 사람들은 이 문제로 인해서 일상적 활동이나 사랑하는 사람과 시간을 보내는 일, 이 세상에서 잘 살기 위해서 꼭 해야 할 일이 어려워지기도 한다.

정신 건강은 어디에서 기인할까?

정신 건강은 뇌의 다양한 과정을 통해서 유지된다. 기쁨 및 고통과 관련된 과정도 있고, 동기와 학습을 뒷받침하는 과정도 있다. 뇌의 생물학, 그리고 뇌가 신체와 맺는 밀접한 관계가 우리의 정신 상태를 창조하고 유지하며 보호한다. 정신 건강을 유지하거나 강화하기 위해서 우리는 이미 여러 가지 기술을 사용하고 있을지도 모른다. 그리고 이 기술들은 앞에서 언급한 뇌의 몇몇 과정에 각각 특별한 영향을 미칠 것이다. 그렇지만 벌써 눈치챘을 텐데, 지인이 직접 하고 있다며 어떤 기술을 권할지라도("요가를 해봐!") 우리 자신에게는 그것이 전혀 효과가 없을 수 있다. 정신 건강을 위한 어떤 개입이든, 개인의 뇌(그리고 신체)에서 일어나는 과정의 특성에 따라 효과가 있을 수도 있고 없을 수도 있기 때문이다. 뇌에서 끊임없이 일어나는 생물학적 과정들은 흔히 미세한 유전적 차이에 의해 형성되며, 특정 생각이나 기분 혹은 행동 패턴의 전체적 성향에 영향을 미친다. 뇌의 생물학적 과정들이 성년 이전에 겪은 전반적 경험에 따라 형성된다는 점 또한 마찬가지로 중요하다(성년 이전이라고 한 것은 정신 건강 혹은 정신질환에서 결정적인 모든 경험이 보통 유년 시절에 일어난다고 보기 때문이다. 유년 시절에 그 위험성이 가장 높고, 경험 자체는 생애 전반에 걸쳐 일어날 수 있다). 이들은 독립적이지 않으며, 서로 영향을 주고받는다. 인생의 경험에 따라 유전적 소인이 달라질 수 있고, 그렇게 달라진 소인이 생물학적 과정에 영향을 미친다. 또 (대중적으로는 쉽게 간과되지만) 유전적 구성에 따라 특정 맥락에서의 경험이 다르게 받아들여지고, 그 다르게 받아들여진 경험이 생물학적 과정에 영향을 미친다. 그러나 뇌의 과정이 "생물학적"이라고 해서 고정된 원인이 있다는 뜻은 아니다. 이 요인들(그리고 이들이 주고받는 상호작용)은 역동적이고, 특정 발달 단계에서 특히 아주 중요하다. 그러면서도 인생 전반에 걸쳐 의미가 있다.

왜냐하면 신경계의 여러 요소들은 잘 변하며, 주변 환경에 의해서 모양이 잡히기 때문이다. 여기에서 "신경계"는 뇌와 척수를 뜻하지만, 신체의 나머지 부위와 의사소통하는 폭넓은 양방향성 경로 또한 가리킨다. 신경계의 기능은 (몇 가지 예를 들면) 유전적 구성, 문화적 요인, 경제적 안정성, 스트레스를 주는 인생의 경험, 우리가 사회적 관계를 맺는 세상, 식생활, 신체 상태 등의 영향을 받는다. 이 모든 요인이 신경계에 영향을 미쳐 우리의 정신 건강에까지 가닿는 것이다. 이토록 폭넓은 요인들로 인해서 현상을 측정하거나 수량화하는 작업은 불가능해 보일 수 있다. 분명 아주 까다롭다. 그렇지만 각각의 요인이 신경계의 생리적 과정에 변화를 주어 정신 건강을 향상시키거나 악화시킨다. 정신 건강의 저하는 몸 안팎의 아주 다양한 원인에 의해서 발생할 수 있다. 또한 앞으로 살펴보겠지만, 그만큼 아주 다양한 몸 안팎의 사건들을 계기로 정신 건강을 증진하거나 치료할 수 있다. 그렇지만 원인이 무엇이든 뇌는 정신 건강의 최종적인 공통 경로로, 모든 위험 요인과 모든 치료의 궁극적인 목표이다.

놀랄지도 모르겠다. 직감에 따르면, 정신 건강은 신체 건강과는 조금 다르게 작동할 것 같다. 신체 건강은 심장병이나 당뇨처럼 특정 기관이나 기관계의 문제이다. 여기서 정신 건강도 신체적 문제라는 주장까지 꺼내면 멸시당할 것 같다. 물론 정신 건강은 의심의 여지 없이 여러 중대한 사회적 요인에 영향을 받는다(사회적 요인은 정신 건강에만 고유한 원인이 아니다. 폐나 심장 같은 장기 체계에 영향을 주는 질병 또한 불평등한 오염이나 건강식품 접근권 같은 사회적 원인에 의해 일어날 수 있기 때문이다). 그러나 이렇게 사회가 유발하는 질병의 종착역이 우리의 생명 현상이듯, 어떤 정신 상태든 그 경험은 결국 신체적 과정이다. 살다 보면 어느 순간 정신 건강이 취약해지는 때가 있다. 이 같은 변화의 기저에는 끊임없이 일어나는 뇌의 생물학적 과정이 존재한다. 이 과정을 토대로 우리는 세상을 지각한다. 여기에서 세상이란 바깥 환경과 신체(내부 환경)를 가리킨다. 이 생물학적 과정에 변화가 생기거나 혹은 같은 과정이라도 경험을 다르게 헤아리면 지각 과정에 왜곡이 일어나고 부적응 상태가 되며, 인생의 목표를 추구하기가 어려워진다. 이런 상황이면 우리가 "정신질환"과 관련짓는 증상이 생길 수 있다. 이는 당신의 감정, 생각 혹은 행동이 일상생활을 심하게 방해하는 수준을 가리킨다. 예를 들어 만성적인 우울과 자살충동에 빠지거나(주요 우울증과 양극성장애 등), 인생의 중요한 일을 가로막는 반복된 생각(범불안장애, 사회공포증, 강박장애와 같은 질환) 혹은 현실과 어긋난 감각(조현병 같은 정신증적 장애)에 사로잡힐 수 있다.

뇌는 정신 건강을 유지하는 기능이 있지만, 정신질환을 촉발할 수도 있다. 예를 들면 뇌는 세상에서 일어나는 사건을 학습하고 예측할 수 있다. 외부 환경(근처에 호랑이가 있는가?)과 내부 환경(나는 배가 고픈가? 목이 마른가? 두려운가?)에 관해 예측하는 것이다. 가장 관심을 사로잡는 중대한 대목은, 예측이 어긋나면 학습이 필요하다는 점이다. 뇌는 세상에 대한 인식을 갱신할 필요가 있다. 예측과 학습의 과정은 대체로 무의식적이며, 일상의 기본 경험과 얽혀 있다. 예를 들어 우리는 살면서 대놓고 명시적으로 배운 적이 없어도(아마도 그럴 것이다) 물체는 아래로 떨어진다고 학습했다. 정신 건강의 맥락에서 보면, 당신은 당신의 기분과 감정과 사고방식에 어떤 것들이 영향을 미치는지 학습했다. 당신은 새로운 사람을 만나면 상대가 긍정적인이거나 부정적인 반응을 보일 것이라고 기대할 수 있다. 일상의 활동에서 큰 즐거움을 기대할 수도 있고, 거의 기대하지 않을 수도 있다. 통증 혹은 다른 신체 신호에 특히 민감할 수도 있고, 아닐 수도 있다. 이 같은 기대가 당신의 정신 건강이 저하될 가능성에 영향을 미친다.

예를 들면 웰빙과 행복, 즐거움, 신남 같은 긍정적인 감정을 아우르는 일반 법칙은 일의 결과가 우리 뇌의 기대보다 더 좋을 때(그렇지만 우리 뇌의 예측 범위 내에 있을 때) 긍정적인 감정이 생겨난다는 것이다. 이 말은 좋은 결과를 기대하면 정신 건강에 도움이 되는 한편, 실제 결과보다 살짝 덜 좋은 쪽을 기대하면 훨씬 도움이 된다는 뜻이다. 웰빙을 일시적으로 증진하는 것은 바로 뜻밖의 긍정적인 경험이다(제3장 참고). 이 세상의 경험은 때로 우리의 기대보다 훨씬 더 나을 수도 있다. 진흙투성이가 될 줄 알았던 예상을 아슬아슬하게 빗나간 결혼식은 너무나 긍정적인 놀라움이라, 일시적으로 웰빙에 큰 영향을 미친다. 그렇지만 당신이 경험하는 놀라운 사건은 대체로 그리 대단치 않은 방식으로, 반복적인 일상처럼 일어난다. 보통 평범하고, 때로는 실망스럽고, 가끔은 특이한 그런 일상이 오랜 시간 쌓이고 쌓여 정신 건강에 대한 감각에 영향을 미치게 된다. 이 같은 기대의 구축은 뇌의 학습 과정을 통해서 일어난다. 그리고 (긍정적이든 부정적이든) 놀라운 사건을 계기로 세상을 경험하는 방식이 하루하루 미묘하게 달라지는 것이다. 이 같은 기대, 놀라움, 학습의 과정은 정신 건강의 가장 근본적인 구성 요소이다. 우리가 어떻게 회복탄력성을 얻는지, 또 어떻게 정신장애를 겪을 위험에 처하는지와 같은 문제도 기대, 놀라움, 학습의 과정을 연구하면 답을 구할 수 있다. 다양한 치료법과 개입이 정신 건강의 어떤 측면을 핵심 목표로 삼는지에 대한 답도 구할 수 있다.

우리의 뇌에 반영된 세상의 모습은 우리 자신만의 것이며, 오랜 시간의 경험과 유전적 구성을 통해서 만들어진다. 누구나 통하는 치료법이 정신 건강 분야에는 없다. (무엇보다도) 뇌의 신경화학 과정이 저마다 다르다. 누군가는 아주 좋아하는 대상이 누군가에게는 혐오하는 대상이 된다. 마찬가지로, 이 같은 다름은 정신 건강을 증진하는 여러 방법이 특정 소집단에만 효과를 보이는 경향이 있다는 뜻도 된다. 뉴스에 정신 건강이나 행복을 증진하는 무슨 무슨 치료법이나 다이어트법이 나오는 경우, 최소한 그 효과는 전체 집단의 평균을 의미한다(소집단을 대상으로 할 때도 있다). 그렇지만 평균은, 해당 치료법이 어떤 집단에는 아주 효과적이었을지 몰라도 다른 집단에는 아주 형편없을지도 모른다는 사실을 가릴 수 있다.

따라서 정신 건강의 경우 누군가는 효과를 본 치료법이라도 누군가에게는 효과가 전혀 없을 수 있다. 병원 치료든 집에서의 다이어트든 운동치료든, 개인별 위험이 있을 수 있다는 뜻이다. 심지어 이 개입법이 당신의 고유한 생물학에 영향을 미쳐 해가 될 수도 있다. 작은 조각들이 모인 모자이크 그림처럼 서로 영향을 주고 받는 요인들이 모여 전체 정신 건강을 형성한다. 신경과학은 어떤 치료법이 어떤 환자에게 효과를 보일지 예측하기 위해서 이런 요인들을 측정하는 방법을 찾아내려고 빠르게 움직이고 있다. 그렇지만 대부분의 경우 이런 예측은 아직 대규모 집단을 상대로 성공을 거두지는 못했다.

정신 건강을 꼭 이해해야 할까?

정신 건강의 저하 원인과 개선 방법을 알아내는 일은 우리 시대의 가장 중요한 문제 가운데 하나이다. 정신질환은 전 세계적으로 질병 부담의 주요 원인이다. 가장 흔한 정신 건강 장애인 우울증은 전 세계적으로 2억5,000만 명 이상의 사람들에게 영향을 미친다. 정신 건강 장애에 소요되는 세계 경제적 비용은 2010년 기준 2조5,000억 달러로 추정되었는데, 2030년 무렵에는 2배로 뛸 것이라고 예상된다.[7] 가장 중요한 점은 개인이 정신질환을 경험하면 삶의 질이 어마어마하게 떨어진다는 것이다. 스스로 목숨을 끊은 대다수의 사람들(약 90퍼센트)이 정신질환을 앓고 있었다.[8] 정신 건강의 위기는 세계적인 문제이기도 하다. 자살 사건의 77퍼센트가 저소득 및 중위소득 국가에서 일어난다.[9] 자살은 정신 건강으로 인한 사망률의 유일한 원인도, 가장 큰 원인도 아니다. 조현병, 양극성장애, 우울증 같은 중증 정신질환을 앓는 사람은 대체로 심혈관 질환을 앓을 위험이 커져서 기대수명이 25년이나 짧을 것으로 추정된다.[10] 이는 신체 건강과 정신 건강이 떼려야 뗄 수 없는 관계임을 보여준다. 심지어 정신 건강 치료 지원을 잘 받는 부국富國에서조차도, 심리치료와 항우울제 복용 같은 최고의 치료법이 약 50퍼센트의 환자에게만 효과가 있다. 많은 신경과학 연구가 정신 건강을 연구하며, 더 나은 길이 있는지 알아내려는 데에는 이유가 있다.

정신질환은 정신 건강의 한 부분일 뿐이다. 삶을 변화시키는 질병을 한 번도 앓지 않은 운이 좋은 사람들에게, 정신 건강을 잘 유지하는 일은 웰빙과 삶의 질과 관련이 있다. 행복하다는 느낌 그 자체가 더 오래 건강하게 사는 삶과 관련이 있다. 심지어 신체적, 정신적 건강 상태, 나이, 성별, 사회경제적 지위 등 장수의 다른 원인을 고려해도 그렇다.[11] 이유는 분명하지 않다. 부정적인 감정을 경험할 때 나타나는 심혈관과 호르몬 및 면역계의 변화가 영향을 미칠 수도 있다.[12, 13] 반대로 긍정적인 감정을 경험할 때에는 뇌졸중[14]과 심장병[15]을 겪을 가능성이 줄어든다. 심지어 감기 증상[16]까지도 줄어든다. 기분이 우울한 것과 정신질환을 앓는 것은 다르지만, 신체와 뇌에 미치는 영향을 살펴보면 이 사이에 공통점이 있다. 뇌가 정신 건강을 지원하는 방법에 관해 가장 좋은 정보를 얻으려면, 정신질환을 앓은 사람의 뇌를 연구하여 웰빙과 행복을 비롯한 여러 긍정적인 정신 현상의 기저에 있는 뇌의 과정을 알아내면 된다.

좋은 정신 건강을 유도하는 일이 어떤 행위인지 알게 되면 당신은 놀랄지도 모른다. 설탕 섭취, 맥주 마시기, 늦은 밤의 외출처럼 보통 건강에 나쁘다고 하는 일들이 단기적으로, 심지어 장기적으로도 정신 건강에 긍정적인 효과를 낼 수 있다. 이 같은 "우리 몸에 나쁜 일들"은 정신 건강을 지원하는 우리 뇌의 다양한 체계를 활용하는 무수한 방법 가운데 하나이다. 가령 친구들과 함께 TV 쇼를 보며 웃는 일은 헤로인과 똑같은 뇌의 체계를 활용한다. 과장이 아니다(제1장 참고).

이 책에서는 정신 건강을 위해서 설탕부터 온라인게임까지 모든 일상적 즐거움을 제거하라는 말을 하지 않을 것이다. 하루 세 번 마음챙김 훈련이나 프로바이오틱스 복용이 해결책이라고 주장하지도 않을 것이다. 다만 정신 건강이 어떻게 작동하는지 신경과학에서 알아낸 내용을 전하겠다.

이 책은 쾌감을 다룬 신경과학계의 초기 현대적 실험 몇 가지를 소개할 것이고, 신약과 치료법을 살피는 최첨단 실험이나 정신 건강을 끌어올릴 수 있는 완전히 새로운 개입 또한 소개할 것이다. 각 장에서 정신 건강을 구성하는 다양한 과학적 요소들을 살펴볼 것이다. 분명하게 드러나는 것도 있고(쾌감의 신경 생물학), 덜 명백하기는 해도 역시 중요한 것들도 있다(동기부여를 지원하는 신경 과정). 이와 함께 도파민, 세로토닌, 오피오이드 같은 뇌의 특정 화학물질이 정신 건강에 어떻게 기여하는지 살펴볼 것이다. 정신 건강의 상태는 뇌의 과정에서 발생하지만, 뇌 자체는 신체의 나머지 부분과 밀접한 관계를 맺고 있다. 신체와 정신 건강 사이의 연관성을 연구하는 아주 흥미로운 새 작업도 소개할 것이다. 이를 통해 정신 건강에서 신체 기관과 면역계가 어떤 역할을 담당하는지도 알 수 있다. 신체와 뇌의 관계를 알면 행복과 같은 긍정적인 정신 상태가 신체 건강을 어떻게 개선할 수 있는지 알아낼 수 있을지도 모른다. 또 운동과 같은 활동을 통한 신체 건강의 증진이 정신 건강을 어떻게 바꾸는지 알아낼 가능성도 있다.

이 책은 항우울제의 발견에서부터 환각버섯을 다룬 현대의 실험에 이르까지, 정신 건강을 개선하기 위한 광범위한 연구를 다룰 것이다. 마음챙김이 뇌에 미치는 영향은 물론이고 수면 혹은 운동의 변화가 미치는 영향, 우울증에 사용되는 최첨단 전기 치료법까지 등장할 것이다. 이 수많은 방법들에서 우리는 공통점을 발견하게 될 것이다. 정신 건강을 떠받치고 정신질환의 회복을 돕는 공통의 뇌 연결망이 있다. 이 공통의 경로는 정신 건강 장애를 개개인에게 맞게 치료하는 새로운 맞춤 치료의 핵심이 될 수 있다. 이 맞춤 치료는 정신 건강 신경과학이 지향하는 미래의 치료법이기도 하다.

살다 보면 우리 모두는 정신적, 신체적 통증과 고통을 경험하게 된다. 다수는 치료를 받으려고 할 것이다. 격찬을 받은 약이나 생활양식을 바꾸는 개입법을 써보고 실망하는 사람이 적지 않을 것이다. 누군가의 특효약이 누군가에게는 가짜 약이 된다. 그렇지만 정신 건강의 유지 혹은 보호를 위해서 생활양식 바꾸기, 수면에 새로 집중하기, 더 심한 질환의 경우 효과적인 정신의학적 치료법과 심리치료법에 열린 마음을 품기 등 정신 건강을 증진하기 위해서 해볼 만한 일은 많다.

새 치료법이 나올 때, 새로운 생활양식이 더 큰 행복과 관련이 있다고 밝혀질 때, 가장 좋은 시나리오는 몇몇 사람이라도 효과를 보는 것이다. 효과가 있는 사람이 많다면 이상적인 시나리오라고 하겠다. 이 같은 복잡한 문제와 씨름하려면 패러다임의 변화가 필요하다. 특정 방법이 정신 건강에 "효과가 있다" 혹은 "효과가 없다"와 같은 개념에서 벗어나 그것이 어떤 과정에 영향을 주는지, 또 어떤 사람을 도울 수 있는지 알아내야 한다. 여러분이 이 책을 읽다 보면 자기 자신의 정신 건강을 위해서 참고할 내용도, 그냥 지나칠 내용도 있을 것이다. 이 책이 새로운 패러다임을 향한 안내서가 되기를 바란다.

제1부

뇌는 정신 건강을 어떻게 구축할까

1

자연적 고양감 : 쾌감과 통증 그리고 뇌

쾌감과 통증의 경험이 너무나 다른 사람들이 있다. 쾌감을 강하게 느끼는 사람이 있고, 만성통증에 시달리는 사람이 있는가 하면, 통증을 전혀 느끼지 못하는 사람도 있다. 사실, 쾌감과 정신 건강이 서로 관련 있다는 사실은 우울증과 조현병 등 여러 정신장애의 주요 증상이 **무쾌감증**anhedonia이라는 것만 보아도 알 수 있다. 무쾌감증은 일반적으로 즐거울 법한 활동에 흥미를 잃거나 쾌감을 느끼지 못하는 상태를 가리킨다. "일반적으로 즐거울 법한 활동"이 주관적이기는 하지만, 따져볼 문제는 아니다. 맛있는 음식을 먹는 일이나 좋아하는 책을 읽는 일, 오르가슴을 느끼는 일, 혹은 조금은 특이하지만 누군가는 좋아하는 일이 해당할 것이다. 무쾌감증이라면 일반적으로 기쁠 일이 상대적으로 따분하고 무가치하며 굳이 애쓸 필요가 없는 것처럼 느껴진다. 쾌감을 느낄 수 없으면 정신 건강도 저하되는 결과를 낳는다.

통증 또한 정신 건강과 밀접하게 연관되어 있지만 방식은 다르다. 우울증 환자들은 일상에서 주관적 통증을 더 많이 느낀다고 보고하는데, 아마도 통증의 역치가 낮아서일 것이다.[17] 둘은 서로 영향을 주고받는다. 나처럼 만성통증을 유발하는 질환을 앓는 사람들은 정신 건강이 좋지 않을 가능성이 높다.[18] 일반적으로 통증과 불쾌한 경험을 더 자주 겪을수록 정신 건강이 악화될 것이다.[17]

정신 건강은 왜 쾌감 및 통증과 그토록 밀접할까? 이 장에서는 만성통증과 정신질환에 공통적으로 나타나는 뇌의 변화로 인한 정신 건강의 저하가 통증과 어떤 관계가 있는지 살펴볼 것이다. 또한 뇌가 즐거운 사건과 불쾌한 사건을 일반적으로 어떻게 처리하는지 살펴보고, 당신이 좋아하는 것과 싫어하는 것의 목록과 어떤 관계가 있는지도 논의해볼 것이다. 어떤 사건이 즐겁거나 역겹거나 고통스럽다는 경험은 주관적이며, 이 주관적 경험은 우리의 기분과 생각과 행동을 구성하는 주요 요소이다. 그러므로 이것은 정신 건강의 주요 요소이기도 하다. 당신이 세상에서 접하는 것들이 얼마나 즐거운지 혹은 불쾌한지 경험하는 과정은 뇌의 학습에 영향을 미치며(제3장에서 살펴볼 것이다), 주변에서 어떤 대상을 취하고 피할지 동기를 부여하는 과정에도 영향을 미친다(제4장에서 살펴볼 것이다). 마찬가지로 정신 건강의 저하는 당신이 세상을 경험하는 방식에 변화를 줄 수 있다. 쾌감을 무디게 하고 통증을 늘리는 것이다. 이런 이유로 통증과 쾌감을 전과 다르게 느낀다면 정신 건강의 저하를 알리는 경고로 볼 수 있다. 그리고 통증과 쾌감의 기저에 있는 뇌 체계를 목표로 연구한다면, 정신 건강 유지를 위한 방법을 찾아볼 수 있다.

통증의 "자연적 고양감"

아주 고통스럽거나 무서운 일을 경험한 후, 별안간 아찔하고 들뜬 기분에 사로잡히는 모순적 현상을 눈치챈 적이 있는가? 생물학에서는 이런 현상을 **스트레스성 무통각증**stress-induced analgesia이라고 한다. (스카이다이빙 같은) 정말 위험한 일 혹은 (발가락을 찧는 사건처럼) 상대적으로 평범한 일을 겪는 동안, 또는 그후에 이런 들뜸을 느낄 수 있다. 어느 쪽이든 순간적으로 이런 기분이 몰아치면 일시적으로 통증 민감성 또한 완화된다.

포식자가 우리를 쫓고, 적이 우리를 공격하는 상황이라고 해보자. 신체의 목표는 오로지 생존이다. 생명이 위험한 상황에서 도망가거나 싸우는 와중에 평소처럼 통증을 느낀다면 생존을 위협받게 되니 아주 곤란할 것이다. 주저앉아 부러진 발목이나 멍든 눈을 살피는 일은 절대 하지 말아야 한다. 어떤 통증이든 생존 목표에 집중할 때 방해가 될 수 있다. 그렇기 때문에 스트레스성 무통각증이 존재하며, 이는 스트레스가 극심한 상황에서도 살아남을 가능성을 높여준다. 아마도 진화의 역사에서 적을 만나 극심한 스트레스를 자주 받던 시절에, 스트레스를 받아도 통증을 억누르는 특별한 능력을 지닌 동물이 살아남아 새끼에게 이 유용한 기술을 물려줄 수 있었으리라.

심지어 오늘날에도 모든 사람이 스트레스성 무통각증을 같은 수준으로 경험하지는 않는데, 사람마다 이 기질에 차이가 있다는 뜻이다. 스트레스성 상황 전후로 통증에 대한 역치를 측정하면 개인별 차이를 수치로 확인할 수 있다. 어떤 사람은(그리고 어떤 동물은) 다른 사람보다 통증에 대한 역치가 급변하는데, 이는 스트레스성 무통각증에 훨씬 더 민감하다는 뜻이다.[19] 이런 사람들은 급격한 스트레스가 기분에 특히 긍정적인 효과를 미친다. 위험이 닥치면 대단한 희열을 느낄 수 있는 것이다. 나처럼 심한 급성 스트레스를 좇는 성향이 없는 사람이라면, 아마도 스트레스성 무통각증이 평범한 수준일 것이다(발가락을 찧을 때 무통각증 효과가 있기는 해도 그 행동을 반복하고 싶지는 않다).

스트레스성 무통각증은 1980년대에 "온수와 냉수 목욕" 실험으로 측정되었다. 그 실험에서 쥐들은 일정 시간 동안 다양한 온도의 물에서 헤엄을 쳤다. 연구진은 온수와 냉수에 쥐를 넣었다가 정해진 시간이 되면 꺼내어 (수건으로 쥐를 말려준 후) 쥐의 통증 반응을 측정했다. 15도의 찬물에서 3분 동안 헤엄치는 경우처럼, 단시간 찬물에서 수영하면 쥐의 통증 반응이 감소했다. 사실 우리 대부분이 적당히 따뜻한 목욕을 좋아하지만, 냉수욕이나 찬물 수영이 희열을 가져다준다는 말을 들어보았을 것이다(아마도 겁이 나서 직접 시험해보지는 못했을 테지만). 당신이 단시간의 통증을 참아보겠다고 흔쾌히 나선다면 사람들은 찬물 수영의 효과를 장담할 것이다.

스트레스성 무통각증은 포유류의 뇌에 통증 및 스트레스성 경험에 따라 활성화되는 고유의 화학 체계가 있기 때문에 존재한다. 이 체계는 내인성 오피오이드(아편 유사물질) 체계라고 한다. 이 화학물질들은 통증 억제와 관련이 있으며(코데인 같은 오피오이드 약물의 투약 경험이 있는 사람이라면 누구든 동의할 것이다), 사람을 들뜨게 할 수도 있다.

짧은 시간 동안의 찬물 수영이 약간의 스트레스를 주면서 통증을 완화시키는 이유는, 오피오이드라는 특정 화학물질들의 분비를 유도하기 때문이다.[20] 오피오이드의 흔한 다른 표현이 바로 엔도르핀endorphin인데, 내인성 모르핀<u>endo</u>genous mor<u>phine</u>의 준말이다(내인성이란 우리 몸 안에서 생겨난다는 뜻이다). 아편이나 모르핀 같은 약물도 뇌에서 오피오이드 수용체와 결합하는데, 사실 이런 약물들은 엔도르핀의 효과를 그냥 모방하는 것이다. 천연 오피오이드든 오피오이드 약물이든 뇌의 오피오이드 수용체와 결합하면 세포 차원에서 연쇄 효과를 내어, 일부 뉴런의 활동을 억제하고 뇌의 다른 화학물질의 분비를 막는다.[21] 이 같은 세포 차원의 연쇄적 과정은 오피오이드 수용체가 있는 뇌 부위가 뇌의 다른 부위 및 척수에 전하는 정보에 변화를 주므로, 신체에서 들어오는 통증 신호에 무뎌지게 된다(혹은 통증 신호가 "차단된다").[22] 엔도르핀은 "자연적 고양감"을 유도한다. 아찔하게 들뜨고 긴장이 풀리고 어질어질한 이 기분은 쾌감을 선사하고 통증 민감성을 줄일 수 있다. 즉 어떤 상황에서 적당한 스트레스는 기분을 좋게 만들어주는데, 이는 뇌에서 오피오이드(그리고 다른 화학물질)가 분비되기 때문이다(헝가리 부다페스트의 온천탕에 가는 행운을 누리게 된다면, 아주 뜨거운 물부터 뼈가 시리도록 차가운 물까지 물 온도가 다양하니 온수욕과 냉수욕의 효과를 직접 실험해볼 수 있다).

찬물 수영에 끌리지 않는 사람이라면 더 좋다. 천연 오피오이드 분비를 유도하는 적당한 스트레스성 경험은 아주 다양하다. 인류의 진화 역사에서 전형적인 도전적 행위로 간주하지 않는 활동이라도(예를 들면 비행기에서 뛰어내리기) 진화적 생존 반응으로서 같은 오피오이드 체계를 활용하는 것 같다. 급성 통증을 완화하기 위해서 뇌는 오피오이드를 분비하며, (어쨌든 어떤 사람은) 단시간의 스트레스에서 쾌감을 느끼는 것이다. 한 연구에 따르면, 스카이다이빙은 찬물에서 헤엄친 쥐의 경우처럼 통증 민감성을 감소시켰는데, 오피오이드가 분비된다는 의미이다.[23] 뛰어내리기 전에 오피오이드 전달을 막는 약물을 복용한 스카이다이버 그룹은 위약을 먹은 그룹에 비해 높은 통증 민감성을 유지했다. 즉 통증 민감성의 감소가 내인성 오피오이드 체계와 관련이 있다는 뜻이다. 그렇지만 이 연구는 규모가 작은 데다가, 통증 민감성은 스카이다이버들이

착륙해야만 측정할 수 있었다(공중에서 할 수 있는 연구는 제한적이고, 아무리 용감무쌍한 과학자라고 해도 공중에서 통증 반응을 측정하는 행위는 조금 지나친 일 같다).

인간의 스카이다이빙처럼 쥐 또한 놀라운 사건을 겪으면 스트레스성 무통각증을 겪을 수 있다. 먼저, 통증 자체가 그렇다. 쥐를 대상으로 단시간 고통스러운 전기충격을 가한 후 검사하면 천연 오피오이드가 분비되어 쥐의 통증이 완화된다고 한다.[20] 쥐를 특정 속도로 회전시키는 행위 또한 비슷한 효과가 있다[20](제발 키우는 쥐한테 실험하지는 말기를!). 물의 온도라든가 스카이다이빙처럼, 이 모든 스트레스 요인에는 공통점이 있다. 적당한 수준의, 일시적인 자극이라는 점이다.* 심지어 쥐를 너무 빨리 회전시켜도(아마도 천천히 회전시키는 것보다 더 불쾌한 경험일 것이다) 오피오이드 분비를 유도할 수 없다.[20] 이유가 궁금할 것이다. 일시적 통증 억압은 유용할 때가 있다. 목숨이 위태로운 가운데 버티는 상황이나, 다친 와중에 포식자로부터 도망치는 상황에서는 도움이 된다. 그렇지만 장기적으로 심한 스트레스가 통증을 억누른다면, 오히려 스트레스가 심각한 해로운 상황으로부터 달아나고 싶은 마음이나 통증의 원인을 피하고픈 마음 자체가 생기지 않을 수 있다.

통증은 유용하고 중요한 신호이다. 희귀한 유전질환 때문에 통증을 느낄 수 없는 사람은 통증에 둔감한 까닭에 화상, 골절, 혀 깨물기 같은 심한 신체적 손상을 입는다. 통증과 스트레스는 불쾌할 수 있으나, 위험

---

* 장기간의 스트레스성 경험도 무통각증을 유도할 수 있다. 장기간 충격을 받거나, 아주 차가운 물에서 오래 수영하는 일이 그렇다. 그렇지만 이때의 무통각증은 오피오이드 체계가 유도하지는 않는다(대신 통증 억압과 관련된 뇌의 다른 화학 체계가 유도한다).

한 상황에서 벗어날 때까지 쾌감을 느끼게 하는 숨겨진 능력이 있다. 아주 불쾌한 때조차 당신이 살아남게 한다.

스트레스성 무통각증이 정신 건강과 어떤 관계인지 궁금할 것이다. 당신이 쾌감과 통증을 느끼는 모든 방식이(쾌감과 통증에 상응하는, 규모가 더 작은 범주로 "좋아하는 것"과 "싫어하는 것"이 있다) 일상의 쾌락을 구성한다. 그것은 또한 현재의 정신 상태며 장기간에 걸친 정신 건강에도 일조한다. 사람마다 가장 확실히 다른 모습을 보이는 부분이 바로 불편하고 고통스러운 상황에 대한 반응이다. 가장 좋은 예가 만성통증이다. 이 병은 시달리는 사람의 정신 건강에도 심각한 영향을 미칠 수 있다.

만성통증으로 인한 손실

통증이 길어지면 스트레스성 무통각증의 정반대 증상도 나타날 수 있다. 뇌와 신체의 신경계 전체가 통증에 점점 민감해지는 것이다. 이 증상을 **통각과민증**hyperalgesia이라고 한다(통증을 느끼지 못하는 무통각증의 반대이다).[24] 통각과민증은 보통 부상이나 다른 생리학적 손상 후 다친 조직 부위에 부분적 변화가 일어나서 발생한다. 이런 부분적 변화로 인해 통증(접촉이나 움직임일 때도 있다)에 대한 과민감성이 생기면, 우리는 보다 조심함으로써 추가 부상을 막고 몸을 보호할 수 있다. 통각과민증은 단기간에는 아주 유용하다. 그렇지만 장기간 이어지는 만성통증의 경우, 통각과민증이 조직 손상보다 오래갈 수 있다. 실제로 추가 부상에 대비하여 몸을 보호할 필요가 없는데도, 마치 그래야 할 것처럼 통증을 심하게 경험하는 것이다. 이러한 통각과민증은 신체 자각, 주의, 감정과 관련된 뇌 부위의 변화 때문에 나타난다고 하는데,[25] 이 뇌 부위는 뇌의 감각 부위나 척수에 신호를 보낼 수 있다. 뇌에서 유래한 신체 통증이 발생하는 이유가 바로 여기에 있다. 즉 몸에 직접적인 통증 감각이 없어도(예를 들면 골절은 다 나은 상태일 수 있다) 몸이 아프다고 말하는 뇌의 통증 신호가 여전히 존재할 수 있는 것이다.

만성통증을 겪는 사람들은 정신장애를 경험할 가능성이 훨씬 크다. 세계보건기구WHO가 실시한 한 대규모 연구에 따르면, 6개월 이상 지속적인 통증을 경험한 사람의 경우 불안 혹은 우울장애가 4배나 증가했다. 내 생각에 만성통증과 정신 건강의 밀접한 관계는 두 가지로 설명할 수 있다. 첫 번째는(바로 생각해낼 수 있는, 아마도 가장 확실한 설명이다) 통증에 시달리는 상태는 명백히 불편하고 불쾌하며 삶에 방해가 된다. 이렇게 괴로우니 자연히 정신 건강이 악화될 수밖에 없다는 것이다. 나는 16년 전 사고로 발에 골관절염을 얻어 간간이 만성통증에 시달리는 사람으로서, 이 설명에 공감한다. 만성통증을 경험한 사람이라면 누구나 몸이 부리는 변덕에 정신적 피해를 입었을 것이다. 이 고통은 상당하며, 내 의지는 통증의 최종 명령에 밀려난다. 피할 수 없는 일이다. 정신 건강의 악화를 부를 수 있다고 해도 놀랍지 않다. 그렇지만 무엇이 원인이고 무엇이 결과인지 딱히 정해진 상황도 아니다.

나라와 문화를 막론하고,[26] 만성통증과 정신 건강은 서로 영향을 주고받는다. 만성통증이 있는 사람은 우울증이 생길 가능성이 큰데, 우울증 환자 또한 훗날 만성통증이 생길 가능성이 크다.[27] 이 상황을 어떻게 설명할 수 있을까?

우울증에 취약한 성질이 만성통증에도 취약하거나, 현재의 우울증이 통증에 대한 뇌의 반응에 변화를 불러온다면, 만성통증은 우울증 환자에게서 더 잘 나타날 수 있다. 이 두 가지 가능성에는 증거가 있다. 만성통증을 유발하는 생물학적 메커니즘은 우울증 관련 메커니즘과 많은 특성을 공유한다. 가장 눈에 띄는 점은 만성통증 환자에게 문제를 일으키는 뇌의 부위와 우울증 혹은 불안장애를 앓는 사람에게 문제를 일으키는 부위가 해부학적으로 상당히 겹친다는 것이다(다른 정신질환도 가능성이 있다).[28] 심한 염증 같은 만성통증 기저의 생리학적 과정은, 많은 경우 정신장애에도 원인을 제공한다고 여겨진다.[29] 이 사실은 만성통증 자체에 관해서도 알려주는 바가 있다. 내가 긴 시간 만성통증에 시달리며 알게 된 바로, 의사들은 만성통증이 "당신의 머릿속에만 있는" 증상이 아니라, 실제로 존재한다고 강조하는 일이 아주 중요하다고 여긴다. 그렇지만 과학자이자 환자인 나의 경험에 비추어보면 꼭 그렇지도 않다.

만성통증에 관한 신경과학 연구에 따르면, 만성통증은 단기 통증보다 정신장애와 공통점이 더 많을지도 모른다. 부상이나 다른 신체 손상으로 단기 통증을 겪게 되면 통각수용체nociceptor라는 통증 수용체가 활성화된다. 통각수용체는 신경을 통해서 조직 손상에 관한 정보를 척수에 전달한다. 이 정보는 척수에서 뇌의 감각 통증 회로망으로 전해진다. 통증 신호를 신체 어딘가에서 뇌로 올려보내는 만큼, 이를 "상향식" 통증 경로로 볼 수 있다. 시간이 지나며 통각수용체가 통증에 민감해지거나 익숙해지면 통증 반응을 각각 줄이거나 늘릴 수 있다.[30] 그렇지만 통각수용체의 신호가 뇌에 전달되고 나면, 우리가 최종적으로 느끼는 통증의 양은 통각수용체를 통해서 전달된 정보를 직접 반영하지 않는다. 우리는 통증의 신체적 감각만이 아니라, 훨씬 폭넓은 정서적, 인지적 경험을 겪는다. 무엇인가 속상하고 혼란스러우며 주의를 빼앗기는 이 경험 또한 통증이라고 부르는 경험에 속한다. 만성통증의 경험은 통증 감각에서 유래할 수 있으나 한편으로 완전히 다른 곳, 즉 뇌의 인지과정에서도 유래할 수 있다.

이런 개념은 통증에 시달리는 당사자로서는 이해하기 어렵다. 당신은 몸의 아픈 부분을 지적할 수 있다. 원인은 무엇이고 통증을 덜어주는 것은 또 무엇인지 설명할 수 있다. 그런데 당신이 아는 원인 말고 다른 곳에서 통증이 생긴다니, 거기가 어디든 말이 안 되는 것 같다. 그렇지만 통증의 경험은 배고픔, 흥분, 스트레스, 혼란, 예전의 통증 경험, 유전자 등 여러 요인의 영향을 받는다.[30, 31] 우리가 실제로 경험하는 통증은 신체에 대한 기대 및 예측과 관련된 뇌의 무의식적 과정을 거쳐 발생한다. 때로 이런 과정은 너무나 강력하여 신체의 통각수용체에서 정보를 보내지 않아도 감각계에 통증 신호를 보낸다.

만성통증의 경우, 통증의 심각성에 대한 뇌의 기대가 아픔을 더 키운다.[31] 예를 들어 통증을 잠재적 위협으로 해석하면 통증을 더 잘 느끼게 된다.[31] 통증과 연관된 과거의 감각이 그만의 방식으로 통증을 환기시키기 시작하면 비통증성 정보에도 통증 반응을 보이는 지나친 일반화가 일어날 수 있다.[30] 이렇게 만성통증은 온전히 뇌의 상태에 의해 생겨나거나 지속될 수 있다. 당신은 통각수용체에서 올려보낸 정보 없이 통증을 지각할 수도 있다. 진실로 "당신의 머릿속에서만" 통증이 존재할 수 있다는 뜻이다.

나처럼 만성통증을 겪는 사람이라면, 이런 소식에도 긍정적인 면이 있다. 통증이 정신장애와 아주 유사한 과정에 의해서 지속될 수 있다면, 언제나 진통제가 필요하지는 않다는 것이다. 통증에 대한 기대를 바꾸는 방식으로도 치료할 수 있다.

한참 전에 이런 일을 우연히 겪은 적이 있다. 정형외과 의사는 오래 전

다친 부위에 스테로이드 주사를 처방했다. 주사로 통증을 완화하면 수술을 미룰 수 있다는 것이었다(그렇지 않으면 발에 인공관절 수술을 받아야 했다). 그 의사는 자기공명 영상MRI 검사로 나에게 골관절염 진단을 내린 바 있는데, 비교적 심각한 상태였다. 그렇지만 스테로이드 주사를 맞으면 해당 부위의 염증이 줄어들어 통증 완화에 매우 효과를 보는 운 좋은 환자 집단도 있다. 나는 스테로이드 주사를 맞았고, 운 좋은 집단의 일원이 되었다. 주사가 통한 것이다.

알고 보니 나는 기대 이상으로 운이 좋았다. 스테로이드 주사의 효과는 6개월쯤 지나면 사라질 줄 알았는데, 내 경우 8년쯤 이어졌다. 주사를 맞기 전처럼 통증을 경험하는 일도 없었다. 여전히 발이 아픈 날이 많지만 건강을 해칠 정도는 아니었고, 수술을 받을 필요도 없었다. 이 상황에 대해서 의사가 어떤 말을 할지는 모르겠으나, 나는 나대로 가설이 있다. 스테로이드 주사는 내 발의 염증이 초래한 "상향식" 통증을 어느 정도 일시적으로 완화했다. 이 일시적 완화는 내 통증 수준에 상당히 긴 시간 동안 영향을 미쳤는데, 이는 내 뇌의 변화를 통해서만 가능한 일이었다. 나는 발의 염증 때문에 아팠지만, 내 통증 경험은 뇌를 촘촘한 필터처럼 통과했다는 뜻이다. 장기간의 통증으로 내 뇌에 통증 관련 경로가 생겼을 것이다. 이 경로는 통증에 적응하고, 통증을 관찰하고, 통증을 예상하며 신체의 통증 감각을 더 키웠을 것이다.

만성통증에 시달린 내 경험을 자세히 이야기할 생각은 없다. 내 이야기는 그냥 하나의 이야기일 뿐 자료가 아니기 때문이다. 내 방법이 모두에게 "쉬운 해결책"일 리는 없다. 게다가 아마 내 경우에는 여전히 수술이 필요할 텐데, 스테로이드 주사는 (아무리 효과가 좋다고 해도) 골관절염으로 인한 연골의 약화를 막아주지는 못한다. 그래도 내 일화는 때로 눈으로 확인 가능한 "진짜" 원인으로 발생한 통증일지라도, 사실은 그것의 많은 부분이 뇌를 거친다는 사실을 보여준다. 신체 일부에 국한된 단기적 치료가 기대할 수 있는 효과를 훨씬 뛰어넘었다는 뜻이다. 확인 가능한 외부 원인이 없는데도 뇌가 유도한 파괴적 통증 때문에 진짜 몸을 다쳤다고 느낀 사례도 있다.

어떤 경우, 뇌는 통증을 창조하거나 강화할 수 있다. 아마 뇌는 통증을 예상하고, 두려워하고, 거의 위협적이지 않은 수준이라고 해도 다칠 가능성을 감지하는 법을 학습했다. 또 어떤 상황에서는 통증에 미치는 뇌의 힘이 회복 효과를 낼 수도 있는데, 위약과 비슷하다(위약은 평판이 좋지 않지만 아주 훌륭한 결과를 낼 수 있다. 제5장에서 살펴보겠다). 결국 만성통증은 분명 "당신의 머릿속에서만 존재할" 수도 있다. 온전히 머릿속 바깥에서 존재하는 것처럼 느껴져도 그렇다. 나아가 통증은 언제나 "머릿속에서만 존재한다"고 주장하는 과학자들도 있다. 주의 집중이나 산만 같은 고차원적인 뇌의 상태에 의해 영향을 받지 않고 조절도 되지 않는 통증 경험은 없기 때문이다. 진짜 문제는 "머릿속에서만 존재하는" 그 경험이 그만큼 현실적이라는 것이다. 통증이든 우울증이든, "머릿속에서만 존재하는" 그 무엇인가는 아주 현실적이며 실제 부상이나 감염처럼 생리학적이다.

쾌감은 뇌의 어디에서 생겨날까?

이제까지 쾌감을 유도하는 적당한 스트레스와 스카이다이빙 이야기만 했다. 그런데 일반적인 쾌감의 원천을 떠올릴 독자도 있을 것이다. 잠깐 좋은 기분을 맛보라고 적당한 통증을 권할 생각은 없다. 다행히 오피오이드와 더불어 쾌감을 전달하는 화학물질의 분비를 유도하는 것이 단기간의 통증 혹은 스트레스뿐만은 아니다. 보통 쾌감과 연관된 여러 행위, 이를테면 식사, 섹스, 운동, 사회적 상호작용, 웃음도 뇌에 비슷한 효과를 준다. 이 모든 일은 쾌감을 전달하는 오피오이드의 분비를(그리고 뇌의 다른 화학물질도) 유도한다.

스트레스성 무통각증은 뇌의 작은 화학적 변화로 말미암아 뇌와 척수 사이의 신호로 연쇄적 효과가 이어지면서 나타난 결과이다. 이와 마찬가지로 즐거운 행위 또한 통증을 완화하는 아주 놀라운 능력이 있다. 예를 들면 수컷과 암컷 쥐 모두 짝짓기가 무통각증을 유발한다.[32] 인간 또한 그럴 수 있다는 연구들이 있다. 편두통으로 고생하는 사람들의 경우 섹스가 편두통의 통증을 완화할 수 있다는 일화적 보고가 예전부터 있었다. 대규모 조사에 따르면, 편두통 환자의 약 60퍼센트가 섹스로 통증을 완화할 수 있다는 주장을 뒷받침해준다. 주의할 점은, 군발성 두통을 겪는 경우 섹스는 통증 완화가 아니라 같은 정도로(그 이상은 아니라도) 통증 악화를 유발할 수 있다는 것이다.[33] 그러므로 두통의 원인을 확신할 수 없다면 위험을 무릅쓸 가치는 없을 듯하다.

쾌감은 뇌의 어느 부위에서 생겨나는 것일까? 쾌감에 통증을 완화하는 능력이 있는 이유는 무엇일까? 이 질문에(그리고 이 책 전반에 걸친 관련 질문에) 답하기 위해서 할 수 있는 여러 유형의 실험이 있다. 당신은 동물이나 인간을 연구할 수 있고, 뇌에서 일어나는 과정을 컴퓨터로 시뮬레이션할 수 있다. 연구 대상이 어떻게 기능하는지 관찰하거나 그 대상의 자연적 기능을 막아서 어떤 일이 일어나는지 볼 수 있다. 가장 어려운 부분은 쾌감 반응이 발생하는 뇌 부위를 알아내는 작업이다. 이 부위의 활동은 쾌감에 부수적으로 따르는 것이 아니다. 과학자들은 어떻게 연구했을까?

먼저, 당신은 뇌가 어떤 활동을 하는지 측정하는 방법을 알아내야 한다. 뇌세포의 점화(전기적 신호 발생/역주)를 측정하기 위해서는 머리뼈를 절개하고 작은 전극을 이용하여 뇌세포의 전기적 점화를 측정해야 한다. 건강한 인간을 대상으로 하기에는 그리 윤리적인 일이 아니므로, 쾌감의 신경생물학을 정확히 측정하려면 쥐의 뇌 활동 기록으로 시작할 수 있다. 쥐가 뭔가 즐거운 활동을 하는 시기와 비교적 덜 즐거운 활동을 한 시기를 비교하는 것이다. 이러면 두 번째 문제가 생긴다. 쥐가 쾌감을 느끼는지 어떻게 알 수 있을까? 쥐가 얼마나 노력하는지 측정할 수 있는 방법이 있다. 버튼 누르기, 보상을 향해 달려가기 등. 그렇지만 앞으로 제4장에서 논의할 텐데, 쥐는(그리고 인간은) 꼭 쾌감을 주지 않는 일에도 노력을 기울일 수 있다. 동물이 뭔가를 **좋아한다면** 그것을 어떻게 측정할까? 동물의 표정을 측정하는 방식도 있다. 일찍이 다윈 시절부터 과학자들은 인간, 유인원, 쥐 등 많은 동물에서 공통적으로 나타나는 "좋아하는" 표정을 논했다.[34, 35] 쥐(혹은 아기)의 혀에 설탕물을 묻혀주고 짓는 표정을 보면 "좋아하는" 표정이 어떤 것을 뜻하는지 알 수 있으리라. 둘 다 혀를 신나게 내밀기 시작할 것이다(입술 핥기). 과학자들은 쥐의 쾌감을 수량화할 수 있다. 예를 들어 입술을 핥는 횟수를 세고, 뇌의 어느 전극이 입술 핥기에 상응하는지 살펴보는 것이다. 자! 이제 쥐의 쾌감에 관여하는 뇌의 기저 부위를 알게 되었다.

그렇지만 이 방법에는 큰 결점이 있다. 쥐가 입술을 핥는 원인이 쾌감 말고 또 있다면? 혹은 모든 쾌감이 입술 핥기를 유도하지 않는다면? 즉 음식과 관련된 쾌감만 입술 핥기를 유도한다면 어떨까? 혀 내밀기를 쾌감으로 해석할 경우, 문제는 쥐가 실제로 그 맛을 좋아하는지 확인할 길이 없다는 것이다. 이 실험에서 당신은 감정 전문 신경과학자 리사 펠드먼 배럿이 명명한 "심리 추론의 오류"에 빠질 수 있다. 동물은 우리에게 자기 생각을 말할 수 없기에, 경험(즐거움)을 관찰 가능한 측정법(혀 내밀기)에 투영하는 일은 당연히 어림짐작에 지나지 않는다는 것이다.

그러므로 동물이 어떤 느낌인지 정확히 알지 못한다면 이 실험은 소용이 없을 것이다. 동물이 행복, 슬픔, 혐오, 분노, 쾌감을 경험하는지 아닌지 측정할 필요가 있다. 사람을 상대로 실험했다면 문제가 훨씬 쉬워질 것이다. 사람이라면 쾌감과 희망을 느끼는지 질문할 수 있고 진실한 답을 받을 테니까(내가 바로 이런 결정을 내렸고, 문제가 쉬워졌다).

그런데 사람을 대상으로 쾌감을 측정하기로 결심했다면, 곧 새로운 문제와 맞닥뜨리게 된다. 동물 실험과는 달리 인간을 대상으로 실험하면, 개인의 뇌세포 점화를 쉽게 측정할 수 없다(뇌수술을 받는 동안 신경세포의 기록 같은 특이한 경우는 예외이다). 따라서 이 경우에는 뇌의 전기적 활동을 측정하거나, 뇌의 활동을 예측할 수 있는 실시간 영상 기술을 쓴다.

초기 뇌 영상 실험은 양전자 방출 단층촬영PET이라는 뇌 촬영술을 이용했다. 이 기술을 이용하면 무엇보다도 뇌의 대사 활동을 측정할 수 있는데, 이 활동은 신경 활동에 대체로 일치한다. PET의 경우, 사람에게 방사성 추적자(물질의 이동 경로를 확인하기 위한 방사성 물질/역주)를 주입한다. 뇌(혹은 신체)에서 대사 활동이 활발히 일어나는 영역은 높은 방사능 활동성을 보인다. 이 영역의 기록은 뇌에서 신경세포가 활성화된 영역을 거의 비슷하게 보여주는 이미지로 재구성된다.

오늘날 과학자들은 해부학적으로 보다 세밀하게 두뇌 활동을 측정하기 위해서 기능성 자기공명 영상fMRI이라는 조금 더 새로운 기술을 쓴다. 아마 뉴스에서 MRI 촬영에 부분부분 색깔을 입힌 듯 보이는 fMRI 사진을 본 적이 있을 것이다. 뉴스에서(혹은 이 책에서) 뇌의 어느 부위가 특정 기능과 관련이 있다는 연구를 언급할 때, 이런 연구는 보통 한 사람을 대상으로 여러 번 측정하여 평균을 내고(예를 들면 사람이 기기에 누워서 비슷한 이미지를 연속으로 본다), 다시 수많은 사람을 대상으로(이상적으로는 통계 목적을 위해서 가능한 한 많은 사람을 대상으로) 평균을 낸다.

fMRI는 뇌 속 혈액의 산소 수준을 측정하여 신경 활동을 계산한다. 이 기술을 통해서 얻은 이미지들은 PET 검사보다 해상도가 좋은데, 1세제곱밀리미터만큼 작은 크기의 조직을 보여주기도 한다. 문제는 혈중 산소 수준은 초 단위로 아주 느리게 오르내리는 반면, 신경세포의 점화는 너무나 빠르다는 점이다. 그래서 fMRI는 두뇌 활동의 실제 속도를 따라잡을 수 없고, 대신 시공간에 따라 두뇌 활동을 예측한다. 이 같은 fMRI의 기술적 어려움으로 인해서(다른 뇌 영상 기술도 마찬가지이다) 모든 신경과학자는 물리학자와 긴밀하게 협동해야 한다. 물리학자는 MRI 스캐너의 자기장을 수정하고 최적화하여 가능한 한 최고의 이미지를 만드는 방법을 개발했다. 그렇지만 기술적 어려움을 넘어선다고 해도 fMRI에는 부정할 수 없고 극복할 수 없는 한계가 있다. 어쨌든 이 기술은 뇌의 화학적-전기적 활동을 직접 측정하지는 않는다. 또한 fMRI의 해상도로는 개별 신경세포의 신호를 포착할 수 없다. 1세제곱밀리미터만 해도 괜찮은 해상도이지만, 인간을 대상으로 하는 경우 이 크기에 신경세포 100만 개가 들어간다. 그러므로 가장 확실한 증거는 **수렴적 증거**이다. 이는 인간을 대상으로 한 실험의 결과가 동물 실험의 결과와 같을 때 그 결과를 일컫는다.

당신의 쾌감 실험으로 돌아오자. 당신은 쾌감을 유발하는 뇌 부위를 찾으려고 한다. 쾌감을 대상으로 수렴적 증거를 얻으려면 실제로 두 가지 실험이 필요하다. 하나는 쥐를 대상으로 두뇌 활동을 정확히 측정하되 쾌감 부분에서는 불완전한 실험이고, 다른 하나는 인간을 대상으로 두뇌 활동을 애매하게 계산하지만 쾌감의 주관적 경험은 정확히 확인하는 실험이다.

이제 실험 참가자들에게 어떻게 쾌감을 줄지 결정해야 한다. 인기 있는 한 가지 선택지는 입으로 직접 들어가는 초콜릿 밀크셰이크이다. 모든 참가자가 초콜릿을 좋아하는지 확인해야 한다(파티에서라면 알코올 섭취 또한 한 가지 방법인데, 과학 실험으로는 그다지 좋은 환경이 아니다). 액체를 직접 전달하는 방식은 MRI 사용에 어울리는 장점이 있다. 씹기 같은 움직임이 필요 없기 때문이다. 선명하고 질 좋은 MRI 이미지를 얻으려면 움직이지 말아야 한다(반대로 실험 참가자가 도넛을 먹는 동안 뇌를 촬영하고 싶지는 않을 것이다. 아주 흐릿한 MRI 이미지를 얻게 될 테니).

실험에서 쾌감을 줄 방식을 결정하면, 다음은 참가자들이 쾌감을 얻는 동안 뇌에서 어떤 일이 일어나는지 살펴봐야 한다. 참가자를 한 명씩 스캐너에 넣은 다음, 그들의 뇌 이미지를 분석한다(이 일에는 시간이 한참 걸린다. 텔레비전에서 종종 연출되는 장면과는 달리 스캔하는 동안 분석하지는 않으니까). 참가자들이 밀크셰이크를 마시는 동안 모든 뇌의 같은 부위에서 활동이 증가하는 모습을 보며 당신은 이런 생각이 들 것이다. '그래, 저 부위가 분명 뇌의 쾌감 영역이야.'

얼마 후 당신은 과학자 친구와 맥주 한잔을 마시며 이 멋진 쾌감 부위를 발견한 결과에 관해서 이야기한다. 알고 보니 이 친구 또한 우연히 뇌졸중 환자 집단을 대상으로 실험했다. 환자들이 손상을 입은 뇌 부위는 바로 당신이 초콜릿 쾌감 실험으로 확인한 부위 중 하나이다. 이 부위가 손상되었으니, 실험 결과에 따르면 뇌졸중 환자들은 쾌감을 경험할 수 없다. 친구에게 이 내용을 실험해보자고 제안한다. 환자들은 매번 측정할 때마다 완벽하게 정상적으로 쾌감을 경험한다. 당신이 발견한 뇌 영역은 첫 실험에서 초콜릿 밀크셰이크를 마시는 경험과 확실한 상관관계를 보였으나, 쾌감을 만들어내는 일을 담당하고 있지는 않다. 이 부위가 손상된다고 해서 쾌감의 경험이 사라지지는 않았다.

이 문제는 고전적인 통계 오류이다. 이런 오류에 친숙한 통계 애호가들은 이 오류를 발견할 때마다 외치고 싶어한다. "상관관계는 인과관계가 아니야!" 두 가지 사건이 같이 일어난다고 해서 둘 사이에 인과관계가 있다는 말은 아니라는 뜻이다. 아마도 이들은 사회적 상호작용 애호가는 아닐 것이다. 어떤 경험이나 행동을 "유발하는" 뇌 부위나 뇌의 화학물질에 관한 정보를 접할 때는 언제고 염두에 두어야 할 사항이 있다. 그 실험이 어떤 유형의 실험인지 확인해야 한다는 것이다. 경험을 유도하기 위해서 뇌 부위나 화학물질을 조작하는 실험이 있다. 예를 들어 단순한 뇌 영상이 아니라, 약물이나 뇌 자극을 쓰는 등 뇌 부위에 변화를 주어 특정 결과를 유도하는 기술적 방법을 쓰는 것이다. 이런 실험이 아닌 한 주어진 정보가 반드시 참은 아니다. 다양한 실험을 살펴보자. 사람을 대상으로 하는 실험(대상자가 어떤 경험을 하는지 훨씬 알기 쉽다)이나 동물을 대상으로 하는 실험(인과 연구가 더 쉽다)을 모두 고려하면서, 어떤 뇌 부위나 화학물질이 쾌감이나 통증 혹은 다른 경험을 유발할 수 있는지 증거를 확실히 확인하자. 이것은 중요한 일이다. 물론 뇌 영상에만 국한된 문제는 아니다. 이 책에서는 인간의 정신 건강 문제와 관련하여 반드시 인과관계가 아닐 수도 있는, 인간을 대상으로 강력하고 믿을 만한 상관관계가 있거나 혹은 동물을 대상으로 설득력 있는 인과관계에 대한 증거(장내 미생물군집의 경우 두 가지 모두 해당한다)에 관해서 다룰 것이다.

어느 날 초콜릿을 먹으면 뇌에 변화를 주므로 우울증이 낫는다는 뉴스가 나왔다고 가정해보자. 우리는 다음을 확인해야 한다. 정말 초콜릿 먹기와 우울증 완화 사이에 인과관계가 있을까? 아니면 더 행복한 사람이 초콜릿을 더 먹는 것일까? 인과관계가 있다고 해도 초콜릿에 국한된 결과일까? 아니면 다른 단것도 효과가 있을까? 초콜릿의 어떤 성분이 원인일까? 맛일까, 아니면 핵심 성분일까?

여러 과학자가 당신의 초콜릿 밀크셰이크 실험과 비슷한 연구를 했다. 과학자들은 무엇인가를 맛있게 먹는 경험이 뇌의 여러 부위와 연관되어 있음을 밝혀냈다. 예를 들면 안와전두피질(눈 뒤에 위치)의 신경세포는 당신이 특정 음식을 발견하고 얼마나 즐거워하는지를 주의 깊게 살핀다. 이런 신경세포의 활동은 쾌감과 밀접한 관계가 있다(상관관계). 쾌감과 활동의 관계는 먹으면 즐거운 음식에만 해당되지 않는다. 음악의 특정 부분은 많은 사람에게 성스러운 쾌감을 환기한다. 20년 전 앤 블러드와 로버트 자토르는 음악을 청취하는 사람의 뇌 활동을 PET로 측정했다. 사람마다 황홀감을 느끼는 음악이 다르므로, 실험 참가자가 직접 음악을 고르도록 했다(같은 음악에 황홀감을 느끼는 사람이 있는 반면 역겨워하는 사람도 있으니, 직접 고르지 않게 하면 실험 전체를 망칠 수 있다). 그들은 참가자의 심장박동, 호흡, 뇌 활동을 측정했으며, 음악을 듣는 동안 느낀 “굉장한” 기분에 대해서 주관적인 보고를 받았다. 참가자의 기분이 좋아질수록 안와전두피질의 활동이 늘었고, 음식, 섹스, 마약 등 쾌감 행위를 할 때 활성화되는 다른 뇌 부위의 활동도 증가했다.[36] 이 뇌 부위들은 참가자가 음악에서 느끼는 주관적인 즐거움을 탐지하고 있었다.

그렇지만 앞에서 살펴보았듯이, 안와전두피질이 쾌감 경험과 밀접한 상관관계라고 해서 이 부위가 쾌감을 유발한다는 뜻은 아니다. 안와전두피질이 쾌감을 가져오리라는 기대와는 달리, 안와전두피질에 손상을 입은 환자도 여전히 쾌감을 경험했다.[37, 38] 관련된 결정 및 감정 표현이 달라지기는 했지만 말이다. 즉 안와전두피질도 관계가 있기는 하나, 쾌감 경험을 유발하지는 않는다는 뜻이다.

뇌의 어떤 부위는 쾌감을 직접 만들어낸다. 우리의 뇌에는 "쾌락 열점 hedonic hotspot"이라는 자그만 부위가 여기저기 흩어져 있다. 쾌락 열점의 활동이 쾌감을 직접적으로 유발한다. 이 용어는 지리학에서 따왔다. 열점은 마그마가 아주 뜨거워 화산 활동이 일어날 수 있는 구역으로 지구 전역에 분포되어 있다. 쾌락 열점은 쾌감이 나타날 수 있는 지점으로 뇌 전체에 분포되어 있다.[39]

쾌감을 유발하는 부위(쾌락 열점)를 맨 처음 발견한 연구는, 설치류를 대상으로 뇌의 특정 부위에 약물을 주사한 다음 쾌감 유사 반응을 측정했다(입술 핥기 등). 이를 통해서 "객관적이고 정확한 쾌락 열점 분포도"를 얻을 수 있었다. 이 열점은 fMRI를 비롯하여 다른 기술을 사용하는 사람을 대상으로 하는 연구에도 활용될 수 있다(몇몇 연구에서 그렇게 했다).[40]

쾌락 열점은 작은 데다 여기저기 흩어져 있지만, 쾌감 연결망으로서 함께 기능한다. 쾌감 연구로 유명한 신경과학자 모르텐 크링겔바흐와

켄트 베리지는 열점을 "군도 하나를 이루는 흩어진 섬과 유사하다"라고 했다. 사실, 열점이 군도의 섬처럼 흩어져 있으면 이로울 것이다. 뇌의 여러 부분과 상호작용하여 각종 과정에서 다양한 역할을 할 수 있으니 말이다. 열점은 직접 자극을 받으면(동물을 대상으로 실험하거나 약물을 쓴다) 감각적 쾌감에 대한 선호를 키울 수 있다. 즉 쾌감을 직접 만들어내는 것이다. 뇌의 쾌락 열점은 (모르핀이나 대마초 같은) 약물로 자극할 수 있지만, 대체로 웃음이나 섹스, 음악 같은 특정 경험으로 자연스럽게 자극을 받는다. 쾌락 열점은 우리 뇌의 쾌감 지도를 형성하며, 열점의 생물학을 따라가면 정신 건강에서 쾌감의 역할을 이해할 수 있다.

뇌의 쾌감을 향한 위험하면서도 위험하지 않은 길

쾌락 열점을 통해서 알 수 있는 내용 가운데 하나는 뇌에서 쾌감을 얻는 방법이 적지 않다는 것이다. 쾌감의 연결망은 뇌에 널리 분포되어 있다. 쥐의 작은 열점을 하나 살펴보자. 측좌핵에서 1세제곱밀리미터 크기를 차지하는 열점이다(인간의 경우 1세제곱센티미터). 이 부위에 오피오이드 수용체를 자극하는 약물을 주사하면, 쥐가 설탕물에 보이는 쾌감 반응(혀 내밀기)이 4배나 증가한다.[39] 여기서 심리 추론 오류에 빠진다면, 이 부위가 쾌감을 가져온다고 해석하리라. 그런데 수렴적 증거가 있다. 똑같은 수용체를 자극하는 아편이나 헤로인, 코데인 같은 약물 또한 인간에게도 일정 수준의 쾌감을 가져온다.*

---

* 보통의 오피오이드 약물이 건강한 사람에게 쾌감을 유발한다는 주장에 모든 과학자가 동의하지는 않는다. 물론 통증 완화는 즐거운 경험이 될 때가 많겠지만, 대부분

열점에서 쾌감을 유발하는 화학적 경로는 오피오이드뿐만이 아니다. 엔도카나비노이드라는 뇌의 화학물질 계열 또한 똑같은 열점을 활성화한다. 이름에서 알 수 있듯이 엔도카나비노이드는 식물 대마와 관련된 천연 물질로, 대마초의 주요 성분 가운데 하나이다. 엔도카나비노이드를 열점에 주사하면, 단맛에 대한 동물의 쾌감 유사 반응이 엄청나게 증가한다.[39] 많은 사람이 대마초에서 얻는 쾌감과 다르지 않다. 계열이 다른 두 화학물질이 뇌의 같은 부위를 통해서 비슷한 즐거움을 유발할 수 있는 것이다.*

인간의 진짜 행복에 관한 한, 이런 상황은 과학소설처럼 보이기도 한다. 물론 오피오이드나 대마초가 행복의 비결이라는 말을 하려는 것은 아니다. 어쨌든 대체로 그렇지 않다. 그 대신 이 같은 연구 결과는 우리 뇌가 다양한 경로로 비슷한 쾌감을 얻는다는 점을 보여준다. 그리고 무엇보다도 우리의 일상에도 약물처럼 오피오이드나 카나비노이드 같은 뇌의 화학물질 분비를 자극하는 것들이 있다(뒤에서 살펴볼 텐데, 사회적 웃음이 그렇다). 이런 사실을 알아두면 쾌감 체계를 이해할 때나 통증 완화 문제를 다룰 때 도움이 될 것이다.

의학계에서는 무통각증과 관련하여 통증 완화에서 뇌의 오피오이드 체계가 어떤 역할을 맡고 있는지 오랫동안 연구해왔다. 코데인, 바이코딘, 옥시코돈 등 오피오이드 약물을 복용한 사람은 대부분 약이 효과를 내는 동안에는 통증에 대한 역치가 높아진다고 한다. 또 많은 사람이 주관적 즐거움을 느낀다고 한다(반갑지 않은 불쾌한 기분이 완화되어서

의 오피오이드는 메스꺼움과 어지러움 같은 덜 즐거운 반응 또한 분명 유발한다.

* 한편, 열점에 엔도카나비노이드를 주입하면 쥐들이 소비하는 음식량도 2배가 되는데, 대마초에 친숙한 이들이 경험한 적이 있는 "공복감"을 생각하면 그리 낯설지 않다.

효과가 있을 수 있다). 임상적으로 아주 유용한 특성이다. 그렇지만 다들 알다시피, 의학적으로 오피오이드 약물을 처방받은 경우라도 의존성과 과용 같은 위험이 있다.

오피오이드 약물 처방이 흔한 미국의 경우, 2021년 8만816명이 오피오이드 과용으로 사망했다.[41] 처음으로 헤로인을 오용한 사람의 80퍼센트가 처방받은 오피오이드도 오용했다. 이는 복잡한 문제인데, 오피오이드 처방은 통증 관리에 필수적이기 때문이다. 감독이 잘 이루어지면 환자는 대체로 안전하다(영국에서도 오피오이드 과용 사건이 일어나지만, 미국만큼 자주 일어나지는 않는다. 미국 독자들은 영국 환자들이 일반적으로 사랑니 발치 같은 수술을 해도 이후 일반의약품에 속하는 진통제만 받는다는 사실에 놀랄 것이다. 미국의 경우 동일한 수술 후에 많은 환자들이 상당량의 바이코딘을 처방받는다).

오피오이드 약물의 중독성 또한 통증과 정신 건강 사이의 밀접한 관계를 보여준다. 오피오이드는 단순히 신체 통증만 완화하는 것이 아니기 때문이다. 오피오이드 복용자에게 물어보면 다수는 약물이 내적 고통 또한 완화해준다고, 절망감을 누그러뜨리거나 줄여준다고 대답할 것이다. 그렇지만 다들 알다시피, 육체적 통증이든 심리적 고통이든 오피오이드로 완화하는 경우 장기적으로 치명적인 결과를 초래할 수 있다. 게다가 인생에서 어려운 사건을 겪거나 정신 건강이 허약할 때는 오피오이드 약물을 통한 아픔의 경감이 훨씬 더 큰 의미로 다가올 수 있으며, 훨씬 더 위험할 수도 있다. 정서적 고통을 완화하는 약물을 물리치는 일은 당연히 아주아주 힘들다.

그렇기 때문에 대안적 통증 치료가 절대적으로 중요하다. 진통제의 속성이 있으나 중독 혹은 과용의 가능성은 없는 신약 개발이 대안이 될 것이다. 이 책 후반부에서 논의하겠지만, 통증과 관련된 생각이나 행동을 바꾸는 여러 가지 심리치료 또한 대안이 될 수 있다. 심리치료에서 효과를 보는 사람들이 있는데, 이 치료법은 기대나 학습 등 통증 지각과 관련된 고차원적 두뇌 과정을 바꿀 수 있기 때문이다. 스테로이드 주사 같은 단기적 통증 치료도 약간만 변화를 준다면 뇌의 통증 억제 체계에 큰 효과를 가져올 수 있다.

천연 오피오이드 또한 통증을 억제하는 능력이 있다. 천연 오피오이드는 일상의 즐거운 활동과 관련이 있는데, 이런 활동은 그리 중요하지 않아 보인다. 그러나 이는 오해이다. 핀란드의 신경과학자 라우리 누멘마와 당시 박사과정 학생이었던 샌드라 매니넨이 유쾌한 실험으로 입증했듯이, 천연 오피오이드 분비를 유도하는 간단한 활동 가운데 하나가 친구들과 함께 웃는 일이다. 연구자들은 건강한 실험 참가자를 대상으로 PET 검사를 이용하여 천연 오피오이드가 분비된 수치를 측정했다.[42] 검사 전 참가자들은 친한 친구들과 코미디 클립을 보면서 즐거운 시간을 보냈다. 친구들과 함께 보낸 시간은 고작 30분밖에 되지 않았는데도, 이후 참가자들의 뇌 여러 부위에서 천연 오피오이드가 분비되었고, 참가자들은 마음이 평온하고 행복하다고 보고했다.[42] 가장 흥미로운 대목은 참가자들이 주어진 시간 동안 많이 웃을수록 오피오이드로 쾌감이 유도될 가능성도 커졌다는 점이다. (안와전두피질을 포함하여) 전두엽에 오피오이드 수용체가 많을수록 더 많이 웃었다. 우리 뇌의 생물학은 쾌감의 경험과 직접적인 관련이 있고, 사회적 웃음은 오피오이드 약물과 똑같은 체계를 활용한다. 오피오이드 약물은 웃음을 비롯하여 천연 오피오이드 분비를 유도하는 여러 경로의 기저에 있는 체계에 업혀가는 것일 뿐이다.

또한 오피오이드 약물이 그렇듯 친구들과 함께 웃는 일에도 진통의 속성이 있어 통증을 완화한다. 같은 실험에서 참가자들은 친구들과 코미디 클립을 볼 때는 몸에 불편한 “월싯wall sit” 자세(등을 벽에 기댄 채 앉은 자세를 유지하는 것으로, 다리가 너무 아프면 자세가 무너진다)도 더 오래 수행할 수 있었다. 사회적 웃음은 내인성 오피오이드 분비를 유도하여 통증 역치를 높여주고 불편함도 견디게 해준다(그리고 오피오이드 약물과는 달리 친구들과 텔레비전 코미디 프로그램을 본다고 해서 크게 위험할 일은 없다). 그렇지만 조심해야 한다. 모든 텔레비전 프로그램에 마법처럼 통증을 누르는 힘이 있지는 않기 때문이다. 사람들끼리 모여서 본다고 해도 말이다. 코미디 클립 말고 드라마 클립을 본 경우 월싯 자세는 한층 더 아프다. 물론 이런 상황은 과학자들이 참가자에게 오피오이드 약물을 준 경우보다 통증에 미치는 효과가 작다. 그럼에도, 이는 사회적 웃음 또한 오피오이드 분비와 통증 완화를 유도할 수 있다는 사실을 아름답게 증명한 사례이다.

이처럼 무척 평범한 일에도 아주 비범한 힘이 있다. 뇌의 쾌감 체계가 사회적 웃음에 민감한 나머지 통증처럼 중대한 증상마저 억누를 수 있다니, 그 이유는 무엇일까? 누멘마는 실험 결과를 다음과 같이 해석한다. 오피오이드의 활동이란 일종의 안전 신호로, 사람들의 긴장을 풀고 마음을 누그러뜨려 사회적 화합이 쉽게 이루어지도록 한다. 이런 해석은 사회적 웃음의 목적에 대한 진화 이론의 해석과도 궤를 같이한다. 사회적 웃음은 대규모 집단의 결속 및 화합을 쉽게 해주는데, 이는 종의 생존을 위한 핵심 과정이다. 이 강력한 쾌감 체계가 집단의 결속 및 화합의 기저에 있다는 의미이다. 집단의 화합은 진화적으로 아주 이롭다. 다른 종의 경우, 서로 몸을 다듬어주는 행위인 “사회적 몸단장social grooming”이 집단의 화합을 증진한다고 한다. 사회적 몸단장 또한 오피오이드 체계가 받치고 있다. 오피오이드 수치를 바꾸는 약물은 원숭이의 사회적 몸단장 행동에도 변화를 가져온다.[43] 이 진화 이론에 따르면, 사회적 웃음은 몸단장 행위의 확장으로 볼 수 있다. 오피오이드 분비를 통해서 사회적 화합을 증진하며 쾌감과 무통각증을 유도하는 것이다. 몸단장과는 달리 웃음에는 일대일로 신체 접촉을 하지 않아도 된다는 이점이 있다. 즉, 웃음은 몸단장에 비해 규모가 더 큰 집단에서 퍼질 수 있다. 게다가 무척 전염성이 강해서 당신은 때로 누군가의 웃음소리만 들어도 웃을 수 있다. 웃음은 이 전염성을 이용해 일대일의 몸단장보다 훨씬 큰 규모로 오피오이드 분비를 대량 유도하여 사회적 화합을 용이하게 한다.

나에게는 웃음 전문가(아주 멋진 전문 분야이다)인 세 친구가 있다. 런던에서 연구하는 신경과학자 소피 스콧, 캐럴린 맥게티건, 네이딘 라반은 뇌와 웃음의 관계를 연구하고 무엇이 사람을 웃게 하는지 알아내는 실험을 여러 번 함께 했다. 이들의 이론은 웃음이 단순히 사회적 결합의 증진 이상으로 폭넓은 기능을 수행한다는 것이다. 웃음은 부정적인 정서적 경험 또한 조절한다.[44] 즉 사람의 정서 상태에 즉시 긍정적인 영향을 미치면서 사회적 관계에도 장기적으로 긍정적인 결과를 도출해낼 수 있다. 웃음에는 그 자체로 건강하고 오래가는 관계를 유지하는 힘이 있다. 다툼 중인 커플을 생각해보라. 대부분 크나큰 생리적, 정신적 스트레스를 받아서 심장박동이 빨라지고, 땀이 나고, 혈압이 오르는 등의 모습을 보일 것이다. 그렇지만 한 연구에 따르면, 다툼 중이라고 해도 스트레스의 생리적 신호가 다들 같은 수준은 아니라고 한다. 갈등 중에도 생리적 스트레스를 적게 받는 커플들이 있었는데, 운이 좋은 이 커플들은 논쟁 중에 많이 웃는 사람들이었다.[45] 이들의 낮은 스트레스 수준은 스트레스성 논쟁에 한정되지 않았다. 커플이 웃음처럼 긍정적인 정서적 표현을 많이 할수록 관계에 만족하는 수준도 높아졌다. 관계 스트레스를 꺾는 이 같은 웃음의 능력은 긴 시간 관계를 이어가는 커플의 일반적 웰빙을 위한 결정적 요인일 수 있다. 당연하지만 관계에서 만족을 느끼려면 삶이 만족스러워야 하기 때문이다.[46] 사회적 웃음은 일시적 만족부터 통증 완화, 보다 큰 집단의 사회적 결합을 쉽게 하는 일까지 다양한 쾌감 관련 기능을 수행하는 것 같다. 아마 개인의 전반적인 삶의 질을 증진하는 기능도 수행할 것이다.

취향의 문제에는 논쟁이 있을 수 없다

좋고 싫음이 거의 보편적으로 통하는 영역이 있지만(웃음, 섹스 등), 어떤 일이 쾌감을 주는지는 사람마다 다르고 상대적으로 고유한 영역이다. 혹은 다른 방식으로 생각해볼 수도 있다. 모두가 추위나 배고픔의 완화, 재생산, 사회적 관계 형성 등 똑같은 기본적 욕구를 충족할 때 기뻐하지만 충족하는 방식은 각자 다르다. 우리 뇌의 반응이 똑같지 않다는 사실이 이를 뒷받침한다. 호불호의 차이는 뇌가 천연 오피오이드, 엔도카나비노이드를 비롯한 화학물질을 분비할 때 보이는 차이가 반영한다.

음식을 먹는 행위는 쾌감의 보편적 원천이다. 동물 연구를 보면, 특정 음식을 얼마나 좋아하는지는 그 음식이 뇌에서 천연 오피오이드 분비를 얼마나 유도하는지에 따라 다르다.[47] 그렇지만 생물학적 토대가 있으니 타고난 문제라고(즉 태어나서부터 지금까지 쭉 정해진 문제라고) 오해해서는 안 된다. 뇌 생리학의 관점에서, 케이크 한 조각의 섭취로 분비된 오피오이드의 양에는 우리의 유전자 구성뿐만 아니라 케이크를 먹은 이전의 경험이(그리고 다른 경험도) 영향을 미친다. 환경과 그 환경 속에서 경험한 모든 일이 타고난 유전적 성향과 상호작용하며, 각각의 상황에 어떤 생물학적 반응을 할지 결정짓는다. 케이크는 거의 모든 사람이 좋아한다. 지방과 설탕이 풍부한 음식은 에너지를 쉽고 빠르게 공급하며 내인성 오피오이드 분비를 유도한다. 지방과 설탕으로 인한 오피오이드 분비는 포만감 같은 자연스러운 추동(동기와 비슷한 개념으로, 특정 행동을 하게끔 이끈다/역주)마저 방해할 수 있다.[48] 그렇기 때문에 저녁을 더는 못 먹을 상태라고 해도, 맛있어 보이는 케이크가 눈앞에 놓인다면 케이크를 좋아하는 사람은 식욕이 마법처럼 돌아올 수 있다. 오피오이드 분비가 막히면 이런 효과도 사라진다. 한 실험에서 과학자들이 쥐의 천연 오피오이드 분비를 막으니 배부른 쥐가 디저트(크림)에 더 이상 관심을 보이지 않았다고 한다.[48] 그렇다면 유전자와 이전 경험이 함께 만든 음식 호불호 뇌 지도가 사람마다 있는 것일까? 만약 그렇다면 당신이 새로운 음식을 접할 때마다 지도가 편집되고 새로 만들어질 것이다.

좋아하지 않는 것들의 목록 또한 개인적인 지도로 존재한다. 앞에서 논의한 열점처럼 뇌에는 쾌락 "냉점coldspot" 또한 존재한다. 이 부위가 활성화되면 쾌감을 직접 억누른다. 냉점은 흔히 열점과 아주 가까운 곳에 자리한다(예를 들면 앞에서 언급한 오피오이드와 엔도카나비노이드 열점 바로 근처에 있다). 쥐의 냉점 부위에 오피오이드를 주사하면 열점 부위 주사와는 정확히 반대되는 효과를 보인다. 소위 좋아하는 반응을 억누르는 것이다.

일상에서 당신이 어떤 대상을 좋아하거나 싫어하는 정도는, 당신 뇌의 열점과 냉점이 활성화되는 정도와 궤를 같이한다. 케임브리지 대학교의 신경과학자 앤디 칼더는 내가 지금 몸담은 학과에서 오래 전 연구를 진행했고, 다음과 같은 사실을 발견했다.* 쥐의 배쪽창백ventral pallidum에서 쾌락 "열점"이 발견된 바 있는데, 사람 또한 뇌 촬영으로 관찰해보니 심심한 음식 사진을 볼 때와는 달리 초콜릿케이크나 아이스크림 같은 달콤한 음식 사진을 볼 때 이 열점 부위가 활성화된다는 것이다. 가장 주목할 만한 부분은, 각 참가자가 초콜릿이나 아이스크림 등을 좋아한다고 할수록 해당 디저트의 사진이 주어질 때 그 열점 부위의 활동이 더 늘어난다는 사실이다. 이 부위의 활동은 개인의 주관적 쾌감과 관련이 있다. 해당 음식이 보상으로 작용할수록 활동도 더 늘어나는 것이다.[49] 그렇지만 쥐의 뇌처럼 인간 참가자의 뇌에도 열점 바로 옆에 냉점이 있었다. 참가자가 혐오스럽고 끔찍한 음식 사진을 보면, 배쪽창백 열점의 바로 앞 부분이 활성화되었다. 이 부분은 주관적 불쾌감과 궤를 같이한다. 끔찍한 음식 사진을 싫어할수록 냉점 부위 또한 더 많이 활성화되었다.[40] 아이스크림을 좋아하고 썩은 채소를 싫어하는 취향은 뇌의 열점과 냉점 부위의 활동과 직접적으로 관련이 있다.

열점과 냉점이 쾌감과 관련이 있을 뿐만 아니라 원인을 제공하는 관계이므로, 이 중 하나에 뇌 손상을 입으면 좋아하는 대상에 큰 변화가 생기기도 한다. 한 병변 연구에서, 34세의 환자는 뇌졸중으로 인해 앤디 칼더의 실험에서 발견된 배쪽창백 부위가 손상되었다. 환자는 삶의 다양한 원천에서 오는 쾌감을 완전히 상실했고, 중증 우울증을 겪었다. 그런

* 안타깝게도 내가 학과에 합류하기 전에 칼더가 세상을 떠났기 때문에 나는 그를 만날 수 없었다. 그렇지만 칼더는 내 파트너의 박사과정 지도교수였고, 과학자에 관해 아주 예리한 농담을 종종 했던 까닭에 언제나 나는 마치 그를 만난 것 같은 기분을 느낀다. 요즘도 우리는 그가 남긴 농담을 즐긴다.

데 놀랍게도 괜찮은 부분도 있었다. 뇌졸중을 겪기 전의 환자는 알코올 의존증이었고 마약에도 중독되어 있었다. 그런데 뇌졸중 이후 마약과 알코올을 갈구하는 마음이 완전히 사라졌다. 놀랍게도 환자는 "술을 마셔도 더는 즐겁지 않다"라고 보고했다.[50]

뇌의 생물학적 차이는(유전자뿐만 아니라 경험도 차이를 형성한다) 호불호 경험에서 극단적인 차이를 가져올 수 있다. 아무도 좋아하지 않는 무엇인가를 나 혼자 좋아한다면, 혹은 다들 좋아하는 무엇인가를 나 혼자 싫어한다면 그만의 고유한 열점과 냉점 활동 유형이 있을 법하다. 개인적으로 나는 마요네즈를 싫어한다. 내 배우자를 비롯하여 많은 이들이 마요네즈를 좋아하지만 말이다. 스캐너로 관찰해보지는 않았어도 내가 마요네즈를 먹으면 아마 뇌의 배쪽창백 같은 곳에서 냉점이 활성화될 것이다. 마요네즈를 즐기는 다른 수백만 명은 그렇지 않겠지만. 사실 그들은 바로 그 맛에 열점이 활성화될 것이다. 각종 음식에 반응하는 열점과 냉점 활성화는 고유한 입맛 지도를 그린다. 우리 모두의 공통점은, 우리가 어떤 특이한 대상에서 쾌감이나 불쾌감을 느끼든 간에 둘 다 궁극적으로 아주 유용한 경험이라는 점이다. 사회를 위해서도(사회적 웃음처럼) 당사자 개인을 위해서도 그렇다. 아마도 쾌감의 유용성은 정신건강의 유지 차원에서 가장 요긴할 것이다. 급성통증이 생존을 위해서 단기적 도움을 주고, 또 살면서 일반적으로 무엇을 피해야 하는지 알려준다는 점에서 유용한 것과 비슷하다. 쾌감은 단기적으로는 어떨 때 기분이 좋은지 알려줄 뿐 아니라, 장기적으로는 삶의 만족감에 오랜 기간 폭넓은 영향을 미칠 수 있다.

정신 건강의 쾌락

쾌감을 추구하고 경험하는 능력이 정신 건강의 비결이다. 우리가 매 순간 쾌감을 느껴야 하기 때문은 아니다. 24시간 내내 쾌락을 누리는 상황은 바람직하지 않다(또한 가능해 보이지도 않는다). 그렇지만 조금쯤 쾌락주의자가 된다면 이점이 있다. 단기간에 쾌감을 추구하는 동기는 보통 정신 건강에 장기적으로 긍정적인 영향을 미친다. 보통의 즐거운 경험이란 더 나은 정신적 웰빙과 강한 연관성이 있기 때문이다. 일상생활에서 쾌감을 거의 느끼지 못하는 사람의 경우 삶의 전체적 만족도가 낮기 마련이다. 일상생활에서 쾌감을 더 많이 경험할수록 삶의 행복 점수가 더 올라가는 경향이 있다.[6]

잠깐만! 회의적인 의견이 들린다. 상관관계는 인과관계가 아닌데, 혹시 헷갈리는 것이 아닐까? 그렇다. 이 관계는 그저 더 큰 웰빙을 누리는 사람이 더 많은 것을 즐긴다는 아주 진부한 관찰일 수 있다. 쾌감이 더 큰 웰빙을 유도한다는 말은 아닐 것이다. 그런데 쾌감이 더 큰 웰빙을 유도한다는 주장을 뒷받침하는 수렴적 증거가 있다. 이에 따르면 사회적 웃음처럼 쾌감을 유발하는 일들이 일반적으로 인생을 더 행복하게 해주는 것 같다. 웃음의 경우, 그 생리학적 효과 때문에 그럴듯해 보인다. 오피오이드 체계의 진통 효과로 인해서 스트레스 반응이 줄어들기 때문이다. 물론 웃음과 웰빙의 관계에서 반대 방향으로는 인과성이 확실하다. 더 행복할수록 더 많이 웃을 것이다. 가장 그럴듯한 설명은, 웰빙과 쾌감이 서로 영향을 미치면서 저절로 계속 돌아가는 소용돌이를 만들어낸다는 것이다. 이런 소용돌이에 운 좋게 휘말린다면 아주 멋질 것이고, 아니라면 무척 불행할 것이다.

세상에는 우울증 등 쾌감이 감소하는 정신질환을 앓는 사람도 적지 않다. 이들의 경우, 불행해서 덜 웃게 되고, 그래서 오피오이드가 덜 생산되어 더욱 불행해지는 소용돌이가 저절로 계속 돌아간다. 쾌감이 없으면 정신 건강이 나빠진다는 증거는 무쾌감증의 임상 증상에서도 찾을 수 있다. 무쾌감증은 전통적으로 쾌감을 경험할 수 없는 상태를 뜻했다. 그렇지만 이제는 예전에 즐거웠던 활동에 더 이상 흥미를 느끼지 못하는 상태도 포함된다. 다음은 정신 건강 질문지에서 무쾌감증을 진단하는 전형적인 문항이다.[51]

다음 문장 가운데 본인에게 가장 많이 해당하는 것을 고르시오.

1. 나는 예전만큼 일이 만족스럽다.
2. 나는 예전처럼 일이 즐겁지 않다.
3. 나는 더 이상 어떤 일에도 진정한 만족을 얻지 못한다.
4. 나는 어떤 일이든 불만족스럽거나 지겹다.

1번을 고른 사람은 무쾌감증이 아니다. 3번이나 4번을 고른다면 무쾌감증일 수 있다. 무쾌감증 또한 정신장애에 포함되는데, 우울증의 두 가지 주요 증상 가운데 하나이다(나머지 하나는 우울한 기분이다). 또 조현병의 핵심 증상으로 소위 "부정적 증상"에 속한다. 이 "부정적 증상" 때문에 정신증을 앓는 사람은 감정을 덜 느끼고 사회적으로 위축될 가능성이 크다. 쾌감을 처리하는 방식의 변화는 중독이나 섭식장애 같은 다른 장애에도 나타난다. 그런데 무쾌감증은 정신 건강의 악화와 상관관계에 놓인 정도를 넘어서 여러 정신장애의 전조 증상이나 시발점으로 보인다. 이는 무쾌감증 또한 정신 건강 악화의 위험 요인이라는 뜻이다.

예를 들어 물질 중독의 경우, 무쾌감증이 심한 수준이면 중독의 재발 위험이 크다고 본다.[52] 쾌감의 경험에 변화가 있다면, 즉 쾌감을 경험하거나 흥미를 느끼는 보통의 상태에서 벗어나 무쾌감증에 가까워졌다면 정신장애가 생길 위험이 있다는 뜻이다. 한편 물질 사용의 경우에는, 기분전환용 마약 복용에서 과용 행동으로 넘어갈 위험이 있음을 뜻한다.[53]

심지어 무쾌감증이 정신 건강 악화 상태의 핵심 증상이어서 임상적 진단을 초월한다고 보는 학자들도 있다. 보통은 즐거운 일에서 흥미 혹은 즐거움을 느끼지 못한다면, 개별 장애를 초월하여 **전체적으로**(장애의 종류와는 상관없이) 정신 건강이 취약해질 수 있는 요인이 된다. 다양한 스트레스 요인(생물학적 요인 및 사회적 요인)에 대한 회복탄력성이 떨어지기 때문이다. 쾌감을 예측하고 표현하며 학습하는 능력은 정신 건강을 보호하는 요인일 수 있다. 무쾌감증은 우리의 정신 건강이 나빠지고 있다는 일종의 경고이다.

쾌감이 정신 건강을 지탱하는 방법 가운데 하나는 제3장과 제4장에서 자세히 살펴볼 학습 및 동기와 관계가 있다. 예를 들면 학습 메커니즘을 통해서 우리는 주변 환경과 쾌감 경험 사이의 연관성을 배울 수 있는데, 이는 동기부여에 큰 영향을 미친다. 그 때문에 우리는 노력해서 기꺼이 구하고자 하는 것이다. 쥐를 대상으로 삼은 한 실험은 쥐에게 옷을 입히고 옷의 여부를 성적 즐거움과 연관시켜보았다(건설 현장에서 입는 형광색 조끼 같은 옷을 상상해보았는데, 실제로 어떻게 생겼는지는 모른다). 옷과 성적 쾌감의 조건 형성은 무척 효과가 좋아서, 쥐들이 옷을 입지 않은 경우는 "짝짓기가 극적으로 줄었다."[54] 짝짓기용 재킷이라니! 이 과학자들은 비판받을 거리는 많겠지만, 따분하다는 말은 듣지 않을 것이다.

쾌감에 집중하기

통념에 따르면, 정신 건강을 위해서는 겉보기에는 그리 즐거워 보이지 않는 금욕적 건강관리, 예를 들어 운동, 금주, 아마도 명상이나 각종 요법에 집중하는 편이 낫다. 이 책의 후반부에서 정신 건강을 위한 이런 방법들을 살펴볼 텐데, 의심의 여지 없이 각각의 방법 모두 많은 사람에게 유용하다. 그렇지만 정신 건강에서 쾌감이 핵심이라는 말은, 금욕만이 유일한 방도는 아니라는 뜻이다. 정신 건강이 취약하기는 해도 현재 병을 앓지 않는 사람이라면, 쾌감에 집중하는 새로운 방법이 정신 건강을 유지하는 한 가지 길이 될 수 있다. 여담인데, 조금 가혹해 보이는 관리법조차도 일정 정도는 쾌감을 이용하여 정신 건강을 지킨다. 예를 들면 운동은 단기간의 쾌락을 유발한다고 널리 알려져 있으며("최고의 주자") 통증에 대한 내성도 늘린다고 한다(무통각증). 전적으로는 아니지만 부분적으로 오피오이드의 활동 덕분이다. 이와 관련하여 모든 운동이 같지는 않다. 짧은 시간 고강도로 진행하는 운동이 이 같은 효과를 내는 한편, 오랜 시간 저강도로 하는 운동은 아니다[32](찬물 목욕과 비슷한데, 찬물 목욕 또한 무통각증을 유발하려면 딱 맞는 조건이 필요하다). 이 다음 장부터 학습을 예측하고 동기를 부여하는 내재적 과정에 대해서 살펴볼 예정이다. 이 과정은 쾌감 경험의 추구를 뒷받침하는 것으로, 정신 건강에 특히 중요하다. 아마도 쾌감 경험 그 자체보다 훨씬 더 중요할 것이다. "그냥 즐거움을 더 찾으라"는 조언은 만성 정신질환을 앓는 대부분의 환자에게 그리 합리적인 제안이 아니다. 이들은 쾌감 경험의 획득을 받쳐주는 이런 과정 자체가 망가졌을 수 있다. 쾌감 체계가 잘못 점화된 후 회복되는 쪽보다 이 체계를 계속 유지하는 쪽이 당연히 더 쉽다.

쾌감에 관심을 기울이는 일은 보기보다 사소하지 않다. 만성통증이 좋지 못한 정신 건강과 회로망을 공유하듯, 쾌감도 건강한 정신과 회로망을 공유한다. 안타깝게도 쾌락을 뒷받침하는 뇌의 회로망은 지름길로 갈 수가 없다. 예를 들어 오피오이드 약물은 조금 쾌감을 줄지 몰라도, 분명 오피오이드 금단 증상과 갈망으로 무쾌감적 효과를 경험할 것이다. 천연 오피오이드와 약제 오피오이드, 카나비노이드는 뇌 전체에 분포된 수용체에 작동한다는 점 또한 새겨둘 만하다. 쾌락 열점이 예외일 뿐, 대부분의 뇌부위는 쾌감에 특화된 영역이 아니다. 쾌감을 처리하는 부위의 연결망에는 보상, 통증, 배고픔, 포만감 등 여러 경험도 일조한다. 뇌의 "쾌감 영역"은 사실상 신체 및 정신 건강의 수많은 요인과 관련이 있다.

쾌감은 뇌에서 별개의 문제로 존재하지 않는다. 앞에서 쾌감과 관련된 몇몇 화학물질과 뇌 부위, 원인을 다루기는 했으나, 이는 쾌감 생물학의 한 조각에 불과하다. 쾌감은 뇌의 다양한 부위에 존재하는데, 이 부위들은 각각 여러 역할을 맡고 있다. 어떤 부위는 (음식이나 섹스 같은) 주요 보상, 그리고 예술적이거나 사회적인 즐거움 모두와 관련이 있을 수 있다. 심지어 쾌락 열점조차도 쾌감을 유도하는 정해진 비결은 없다. 딱 맞는 해부학적 부위에 배합이 잘된 신경 화학물질이 가닿으면 쾌감을 유도할 뿐이다. 그러므로 배합이 정확히 이루어져야 한다.*

당신이 좋아하는 것들은 당신만의 것이지만, 그 기저에 있는 생명 활동은 누구를 막론하고 공통적이다. 이 생명 활동에서는 당신의 현재 상

* 독자 여러분도 이제는 눈치챘을 테지만, 뇌의 보편적 진실을 반영한다. 뇌의 어느 부위가 특정 시점에 담당하는 역할은 여러 요인의 영향을 받는다. 다른 부위가 동시에 활성화되었는지도 요인이고, 신호를 주는 화학물질이며 신경세포가 점화하는 패턴도 관련 요인이다.

태와 당신이 예측하는 미래 상태가 어떤지에 따라 쾌감이나 통증 경험이 언제나 달라진다는 것이 핵심이다. 즉 자기 자신의 정신 건강을 파악한다는 것은, 어떤 경험이 즉각 제공하는 감각을 즐기느냐 아니냐를 훨씬 넘어서서 살피는 문제이다. 예를 들어 당신은 무엇인가를 잠시 좋아할 수 있다. 그렇지만 힘이 빠지고 지친 후에는 한때 무엇을 좋아했든 간에 그것이 결국에는 당신을 행복하게 해주지 않았다고 결론을 내릴 것이다. 이 같은 자아 성찰은 당신의 전반적인 상태를 평가하고, 특정 경험이 어떤 느낌을 줄지 예측하는 능력으로 이어진다. 그렇기 때문에 쾌감과 통증은 어떤 맥락에서 경험하는지에 따라 완전히 다른 느낌을 줄 수 있다.

쾌감과 통증을 비롯한 여러 정신적 경험은 내적 맥락, 즉 신체의 상태가 어떤지가 가장 중요하다. 몸은 쾌감과 통증 문제의 핵심이다. 당신이 무엇인가를 얼마나 좋아하는지는 신체가 항상성 유지를 위해서 무엇을 필요로 하는지에 따라 달라진다. 당신이 빈속에 뭔가를 먹을 때마다 경험하는 일이다. 뭐든 한 입 먹으면 맛있고, 그 맛에 한 입 더 먹고 싶어진다. 그렇지만 배가 고플 때 먹어서 정말 만족스러웠던 음식이라고 해도, 그리 배고프지 않은 날 다시 먹어보니 그저 그렇기만 했던 경험이 있는가? 당신의 뇌가 쾌감을 해석하는 방식이 당신의 신체 상태 및 항상성 유지에 필요한 것들에 따라 조절되기 때문이다. 쥐와 유아는 항상성 유지를 위해서 "쾌감" 표정을 조절한다. 배고픔은 쾌감 유사 표정을 증진하고, 포만감은 이를 줄인다.[35] 사람들에게 물어보면, 배고플 때와 비교해보면 배부를 때는 음식이 정말이지 내키지 않는다고 대답할 사람이 많을 것이다.

오피오이드 체계조차 당신의 신체 상태가 통제한다. 어느 실험에서 쥐에게 빠른 안구운동 수면(렘수면)을 빼앗아보니 찬물 수영도 통증을 더는 성공적으로 막지 못했다. 푹 쉰 상태와 비교하면 졸린 상태에서는 스트레스에 대한 오피오이드 체계의 반응도 무뎌진다. 놀랍게도 오피오이드 약물인 모르핀도 마찬가지이다. 렘수면이 없으면 모르핀 또한 통증을 성공적으로 막지 못한다.[55] 즉 당신의 뇌가 쾌감 및 통증 완화를 경험하는 능력을 신체 상태가 크게 좌지우지한다. 다음 장에서는 신체 상태의 경험이 어디에서 유래하는지, 왜 정서적 경험과 겹치는지, 몸 상태가 정신 건강에 어떻게 영향을 미치는지 살펴보겠다.

2

뇌-몸 축

2018년 1월 옥스퍼드 영어 사전은 "행그리hangry"라는 단어를 어휘 목록에 추가했다. 배가 고픈 결과 성질이 나고 짜증스러운 상태를 가리키는 단어이다. "행그리"는 신체와 감정을 아우르는 가장 유명한 혼성어일지도 모르겠다. 그런데 신체 상태가 감정에 영향을 미친다는 개념 자체는 심리학과 신경과학에서 아주 일반적으로 받아들여진다. 배고픔, 목마름, 염증 등 신체의 여러 상태는 우리의 생각과 감정과 행동에 깊은 영향을 미친다. 신체로부터 뇌에 정보가 끊임없이 흘러가면서 심장이며 폐, 소화관, 면역계, 혈관, 방광 등 신체 내부에 관한 광범위한 자료를 전달해주기 때문에 그렇다. 과학자들은 이제 신체 전반에 걸친 미세한 수준의 변화도 정신 건강에 큰 영향을 미친다는 결과를 보여주기 시작했다. 마찬가지로 여러 정신장애는 면역계를 비롯하여 뇌 바깥의 신체 과정의 문제 또한 일으킨다.

"행그리"를 느끼는 이유는 무엇일까? 실험 참가자들의 일상 보고를 토대로 이루어진 2022년의 한 연구에 따르면, 사람들이 배고픔을 심하게 느낄 때 분노의 수준도 더 높다(배가 고프면 짜증이 심해지고 쾌감이 저하된다. 배고픔hunger과 짜증irritability을 합친 "hirritability" 같은 단어는 입에 잘 붙지 않지만).[56] "행그리" 현상의 경우 몇 가지 일반적인 설명이 가능하다. 하나는 혈당(글루코스)이 떨어질 때 방출되는 화학물질 때문이라는 것이다. 더 구체적으로 살펴보자면, 혈액 내 가용 글루코스가 하락하면 스트레스 호르몬이 분비된다. 얼른 음식을 섭취하라는 신호이다. 그런데 배고픔에 의해 분비된 스트레스 호르몬은 우연히도 분노 혹은 짜증 관련 호르몬과 비슷한 데가 있다. 스트레스 호르몬은 종류가 아주 많다 보니 당신의 뇌가 헷갈릴 수 있다. 실제로 배가 고픈데 화가 났다고 생각할 수 있는 것이다. 당신이 뭔가를 먹으면 스트레스 호르몬이 줄고, 오해를 부른 행거hanger 상태도 완화된다.

이 설명에는 일말의 진실이 있다. 생리적 스트레스와 심리적 스트레스는 비슷한 생리적 스트레스 반응을 수반한다는 것이다. 그렇지만 나는 이 설명이 완전히 만족스럽지는 않다. 이 설명에 따르면 뇌는 배고픔이나 분노 등을 유발하는 인체 내 화학물질의 신호를 그저 받기만 하는 수동적인 수용체에 불과하다. 그렇지만 다들 알다시피 뇌는 분명 신체에 귀를 기울이기는 해도 비슷한 화학물질 신호를 쉽게 헷갈리는 수동적인 수용체가 아니다. 뇌는 신체 정보를 능동적으로 해석하고 예측하며 조절한다. 이 설명은 또한 화학적 신호가 비슷한 상황이 그저 우연일 뿐이고, 배고프고 화가 난 상태에서 어쩌다 보니 같은 화학물질이 분비되었기 때문에 "행그리"가 발생한다고 본다. 이제 설명하겠지만, 이런 유사함은 순수한 우연이 아니다. 아마도 그럴 만한 이유가 있을 것이다. 제1장에서 설명한 쾌감 및 통증 완화의 공통 회로망처럼 그것은 뇌의 핵심적인 특징이다.

"행그리"의 원인에 관한 약간 다른 해석은, 이 현상이 뇌의 에너지 부족 때문이라는 것이다. 뇌에서 연료가 바닥나면 감정을 억제하는 힘도 약해진다. 강한 감정을 억제하려면 에너지가 필요하다. 그래서 이 설명은 당신이 배가 고프기 전부터 어느 정도 짜증이 났으리라고 추정한다. 배고픔이 감정의 규제를 그냥 풀어버린 것이다.

그럴듯해 보이지만, 여전히 전체를 알려주는 설명 같지는 않다. 우리는 어느 때고 잔잔한 수준으로 다양한 정서를 느낀다. 배고픔이 감정적 규제를 그냥 풀어준 것이라면, 배고플 때 겁이 나거나 놀라거나 혐오를 느끼는 일은 왜 드물까? 이 설명은 "행그리"의 분노 부분을 놓치고 있다.

"행그리"가 어디서 생겨나는지 제대로 이해하려면 감정이 어디에서 생겨나는지부터 알아야 한다. 감정과 신체 상태는 특성상 아주 밀접하게 연관되어 있다. "행그리"의 원인은 또한 정신 건강에 관한 아주 핵심적인 특성을 알려준다.

마음의 소리에 귀 기울이기

100년이 넘도록 많은 과학자는 신체 상태가 감정에 일조한다고 보았다. 심장이 빠르게 뛰면 더 조심하게 되고, 위가 뒤틀리면 역겨움이 더 심해지며, 심장이 떨리면 사랑에 빠졌다는 생각이 든다. 신체 상태가 정서에 영향을 미친다는 사실은 이제 과학계에서 비교적 폭넓게 받아들여지고 있다. 그렇지만 신체는 정서를 직접적으로 **유발하지는** 않는다. 신체 상태를 어떻게 해석할지는 뇌에 달려 있다. 당신이 경험하는 정서는 신체 신호의 영향을 받지만, 특정 느낌이 어떤 의미인지는 뇌의 해석에 따라 구성된다. 다른 기본적 추동을 경험할 때도 비슷하다. 신체는 배고픔, 갈증, 통증을 직접적으로 유도하지는 않는다. 모두 뇌의 해석에 달려 있다.

이와 같은 견해는 정서의 경험이 다음의 영향을 받는다는 것을 의미한다.

- 신체 상태(인체 장기 및 생리 체계에 대한 지각), 그리고
- 뇌의 상태(어떤 느낌을 기대하는가, 그리고 느낌을 어떻게 해석하는가)

이렇게 보면, 당신의 뇌가 두 유형의 맥락을 동시에 처리한다는 사실도 알 수 있다. 내적 맥락(신체)과 외적 맥락(보기, 듣기 등의 행위)을 함께 처리하는 것이다. 감정 상태를 결정하기 위해서 뇌는 이 두 맥락을 한데 모아 합친다. 그러면 가장 가능성이 큰 신체의 생리적 흥분의 원인을 추정할 수 있다(내 심장이 빠르게 뛰는 것은 겁이 나서일까, 아니면 계단을 한 층 뛰어올라서일까?). 때로 이 같은 추정의 결과, 당신은 현 상태를 한 가지 이상의 정서로 해석한다.

정서를 경험할 때 맥락이 어떤 역할을 맡고 있는지를 확인한 가장 유명한 실험 가운데 하나가 1960년대에 이루어졌다. 이 실험에서는 건강한 실험 참가자에게 비타민을 주사했다. 혹은 참가자들은 그렇게 들었다.[57] 과학자들은 비타민 보충제가 시력에 미치는 효과를 실험한다고 말했다. 그런데 고전적인 1960년대 심리학 연구의 방식을 따른 이 실험은 참가자에 게 거짓말을 했다(이런 실험들은 과학적 이유에서도, 윤리적 이유에서도 논란이 된다). 과학자들은 참가자에게 보충제 대신 아드레날린을 주었다. 아드레날린(몸에서 자연적으로 생성되는 물질로 스트레스를 받는 상황 등에 분비되는데, 신체 외부에서 주입할 수도 있다)은 호흡이 늘고, 심장이 더 빨리 뛰며, 혈압이 오르는 효과를 낸다. 얼굴이 화끈거리

는 느낌이 들 수 있고, 심장이 두근거릴 수도 있다. 아드레날린은 비타민이 아니다.

일부 참가자는 부작용이 있을 수 있다는 정보를 미리 들었다. 그렇지만 주사에 부작용이 없으리라는 설명을 들은 사람들도 있었다. 과학자들은 참가자들이 설명할 수 없는 신체적 증상(빠르게 뛰는 심장, 홍조)을 겪으면 그 생리적 상태를 해석하기 위해서 정서 같은 다른 요인을 찾으리라는 가설을 세웠다.

약물 주입 후 참가자들은 "비타민"이 효과를 보이는 동안 대기실에서 다른 참가자와 기다렸다. 그런데 그 다른 참가자는 사실 "바람잡이"(실험 관계자와 한편인 사람) 역할이었다. 바람잡이는 너무나 기뻐하는 척하거나 화난 모습을 보이도록 몰래 지시받았다. 기쁨을 지시받은 경우, 바람잡이는 종이비행기나 새총을 만들고 대기실에서 훌라후프를 찾아 사용했다. 화난 행동 쪽이면 바람잡이는 실제 참가자와 함께 질문지를 작성했다. 질문지 문항은 처음에는 정중하지만, 뒤로갈수록 모욕적이다(예를 들면 이런 문항이다. "당신의 어머니는 아버지 말고 몇 명의 남자와 바람을 피웠나요?"). 질문지 작성을 끝낼 무렵 바람잡이는 격분했다. 실제 참가자들은 이 모든 상황을 바라보았다.

과학자들이 흥미를 느낀 부분은 아드레날린과 바람잡이의 행동이 복합적으로 효과를 보이는 상황이었다. 참가자가 어떤 조건을 경험하든 과학자들은 그들을 몰래 관찰하고 겉으로 드러난 행복 행동 혹은 분노 행동을 평가했다. 실험이 끝날 무렵 참가자들은 일련의 질문에 답했는데, 대부분 실험의 목적을 숨기기 위한 별 관련 없는 것들이었으나 두 가지 핵심 질문도 있었다. 바로 참가자가 직접 분노와 행복의 수준을 평가하는 문항이었다. 결과를 살펴보니, 주사의 부작용을 조심하라는 말을 듣지 못한 참가자들은 바람잡이의 행동에 정서적인 영향을 받았다. 어떤 신체적 변화를 겪을지 몰랐던 이들은 아드레날린의 효과를 느꼈을 때 다른 원인을 찾았는데, 곁에 있던 바람잡이 때문에 신체적 부작용을 정서 탓으로 돌렸다. 약 때문에 심장박동이 빨라지거나 얼굴이 붉어질 것이라고 기대하지 못한 가운데, 그들은 바람잡이가 기쁨에 가득 찬 행동을 하면 행복을 느끼고 그렇게 행동했다. 바람잡이가 화를 내면 역시 화가 났고 그렇게 행동했다. 반면 부작용을 조심하라는 말을 미리 들은 참가자는 심장이 두근대고 얼굴이 붉어지는 이유가 정서와는 상관없는 다른 원인 때문이라고 생각할 수 있었다. 증상의 원인을 알았기 덕분에, 그들은 바람잡이의 행동에 정서적으로 별 영향을 받지 않았다.

당시 이 실험 결과의 해석은 다음과 같았다. 우리는 우리 뇌가 생각할 때 가장 가능성이 큰 원인에 따라 신체의 생리적 상태를 명명한다. 어떤 정서가 신체의 생리적 상태를 가장 그럴듯하게 설명한다 싶으면, 그 정서로 생리적 상태 자체를 해석하는 것이다. 또한 실험의 결과는 우리가 고른 그 정서가 고정되어 있지 않다는 점을 알려준다(이런 해석의 한계에 대해서는 아래를 보라). 신체 상태와 특정 정서 사이에는 일대일 관계가 존재하지 않는다.[58] 적어도 어떤 신체 상태의 경우, 당신이 해석하는 정서는 맥락 의존적이며 잘 변할 수 있다.

그렇지만 당초의 연구가 발표된 이후 이어진 연구를 살펴보면, 행복과 분노에 관해 비슷한 결과가 나온 경우도 있지만,[59] 처음 연구의 일부 내용이 언제나 참은 아니라는 사실을 알 수 있다. 원래의 아드레날린 연구에서 나온 결과를 정확히 재현하지 못한 실험이 많았다. 특히 긍정적인 (행복 쪽) 조건에서 그러했다.[60] 실험 재현의 실패는 초기 심리학 실험에서 상대적으로 자주 일어난다. 여러 가지 이유가 있는데, 가장 중요한 이유 가운데 하나는 실험 참가자의 수이다. 참가자의 수가 적으면 실험 결과가 실제보다 더 강하게 나오거나 심지어 거짓 결과를 도출할 수 있다. 한 후속 연구에서는 아드레날린 주입 후 무서운 영화를 본 집단과 영화를 보지 않은 집단을 비교했을 때, 무서운 영화를 본 집단의 공포 반응이 더 강하게 나타나지 않았다. 원래 연구의 결과가 일반적으로 참이라면, 공포가 그럴듯한 설명으로 보이는 상황일 때는 아드레날린 때문에 공포 반응이 더 크게 나오리라고 기대할 수 있다.[61] 이 연구도 그렇고 다른 연구를 살펴보면, 실험이 어떤 정서를 유도하든 간에 사람들은 설명할 수 없는 신체적 흥분(예를 들면 아드레날린)을 본디 **부정적으로** 해석할 가능성이 크다.[62] 이는 원래의 아드레날린 연구가 시사한 바와 아주 다르다. 흥분 상태는 애초 과학자들이 생각한 바와는 달리 맥락의 영향을 잘 받지 않는 것이다.

처음의 연구에서 얻은 일반적 원칙 몇 가지는 여전히 참이다. 당신의 신체에서 보내는 생리적 신호는 변할 여지가 그리 많지는 않아도 정서 상태의 해석에 큰 영향을 미친다. 그런데 실험 조건을 통해서 (바람잡이, 영화 등이) 그 해석에 직접적인 영향을 미치는 늘 기대한 결과를 얻지는 못할 수도 있다. 사람들이 생리적 상태를 해석할 때, 일반적으로 쓰는 장기적 "규칙"을 따르기 때문이다. 여기에 대해서는 다음 장에서 더 살펴볼 것이다. 이 규칙은 단기적 영향력을 그냥 넘길 수 있다. 가령 누군가는 삶의 경험을 통해서 아드레날린에 의한 신체 감각이 부정적인 사건에 의해 매번은 아니더라도 자주 생겨난다고 학습했을 수도 있다. 이렇게 되면 보통 부정적인 일이 유발한다는 이 사전적 정보는 당면한 긍정적인 맥락의 정보를 무시할 수 있다. 기뻐서 날뛰는 바람잡이 정도로는 평생에 걸쳐 얻은 경험을 바꿀 수 없기 때문이다. 게다가 신체적 흥분을 얼마나 강하게 경험하는지, 그것을 어떻게 해석하는지는 사람마다 다르다.[58] 그래서 어떤 사람들은 처음부터 흥분을 더 잘 감지하고 해석 혹은 오인을 할 가능성이 있다. 마지막으로, 흥분뿐만 아니라 여러 현상이 사람에 따라 다르게 경험되거나 해석된다.[58] 따라서 당신을 속여 다른 정서를 느끼게 하려는 과학자의 능력은 애초의 실험 결과와는 달리 그리 간단하지도, 강력하지도 않다. 그래도 일반적인 법칙(내적 신체 상태에 대한 우리의 주관적 경험 및 해석이 정서 경험에 영향을 미친다)은 여전히 증거가 많고, 오늘날 감정과학에서 주요 이론으로 자리매김하고 있다.[58]

"행그리"로 되돌아가보자. 또 하나의 이론은, 우리 몸의 생리적 상태(배고픔)가 특정 정서(짜증이나 분노) 역시 설명할 수 있다는 것이다. 그렇지만 몸의 감각이 어떤 정서 상태에서 유래했다고 해석할지 말지 여부는 여러 요인들에 달려 있다. 생리적 상태를 얼마나 강하게 경험하는지, 그 생리적 상태에 들어맞는 다른 설명이 있는지(예를 들면 몇 시간 동안 음식을 먹지 못해서 그렇다)와 같은 요인이다. 그리고 다른 설명이 없는 상태에서 강한 배고픔을 느끼는 경우라도 어떤 정서로 해석할지는, 적어도 일정 부분은 맥락에 따라 다르다. 마음과 환경의 현재 상태가 신체적 감각의 원인을 찾을 때 영향을 미치는 것이다. 그러므로 빠른 심장박동은 맥락에 따라서 그 원인을 병이나 불안이라고 판단할 수 있다. 배고픔은 원인이 분노라고 오인할 수도 있는데, 비슷한 생리적 특징을 지닌 감정이기 때문이다.

결국 혈당과 호르몬과 분노의 관계는 우연이 아니다. 배가 고프든 화가 나든, 혹은 다른 어떤 정서를 느끼든 간에 뇌는 생리적 상태의 원인을 추측하기 위해서 비슷한 계산을 한다. 그리고 때로 이 추측은 틀린다.

우리 뇌는 왜 생리적 상태의 원인을 어림짐작해야 할까? 몸에서 무슨 일이 일어나는지 그냥 탐지할 수 없는 이유는 무엇일까? 어림짐작이 가장 좋은 전략인 몇 가지 이유가 실제로 존재한다. 한 가지 이유는 생리적 상태가 본디 잡음처럼 불확실한 경우가 많다는 것이다. 잡음에서 정확한 신호를 포착하기 위해서 뇌는 과거의 경험을 이용하여 특정 생리적 상태의 원인을 추론한다.

당신의 위가 이상하게 느껴지고 근육이 불편하게 수축하기 시작한다고 상상해보자. 이런 상태는 여러 가지를 의미할 수 있다. (여러 원인이 있는데) 배가 고프거나 속이 메스껍거나 신경이 곤두섰을 수 있다. 지금의 경험을 이해하고 상황에 맞는 행동을(먹기, 토하기, 스트레스를 주는 상황에서 벗어나기) 끌어내기 위한 뇌의 유일한 방법은 과거의 경험 및 환경에서 주어진 단서를 기반으로 근거 있는 어림짐작을 해보는 길뿐이다. 이 과정은 상대적으로 무의식적이다. 우리가 얻은 결론에는 어떤 불확실성이 어려 있다("난 이제 아플 것 같아"). 상황 속의 다양한 단서를 살펴보면, 여러 해석 가운데 그럴듯해 보이는 해석이 하나 나온다(메스꺼움은 전에 어떤 느낌이었지? 최근에 뭘 먹었지? 뭔가 두려운 일을 막하려는 참인가?). 과거와 현재의 맥락에서 단서를 구하여 이용하는 일은 뇌가 하는 가장 영리한 작업이다. 당신의 몸이 보내는 비슷비슷한 신호는 많은 것들을 의미할 수 있기 때문이다.

당연하지만, 뇌의 해석은 훌륭한 추측에 불과하므로 불완전하며 영향을 잘 받는다. 다른 많은 요인들이 뇌를 속여서 상태를 오인하게 할 수 있다. 어떤 생리적 상태를 감정이라고 오인하거나, 혹은 그 반대의 경우도 가능하다. 이 장에서는 신체에 기울이는 주의의 변화, 신체의 어느 부위에서 어떤 느낌이 날 것인지에 대한 기대, 혹은 과거에 경험한 신체의 상태가 모두 당신이 신체 상태를 오해하도록 이끌 수 있음을 논의할 것이다. 이 부분은 제1장에서 다룬 만성통증과도 이어진다. 기력이 소진될 만큼 심한 감정 변화를 겪으면 만성통증이 심해질 수 있다. 사고 후 몇 개월이 지나 외상 후 스트레스 장애를 앓으면 만성통증이 악화된다.[63] 한편 신체에 대한 기대가 방향을 달리하면, 예를 들어 심리치료를 받으면 통증의 신체적 경험도 달라질 수 있다.[64] 뇌의 불완전한 해석 덕분이다.

장기, 면역계, 마이크로바이옴이 정신 건강에 미치는 영향

앞에서 살펴본 1960년대의 유명한 아드레날린 실험 이후, 신체가 감정에 영향을 준다는 통설은 21세에 들어서면서 다시 인기를 끌게 되었다. 재유행하는 많은 것들이 그렇듯, 이 이론 또한 이미지를 쇄신했다. **내수용감각**interoception이라는 개념을 끌고 온 것이다(사실 이 단어 자체는 1906년에 생겼다). 내수용감각은 신체의 생리적 상태가 어떤지 느끼는 감각을 가리킨다.[65] 우리는 내수용감각이라는 필터를 통해서 신체 상태를 해석한다. 이 감각은 신체가 (뇌로) 보내는 신호와 몸에 대한 뇌의 이전 경험을 조합한 결과로, 신체가 각각 다른 환경에서 어떤 느낌을 받을지 그 기대를 만든다. 내수용감각은 내부 상태에 대한 의식적 감각(배고픔이나 갈증 같은 감각)을 뜻하는 한편, 심장이나 폐 같은 신체 기관이 미치는 덜 의식적인 영향력과도 관련이 있다. 신체 기관들은 우리의 생각과 행동에 의식적으로든 무의식적으로든 영향을 미칠 수 있다. 이런 맥락에서 보면, 내수용감각은 다른 감각들과 구별된다. 예를 들면 **외수용감각**exteroception은 시력이나 청력을 통해서 바깥 세계를 탐지하는 감각이다. 전정기관도 있다(전정기관의 경우, 전체 공간에서 우리 몸이 어디에 자리하는지 탐지한다). 사실 내수용감각은 정의 자체가 정해져 있지 않다. 과학자들은 어떤 감각을 내수용감각으로 보아야 하는지 열띤 논쟁을 벌이고는 한다.* 이제 내수용감각의 또다른 원천으로 면역계 및 장기의 마이크로바이옴에 대해서 살펴볼 것이다. 일부 과학자는 이 두 가지 모두 정신 건강과 질병 문제에서 아주 중요한 역할을 할 수 있다고 본다.

내수용감각을 연구한 가장 유명한 실험들은 많은 경우 심장에 귀를 기울인다. 말 그대로이다. 심장박동과 정서의 경험은 밀접한 관계가 있다. 심장에 관한 정보는 작은 수용체를 통해서 뇌에 전달된다. 이 수용체는 심장이 언제 (얼마나 강하게) 뛰는지 신호를 주며, 심장이 뛰는 사이에는 조용하다. 즉 한 번의 심장박동도 뇌에 중요 정보를 전달할 수 있다는 말이다. 신경과학자 세라 가핑클과 휴고 크리츨리는 다음의 사실을 알아냈다. 사람들은 심장이 뛰는 순간(심장수축기, 피가 몸으로 보내질 때) 겁에 질린 얼굴이 화면에 나타나면, 심장이 뛰는 사이에(심장이완기, 심장이 이완하여 피를 다시 채울 때) 겁에 질린 얼굴이 화면에 나타날 때보다 더 잘 알아본다고 한다.[66] 게다가 겁에 질린 얼굴을 더 잘 알아볼 뿐 아니라, 심장박동과 동시에 제시된 그 얼굴이 훨씬 심하게 겁에 질렸다고 지각했다. 심장박동이 감정의 지각을 통제하거나 "막는" 일이 가능하다는 뜻이다.

정서적 지각을 통제하는 심장의 힘은 뇌에도 반영되어 있는데, 특히 편도체(정서적 사건이나 중요한 사건을 신호하는 영역)의 경우 심장박동

* 신체의 안과 밖을 어떻게 구분해야 하는지의 문제도 재미난 논쟁거리이다. 예를 들면 얼굴의 감각은 외수용감각이고, 폐의 감각은 내수용감각이다. 과학자들이 안과 밖의 구분을 이제는 끝냈다고 생각할지 모르겠다. 그렇지만 콧구멍은 "안"일까 "밖"일까. 당신은 이런 문제를 고심하느라 긴 시간을 보낸 적이 없을 것이다.

에 맞춰 무서운 얼굴을 보면 그렇지 않았을 때보다 더 활발해진다고 한다.[66] 뇌에 나타난 신체의 영향력은 특히 장기 체계가 기능하는 시간과 잘 조응할 수 있다는 뜻이다.

뇌는 왜 심장이 뛰는 동안 정서를 처리하는 방식에 변화를 줄까? 당신이 현실 세계에서 무엇인가 위험한 것을 보았다면, 그 위협에 대해서 가능한 한 잘 파악하고 싶을 것이다. 위협이 주어지면 심장은 빠르게 뛰기 시작하는데, 이는 빠른 심장박동이 위협을 탐지하고 대응하는 능력을 생리적으로 높인다는 의미이다. 이런 이유로 뇌는 심장에서 오는 신호에 언제나 귀를 기울임으로써(그리고 신호를 학습하고 해석함으로써) 주변에 위협이 있어도 살아남을 수 있게 된다.

정서에 영향을 미치는 기관은 심장 외에 또 있다. 일부 기관은 아주 놀랍다. 최근 내 동료이자 친구 에드윈 달마이저는 정서적 혐오에 관해서 아주 멋진 발견을 했다. 실험 참가자들이 컴퓨터 화면을 통해서 혐오스러운 이미지와 그렇지 않은 이미지를 연속으로 보는 동안 그들의 시선을 살피는 연구였다.* 연구 결과, 사람들은 혐오스러운 이미지를 계속 피했다. 실험을 얼마나 오래 진행하든, 같은 화면을 보는 일에 참가자가 얼마나 지루해하든 상관없었다. 희한한 상황인데, 무서운 이미지를 볼 때는 이런 일이 일어나지 않기 때문이다. 무서운 이미지의 경우, 사람들은 처음에는 시선을 피하지만 나중에는 대부분 적응해서 눈길을 돌리고 바로 본다.

무서운 대상에 대한 적응은 노출요법의 기본이기도 하다. 노출요법은 불안장애, 공포증, 공황장애 같은 질환에 아주 효과적인 심리치료법

---

* 안타깝게도 모든 실험이 초콜릿 밀크셰이크를 먹는 일처럼 재미있지는 않다.

이다. 노출요법을 받는 거미 공포증 환자는 점점 더 큰 거미를 접하게 되며, 거미와의 거리도 줄이게 된다. 시간이 지나면 거의 모든 경우 거미에 대한 공포가 줄어들어 환자는 거미를 만질 수 있으며, 심지어 집어들 수도 있다. 그렇지만 신기하게도 이런 유형의 노출요법은 심한 병리적 혐오에 시달리는 환자에게는 효과가 없다. 이 환자들은 혐오스러운 대상을 극도로 피한다(예를 들어 혐오스러운 정신적 외상을 입은 후 발생할 수 있다). 아무리 많이 노출되어도 환자들은 에드윈의 실험처럼 여전히 혐오를 느낀다.

몇 년 전 이 미스터리를 고심한 나는 혐오가 (실험과 심리치료에서) 적응이 되지 않는 이유는 어쩌면 신체의 관련 속성이 다르기 때문이 아닐까 생각했다. 두려움은 심혈관계의 영향을 받지만, 혐오의 주요 생리적 신호는 위에서 온다.

위도 심장처럼 리듬이 있다. 위는 소화관에 음식을 보내기 위해서 수축과 이완을 한다. 어떤 혐오스러운 대상을 보거나 역겨움을 느끼면 위는 수축 리듬을 바꾼다. 이 과정은 종종 의식적 지각 수준 아래에서 진행된다. 당신의 위 리듬은 역겹다는 느낌을 의식하지 않아도 혐오스러운 대상을 보면 바뀔 수 있다. 나는 위의 수축 때문에 노출요법이 혐오에 효과가 없는지, 위가 혐오 회피의 원인이 아닌지 궁금했다.

에드윈과 나는 위 수축을 원래 리듬대로 돌려놓을 수 있는 약(돔페리돈이라는 이름의 이 약은 보통 멀미약으로 쓰인다)을 이용해 이 발상을 검증해보기로 했다. 실험 참가자들에게 멀미약 아니면 위약을 각각 다른 날에 투여한 다음, 혐오스러운 이미지를 보는 참가자들의 시선을 평가했다. 참가자들이 어떤 약을 먹었는지는 아무도 몰랐다. 그 결과 참가자들의 행동에서 두드러지는 변화를 발견했다. 약물이 효과를 내는 동안 혐오스러운 이미지를 보고 나면, 사람들은 그 이미지를 덜 피하게 되었다. 위약의 경우에는 이런 일이 없었다. 사람의 위 상태를 역겹지 않고 구역질이 나지 않는 상태로 돌려놓으니, 혐오스러운 이미지에 적응하기 시작한 것이었다.[68] 이 결과에 따르면, 위의 상태는 우리가 혐오스러운 것들을 피하는 한 가지 이유이다. 또한 혐오에 쉽게 적응할 수 없는 이유가 될 수도 있다. 훗날, 병리적 혐오를 겪는 사람들에게 이 약을 사용하면 노출요법이 효과를 보일지 실험하고 싶다. 이 방식은 위를 통해서 정신 건강을 개선하는 뜻밖의 길이 될 수 있다.

위와 심장은 한정된 위치에서 생리적 신호를 보내는 기관이다. 반면 몸 전체에 영향을 미치는 생리적 상태라면 훨씬 더 광범위한 신체적, 심리적 증상을 유발할 수 있다. 이런 생리적 상태의 전형적인 사례로 면역계 활성화가 있다. 당신은 우울하고 의욕이 없고 짜증 난이 적이 있는가? 그리고 이 모든 상태가 감기 때문이라면? 단순한 "남성 독감man flu"이 아니다.* 감염과 바이러스는 뇌와 행동, 정신 건강에 가시적 변화를 불러온다.

많은 대규모 연구에 따르면, 기분이 울적할 경우 신체 염증도 심해진다. 이 사실은 혈액 내 감염 표지자를 측정하면 확인할 수 있다. 감염 표지자는 혈액을 순환하는 단백질 및 혈액 물질로, 감염과 부상 및 질병이 있는 동안 늘어난다. 한 대규모 집단 연구를 보면(이탈리아인 1만6,952명을 대상으로 진행) 우울증을 앓는 사람도 그렇고, 전반적인 정신 건강의 질이 낮은 사람이 혈액 기반 감염 표지자 수치가 더 높았다.[69] 반대로

* 단순 감기를 앓고 있는데 과장되게 아파하는 사람들을 지칭하는 구어적 표현이다. 남성에게만 국한된 표현은 아니다. 내 배우자는 (나 같은) 여자들도 "남성 독감"에 무척 시달린다고 장담한다.

정신 건강이 좋으면 혈액 기반 감염 표지자 수치도 낮았다.[69]

회의적인 의견도 있을 수 있다. 정신 건강이 좋지 않으면 혈액 내 염증도 심한 이유는, 그런 사람의 경우 신체 건강에도 문제가 있어서 염증이 심하다고 볼 수도 있다. 일리 있는 비판이다. 이 가능성은 통계로 확인할 수 있다. 예를 들면 염증과 정신 건강의 연관관계를 검증하는 통계 모형에 사람들의 신체 건강 수치도 포함하는 것이다. 통계 모형에 신체 건강을 넣었을 때 염증과 정신 건강의 연관관계가 사라지면, 신체 건강이 애초 연관관계를 "설명한다." 처음의 연관관계가 사실은 신체 건강에 기대고 있다는 뜻이다. 이 대규모 집단 연구의 경우, 통계 모형에 신체 건강 상태를 넣어보았으나 염증과 정신 건강의 연관관계는 그대로 남았다. 신체 건강이 이유가 아니었다.[69] 그렇지만 신체 건강 상태만이 신체 건강의 척도는 아니다. 연구진은 염증과 정신 건강의 연관관계를 살피는 통계 모형에 생활양식 요인도 포함시켰다(예를 들면 흡연, 운동 부족, 높은 체질량 지수). 이런 요인들도 정신 건강 및 염증과 관계가 있다고 한다. 생활양식 요인을 통계 모형에 넣으니, 정신 건강과 일반적인 염증 사이의 연관관계가 더 이상 존재하지 않았다. 즉 정신 건강이 나빠질수록 염증이 심한 상황은 (예로 든) 흡연, 운동 부족, 높은 체질량 지수가 설명한다. 주의할 점 : 통계 모형에 생활양식을 넣어도 정신 건강과 연관관계를 보이는 염증 표지자가 있었다(예를 들어 면역 세포 유형의 비율). 그러므로 생활양식의 효과는 일반적인 염증 증가에만 해당될 수 있다.[69]

이 연구에서 눈길을 끄는 대목은, 생활양식과 정신 건강이 긴밀한 관계라는 점이다. 이 연구를 비롯하여 많은 연구에 따르면, 특정 생활양식이 정신 건강의 질적 저하와 연관되어 있는데, 그 이유는 여러 가지이다. 생활양식과 정신 건강의 관계를 "건강"의 차원에서 보면, 염증과 연관된 생활양식을 바꿔서 정신 건강의 악화를 막거나 예방할 수 있다. 예를 들어 어떤 음식을 먹거나 운동을 더 많이 하는 것이다. 이런 행위들은 어쨌든 도움이 될 수 있지만(제10장 참고), 완전한 설명이 될지 미심쩍다. 가장 강한 연관성을 보이는 항목 가운데 하나가 우울증과 흡연의 상관관계이다.[69] 나는 흡연이 우울증을 유발할 수 있다거나 금연이 우울증을 치료할 수 있다는 그 어떤 증거도 아는 바가 없다. 그 대신 다른 방향으로 살펴보는 편이 더 합리적일 것이다. 즉 정신장애가 있는 사람은 (흡연처럼) 염증이 심해질 행동을 하고 염증을 완화할 행동(운동)은 잘 하지 않을 수 있다. 이유는 이들이 우울증을 앓고 있어서이지, 그 반대는 성립하지 않는다. 생활양식을 보면, 우울증 환자가 일반적인 염증 수치가 더 높은 이유를 부분적으로 알 수 있다. 또다른 설명은, 정신 건강의 질적 저하와 특정 생활양식에 공통 위험 요소가 있다는 것이다. 예를 들어 어떤 스트레스 요인이나 유전적 감수성은 정신 건강의 저하를 야기하면서, 흡연 및 운동 부족 혹은 부족한 식사와도 이어질 수 있다. 중요한데 자주 간과되는 설명이다.

요약하자면, 염증은 정신 건강의 질적 저하와 관련이 있다. 그렇지만 이런 유형의 연구를 통해서는 특정 생활양식이 심한 염증에 얼마나 원인을 제공하는지, 또 치료에 얼마나 도움을 주거나 변화를 줄 수 있는지 여전히 알 수 없다. 또한 이런 생활 요인이 정신 건강과 어떤 식으로 밀접한 관계를 맺고 있는지도 알 수 없다. 이런 유형의 연구만 존재한다면, 우리는 염증 자체가 정신 건강을 저하시킬 수 있는지 알아내지 못할 것이다.

다행히 다른 유형의 연구도 있다. 대규모 집단 연구는 흥미로운 연관관계의 존재를 알려줄 수 있지만, (상관관계는 인과관계가 아니므로) 왜 이런 연관관계가 존재하는지는 알 수 없다. 실험실 연구는 이 지점을 다룬다. 인간과 동물을 동시에 대상으로 삼은 여러 신경과학 연구는 다음과 같은 질문을 던졌다. 심한 염증이 우울증 증상을 유발할까? 때로 "예"라는 답이 보인다.

이런 유형의 실험은 건강한 인간 혹은 동물에게 염증 수치를 높이는 약 혹은 백신을 준다. 백신을 맞으면 신체는 일시적으로 염증이 심해진다. 혈류의 염증성 인자가 잠시 늘어났다가 원래대로 돌아온다. 많은 연구에 따르면, 일시적인 염증의 증가는 우울한 기분 같은 우울증을 유발하며[70, 71] 뇌에도 변화를 가져오는데, 해당 부위가 우울증을 앓을 때 변하는 뇌 부위와 비슷하다고 한다.[72]

염증의 증가를 부르는 의학적 개입을 받아본 사람이라면 직접 경험한 적이 있을 것이다. 독감 주사를 맞은 몇몇 사람은(모두가 그렇지는 않다) 접종 후 일시적으로 우울한 기분을 경험할 수 있는데, 기분이 울적할수록 백신에 대한 염증성 반응도 심하다.[73] 간염 환자가 염증을 많이 유발하는 치료를 받으면 큰 영향을 받는다. 3개월 동안 치료받은 환자의 40퍼센트가 주요 우울 삽화depressive episode를 경험한다.[74] 대체로 보아, 염증이 심해지면 정신 건강도 저하될 수 있으며 (어떤 사람에게는) 정신 질환의 원인이 될 수도 있다는 확실한 증거가 존재한다.

염증은 병에 대한 신체의 반응인데, 이 반응이 기분에 변화를 가져온다니 어떤 의미일까? 심장과 소화관이 그렇듯이, 면역계에 일어나는 과정이 뇌에 영향을 미치기 때문이다. 염증이 심해지면 우울증과 관련된 인지기능 및 뇌 부위의 변화를 가져옴으로써 감정 및 보상 과정이 달라지고, 신경 회로망도 달라진다. 한 실험에서는 장티푸스 주사를 맞은 실험 참가자들이 보상보다 처벌에 더 민감한 모습을 보였다. 보상 과정 및 내수용감각을 담당하는 영역(복부선조, 뇌섬엽)에 나타난 변화 또한 이런 결과와 궤를 같이한다.[72] 우울 삽화를 경험하는 사람이 처벌 및 신체 내부의 신호에 더 민감해지는 상황과 흡사하다. 이런 현상은 다음 장에서 더 자세히 살펴보겠다.

이제 당신은 감기에 걸려 기분이 울적하거나 가라앉으면 기분이 형편없는 이유가 코막힘이나 기침 때문만이 아닌, 세상을 느끼는 방식이 변화하여 더 그렇다는 사실을 알게 될 것이다. 신체 지각 및 보상 과정과 관련된 뇌 회로가 달라진 까닭에 상태가 바닥을 치게 된 것이다.

나는 신체 염증이 정신 건강의 저하를 야기할 수 있다는 아주 확실한 증거가 있다고 본다. 그런데 이 증거를 주의 깊게 들여다보면 알게 되는 다른 사실도 있다. 모든 사람이(혹은 모든 실험이) 그렇지는 않다는 점이다. 염증이 우울증을 유발할 수 있다고 해도, 염증의 증가를 가져오는 백신이나 치료법 때문에 **모두**가 울적한 기분을 느끼지는 않는다. 그 이유는 무엇일까? 흔하기는 해도 모두에게 해당하는 보편 법칙이 아닌 까닭은 무엇일까? 신체적 조건은 같아도 사람마다 다른 반응이 나오는 요인이 있는데, 뇌의 차이나 면역계의 전반적인 생물학적 특성도 여기에 해당할 것이다. 이제껏 "염증 요인"이 하나인 것처럼 그 수치의 높고 낮음을 따졌는데, 사실 염증 요인에는 백혈구에 포함된 여러 세포의 수, 백혈구가 만든 면역 신호 분자의 양 같은 다양한 수치가 존재한다. 이런 요인은 흔히 함께 작용하지만, 정신 건강의 차원에서는 뚜렷이 다른 역할을 할 것이고 다른 인과관계를 맺을 것이다. 두 사람이 똑같이 우울증을 앓고 있고 염증 또한 심하다고 해서, 염증의 심화가 같은 메커니즘에서 유래하지 않았을 수도 있다. 그들의 염증은 겹치는 부분이 있어도 생물학적으로 확연히 다른 유형일 수 있다.

이런 발상을 뒷받침하는 연구가 있다. 케임브리지 대학교의 신경과학자이자 정신의학자인 메리-엘런 리날과 에드 불모어가 최근에 얻은 결과는 다음과 같다. 우울증의 아형 가운데 일부 유형은 면역계의 활성화와 관계가 있으나("염증에 걸린" 우울증) 일부는 아니라는 것이다("염증에 걸리지 않은" 우울증). 심지어 "염증에 걸린" 아형 안에도 구별되는 유형이 또 있었다. 종류가 다른 염증 요인이 우울증을 유발할 수 있다는 이야기이다. 이 연구는 염증이 우울증을 유발한다는 단순한 이야기가 사실은 더 복잡하다는 것을 알려준다.

염증은 일부 사람에게 우울증을 유발할 수 있는데, 사람마다 다른 면역 경로를 통해서 그렇게 할 것이다. 면역계를 겨냥한 치료법은 정신 건강의 치료나 개선의 새로운 방법이 될 수 있다. 그렇지만 적절한 대상을 찾아야 하며, 아울러 개인의 고유한 면역 변화를 기반으로 한 맞춤 치료를 찾아야 할 것이다.

***

내가 정신 건강 문제에서 신체가 왜 중요한지 지루하게 이야기를 늘어놓으면, 요즈음 친구들은 신체의 다른 구성 요소에 관해서 바로 물어보는 편이다. "마이크로바이옴은 어때?" 솔직히 나도 이 질문에 대한 답을 알고 싶다. 신체의 여러 부위에 마이크로바이옴이라는 어마어마한 수의 미생물이 살고 있는데, 연구에 따르면 신체 건강과 정신 건강 둘 다 마이크로바이옴과 관계가 있다니 참으로 환상적이고 재미있다.[76] 마이크로바이옴이 뇌와 소통을 할 수 있고, 행동에도 영향을 미칠 수 있으며, 많은 요인(유전, 스트레스, 식생활, 감염, 치료 등)이 마이크로바이옴의 박테리아 구성에 영향을 미친다는 것은 주지의 사실이다.[77]

이렇게 흥미로운 이야기에 매료되지 않을 수가 있을까. 내 경우 확실히 반했다. 정신 건강과 관련 있는 이 신나는 과학에서 딱 하나 문제가 있다면, 이 분야에서 신뢰성 있는 인과관계 연구는 대부분 설치류를 대상으로 삼는다는 것이다. 언젠가는 장기를 근거로 하는 온갖 개입법이 정신 건강 개선에 효과가 있다고 인용할 수 있기를 바란다. 그렇지만 아직은 신뢰할 만한 확실한 연구가 없다. 마이크로바이옴과 정신 건강에 관해서 오늘날 알려진 지식은 다음과 같다.

먼저, 신체 기관의 박테리아 구성이 우리의 행동과 생각과 기분에 영향을 미치는 이유는 무엇일까? 장내 미생물이 생산하는 신호전달 분자는 혈류로 들어가거나 다른 화학계 및 면역계 경로를 통하여 뇌에 "말을 건넬 수" 있다. 마이크로바이옴과 정신 건강을 연구하는 과학자들은 이 신호가 전하는 장기의 상태에 관한 정보가 정신 건강에 변화를 준다고 본다. 생애 초기에 뇌는 마이크로바이옴이 전달하는 신호에 특히 민감할 것이다. 막 출생했을 때나 청소년기 같은 때 말이다.

자궁 속 포유동물의 새끼에게는 마이크로바이옴이 없다. 자연분만으로 태어나는 경우 산도를 통해서 최초의 미생물을 얻게 된다.[78] 제왕절개로 태어나는 아기들은 다른 박테리아 군집을 얻는다. 즉 제왕절개 아기와 자연분만 아기의 마이크로바이옴은 다르다.[78] 중요한 일일까? 실험실 쥐의 경우 그렇다. 사람과 마찬가지로 제왕절개로 태어난 쥐는 자연분만 쥐와는 장내 마이크로바이옴이 다르다.[79] 그런데 이 쥐들은 사회적 행동이 계속 부족한 모습을 보였고, 불안 유사 행동이 증가했다.[79] 미생물 결핍 문제는, 출생 시 특정 미생물군의 성장을 자극하는 식이 보충제를 써서 보충할 수가 있었다[79](심지어 식이 보충제를 쓰지 않아도, 제왕절개로 태어난 쥐를 자연분만으로 태어난 쥐와 함께 살게 하니 불안 유사 행동이 감소했다. 자연분만 쥐와 같이 지내면 장내 마이크로바이옴 부족이 개선되는 것으로 보인다. 쥐들은 식분증이 있기 때문이다. 즉 서로의 배설물을 먹는 과정을 통해서 미생물총을 이동시키고 제왕절개 쥐의 마이크로바이옴을 보완한다. 역겹기는 해도 멋지다).

그렇다고 자연분만이 최적의 마이크로바이옴 성장을 보장하지는 않는다. 예를 들어 항생제에 노출되면 그 항균성 때문에 인간의 마이크로바이옴 구성이 달라진다.[80] 항생제 효과가 몇 달간 지속된다는 연구도 있기는 하지만, 보통은 복용을 멈추면 몇 주일 내에 정상으로 돌아온다.[80] 그런데 동물의 경우, 발달 단계에서 마이크로바이옴이 특히 취약한 시기가 있다. 성장기 쥐에게 3주일만이라도 항생제를 투여하면 마이크로바이옴에 장기적으로 변화가 일어나고 불안 유사 행동이 증가한다. 성체기 쥐의 경우에는 그렇지 않다.[81] 다 자란 쥐는 항생제 투여를 멈추면 마이크로바이옴이 정상으로 돌아온다. 적어도 쥐의 경우, 장기가 박테리아 구성의 변화에 특별히 민감하게 반응하는 중요한 시기가 존재한다. 특정 시기 마이크로바이옴의 변화가 행동 및 정신 건강에 장기간 영향을 끼칠 수 있다는 뜻이다.

그렇기는 해도 간과할 수 없는 부분이 있다. 동물 연구는 환경을 통제한다. 음식도 그렇고, 심지어 유전적 특성도 쥐마다 통제할 수 있다. 그러니 상당수의 연구 결과가 인간에게는 해당하지 않을 수 있다. 설령 해당한다고 해도, 아직 신뢰할 만한 실험으로 검증하지는 못했다. 생애 초기 마이크로바이옴의 발달은 크론병과 우유 알레르기를 비롯한 여러 질병에 큰 영향을 미친다고 한다.[82] 한편, 제왕절개로 태어났다고 해서 우울증이나 정신증을 앓을 위험이 큰 것은 아니다[83](자폐 스펙트럼과 주의력결핍 과잉행동 장애의 경우는 위험이 더 크기는 하지만, 유전적 위험 요인을 포함하여 제왕절개 수술을 받은 어머니에게 존재하는 다른 위험 요인 때문일 수도 있다).[83] 쥐의 항생제 연구에 가장 근접한 인간 연구는, 발달 시기에 항생제로 치료받은 적이 있는 아이들에 대한 연구이다. 쥐와 마찬가지로 사람도 유년 시절에 특정 항생제를 투여하면 마이크로바이옴의 구성에 장기적 변화가 온다고 한다.[84] 또한 천식을 비롯한 건강 문제도 늘어나고,[84] 불안 및 기분 장애의 위험도 증가한다고 한다.[85] 그렇지만 아이들을 무작위로 배정해 한 집단에는 장기간의 항생제를, 다른 한 집단에는 위약을 쓰는 실험(쥐 실험처럼 마이크로바이옴을 통제하는 이상적인 환경)을 해보지 않고서야 항생제가 정신 건강 변화의 원인인지 아닌지 알 수가 없다. 둘의 연관관계를 유도하는 또다른 원인이 있을 수 있다. 항생제를 투여받은 아이들이 정신 건강도 저하된 이유 말이다. 예를 들어 특정 항생제를 쓸 가능성을 키우면서 정신 건강의 위험도 키울 유전적, 환경적 요인이 있을 수 있다.

원인이 무엇이든, 마이크로바이옴과 정신 건강은 관계가 있을 가능성이 아주 크다. 플랑드르 지방 사람들에게 실시한 한 대규모 집단 연구에서는 페칼리박테리움*Faecalibacterium*과 코프로코쿠스*Coprococcus*라는 박테리아의 수치가 삶의 질 향상과 일관된 연관관계를 보였다.[86] 특히 우울증 환자의 경우 두 종의 박테리아가(하나는 코프로코쿠스) 심하게 줄어들었는데, 항우울제를 썼다는 점을 고려해도 그랬다. 항우울제의 경우 마이크로바이옴에 영향을 미치며, 마이크로바이옴과 정신 건강 사이의 허위 관계(두 변수가 통계적 상관을 보이나 사실은 제3의 변수가 존재하는 관계/역주)를 유도하기도 한다.

모든 증거를 고려할 때 마이크로바이옴의 다양성 개선이 정신 건강의 질적 향상으로 이어진다고 본다면, 장내 마이크로바이옴의 최적화를 위해서 개인은 어떤 일을 할 수 있을까? 이런 맥락에서 다이어트, 프로바이오틱스와 프리바이오틱스 같은 식이 보조제가 권장된다. 유용한 인과적 증거도 있다(대변을 먹을 필요는 없다). 프리바이오틱스는 소화관 미생물총이 먹을 수 있는 영양분이고, 프로바이오틱스는 장내 마이크로바이옴의 다양성에 일조할 살아 있는 미생물이다. 동물의 경우 프리바이오틱스와 프로바이오틱스가 마이크로바이옴의 복원 및 건강에 긍정적인 영향을 미친다는 연구가 많다. 인간의 경우는 연구가 소규모로 이루어졌는데, 프리바이오틱스와 프로바이오틱스가 뇌[87]와 몸,[88] 행동[88]에 변화를 가져올 수 있으며, 심지어 스트레스에 대한 호르몬 반응이 낮아지고 긍정적인 정서적 행동이 늘어난 사례까지 있다는 결과가 나왔다.[88] 더 큰 규모의 연구에서도 결과가 재현된다면, 장내 마이크로바이옴의 개선이 정신 건강을 증진할 수 있다는 뜻이리라.

그렇지만 이렇게 달아오른 분위기에 약간의 의심을 던지자면, 식이 보조제 섭취로 정신 건강이 개선된다고 해도 그 원인이 무엇인지 우리는 여전히 모른다. 실험실 환경에서 염증 수치를 늘리면 정신 건강 관련 수치에 큰 영향을 미친다. 우리가 아는 한, 장내 마이크로바이옴이 일시적으로 변화해도(예를 들어 항생제로 인한 변화) 정신 건강이 현저히 나빠지지는 않는다. 인간에게 마이크로바이옴의 다양성과 정신 건강이 직접 관계를 맺고 있는지 여전히 증명할 필요가 있다. 또다른 가설은 장내 마이크로바이옴이 다른 건강 요인에 변화를 가져오는데, 이 같은 변화로 인해 정신 건강이 저하될 위험이 생긴다고 설명한다. 소화에 별다른 문제가 없다면 그것만으로도 정신 건강에 도움이 될 것이다. 아마 전반적인 신체 건강에 관해서(염증 요인도 포함된다) 장기가 보내는 중요한 신호가 있는데, 이 신호가 내수용감각을 비롯한 관련 기능에 변화를 주어 정신 건강에도 간접적인 영향을 끼칠 수 있다. 장내 마이크로바이옴만으로는 정신 건강의 회복을 위한 비결을 모두 알아낼 수 없겠지만, 다른 신체 체계가 그렇듯 이것은 신체 내부의 건강에 관해 알려주는 중요한 신호가 될 수 있다. 그리고 신체 내부의 건강은 뇌가 사람의 전체적인 웰빙을 감지할 때 영향을 미친다.

혹시 궁금할지도 모르겠다. 마이크로바이옴이 풍부한 음식을 먹으면 정신 건강을 개선할 수 있을까? 마이크로바이옴의 다양성을 늘리거나 특정 프로바이오틱이 포함된 보충제를 먹으면 어떨까? 제10장에서 정신 건강을 위한 식생활 같은 "생활양식" 개입법을 다룰 때 이 문제를 다시 살펴보겠다. 기분 개선의 효과가 있다는 프로바이오틱스나 프리바이오틱스를 뜻하는 "사이코바이오틱스psychobiotics" 상품의 대두도 함께 다룰 것이다.

뇌가 신체에 미치는 영향력

지금까지는 대체로 신체가 정신 상태에 미치는 효과(그리고 내수용감각을 통한 신체의 해석)를 다루었다. 이는 몸에서 뇌로 향하는 축이지만, 반대 방향으로 가기도 한다. 뇌 또한 몸의 변화를 가져올 수 있는 신호를 신체 체계에 보낸다.

정신 건강은 신체에 직접적으로 영향을 미칠 수 있다. 정신 상태가 소화기관에 미치는 효과는 주지의 사실인데, 맨 처음 언급된 시점이 무려 1800년대이다. 알렉시스 생마르탱이라는 프랑스계 캐나다인은 1822년 우연한 사고로 위에 총상을 입고, 윌리엄 버몬트라는 의사에게 치료를 받았다. 그 여파로 생마르탱은 끔찍한 부작용을 겪었는데, 무엇보다도 위에 구멍이 생기고 말았다. 말 그대로 소화 체계를 보여주는 창문이 생긴 것이다. 구멍을 봉합하려고 여러 차례 시도했으나 실패했고, 생마르탱은 오랜 회복 시간을 가진 뒤 처음 치료해준 의사 버몬트에게 돌아왔다. 버몬트는 생마르탱의 소화기관을 대상으로 일련의 실험을 했다. 음식 조각을 끈에 매달아 그 작은 구멍에 집어넣은 다음 소화기관이 어떻게 작용하는지 관찰한 것이다. 그 결과 알게 된 놀라운 사실 가운데 하나가, 생마르탱의 기분이 소화에 영향을 준다는 것이었다. 예를 들어 생마르탱이 짜증 난 상태이면 음식은 천천히 분해되었다.[89, 90] 그의 정신 상태는 신체의 생리작용에 직접 영향을 미쳤다.

정신 상태는 대번에 알 수 있는 방식으로, 또 눈에 잘 들어오지 않는 방식으로 신체에 영향을 미칠 수 있다. 당신이 불안하면 신체의 여러 체계가 영향을 받는다. 심장은 빠르게 뛰고 손바닥에서는 땀이 날 것이며, 구역질이 날 수도 있고, 소변이 마려울 수도 있다. 이런 현상은 뇌가 몸을 통제하는 사례로, 신체에서 어떤 일이 일어나고 있는지 충분히 의식할 수 있는 수준의 현상이다. 당신도 경험으로 알 것이다. 뇌는 모호하고 예상치 못한 방식으로 신체에 영향을 미치기도 한다. 당신은 정신 상태에 따라 소화가 달라진다는 사실을 전혀 눈치채지 못했을 수도 있다. 어쨌든 당신에게는 위를 들여다볼 창이 없으니까. 당신이 질병이나 장애로 경험한 증상은 뇌의 내수용감각 체계를 필터처럼 통과한다. 당신이 경험하는 신체 증상이 주관적인 까닭에, 뇌에서 신체로 가는 신호 또한 독특한 특성을 가진다. 바로 당신의 의식 혹은 통제 밖의 증상을 창조하는 능력이다.

이런 증상은 의학계에서 정한 어떤 범주에도 속하기 힘든데, 의학계가 범주를 좋아하는 까닭에 난제가 된다. 골절처럼 외부 신체에서 생긴

장애는 분명 신체장애이다. 의학에서는 뇌장애를 두 범주로 나눈다. 신경학적 범주와 정신의학적 범주이다. 뇌종양이나 뇌졸중 같은 확실한 구조 문제로 인한 질환은 신경학적 범주에 해당한다. 확실한 구조 문제가 없는 질환은 정신의학적 범주에 해당한다. 예를 들어 우울증이나 정신증은 대부분 뇌의 명백한 구조적 손상과 연관관계가 없으므로 정신의학적 범주로 분류된다.

그렇지만 신체 건강과 정신 건강을 나누는 기준선은 흐릿하다. 역사를 살펴보면, 뇌전증처럼 지금은 신경학적 장애로 여겨지는 많은 장애가 한때 정신의학적 범주에 속했다. 실로 이 장 전체가 정신 기능에 영향을 미치는 신체 변수를 다룬다. 심지어 질병의 맥락에서 보면 더 흐릿하다. 널리 알려진 사실인데, (몇 가지 구조적 문제를 예로 들면) 뇌 손상과 감염과 치매 또한 우울증과 정신증을 비롯한 여러 정신 건강 문제를 유발할 수 있다. 이런 문제는 "유기적" 정신의학 장애라고도 한다.[91] 심지어 전형적인 정신의학적 장애도(예를 들어 눈에 띄는 구조적 손상이 없는 경우) 뇌 기능의 복잡한 변화를 수반하는데, 다음 장에서 논의하겠다.

신체 건강과 정신 건강을 나누는 흐릿한 선은 과학적 관점에서는 매혹적일 수 있다. 그렇지만 어느 범주에도 딱 맞아떨어지지 않는 질환을 앓는 환자에게는 실제로 삶을 송두리째 바꾸는 문제가 된다. 이런 예외적으로 어려운 상황에 놓인 환자들 가운데 한 집단이 뇌와 신체가 어긋나서 생긴 질환, 즉 기능성 신경학적 장애를 앓는 사람들이다("기능성"이라는 표현을 쓰는 목적은 "구조적" 신경학적 장애와 구분하기 위함이다. 이렇게 구분하는 이유는 몇몇 특징을 제외하면 다른 신경학적 장애와 무척 흡사해 보이기 때문이다).

기능성 신경학적 장애는 사람들이 들어본 적이 없는 가장 흔한 질환이라고들 한다. 신경 전문 병원의 대기실에 있는 환자의 16퍼센트는 이 병을 앓고 있을 것이고,[92] 관련 증상을 앓는 환자는 더 많다. 나는 학사 학위를 막 취득한 후 런던의 신경정신의학 병원에서 의사의 회진을 지켜보며, 비로소 이 병의 존재를 알게 되었다. 그곳에서 만난 환자 로버트는 부드러운 말씨의 소유자로 휠체어를 타고 다녔는데, 허리 아래가 마비된 상태였다. 10년이 넘도록 로버트는 극심한 위통 때문에 위장 질환 전문의의 치료를 받았고, 배뇨 때 끔찍한 통증이 있어 비뇨기과 전문의의 치료도 받았다. 결국 지난 2년 동안 반마비가 와서 신경과에 오게 되었다. 기력을 빼앗는 일련의 증상으로 인해 로버트는 일을 그만두고 다시 딸과 함께 살게 되었다. 60대 내내 병원에서 검사를 받으며 살았다는 뜻이다.

로버트는 전공이 다양한 의사들로 구성된 팀에서 종합 치료를 받고 있었다. 검사 결과는 복잡했다. 여러 가지 세부적인 신체검사를 한 결과, 신경과 전문의들은 보통의 검사로는 로버트가 마비되었다고 볼 수 없으나 아무리 애를 써도 움직일 수 없는 상태라고 했다. 위장 질환 전문의는 로버트가 몇 가지 대표 검사 결과는 괜찮아 보이지만 위통이 자주 일어나며 정도도 심하다는 것을 부인할 수 없다고 했다. 비뇨기과 전문의는 배뇨 시 통증의 원인을 찾지 못했으나, 결국 환자의 통증을 덜어주기 위해서 카테터를 삽입했다.

기능성 신경학적 장애는 처음 검사할 때는 신경장애(혹은 몇몇 장애)와 닮아 보인다. 환자는 감각상의 변화 혹은 운동상의 변화를 겪는다. 몸에 힘이 빠지고 마비와 떨림, 발작이 오거나 앞이 보이지 않는다. 그렇지만 신경 전문의가 살펴보면, 임상적 징후며 검사 결과가 신경학적 원인과는 맞지 않는다. "맞지 않는다"라는 표현은, 단순히 의사가 영상 검사를 비롯한 여러 검사에서 어떠한 징후도 볼 수 없다는 뜻이 아니다. 구조적 손상으로 인해서 유발할 수 없는 증상이 나타난다는 것을 의미한다. 이는 아주 중요한 차이이다. 한때 기능성 신경학적 장애는 환자의 신경학적 검사 결과가 전부 정상으로 나왔을 때 염두에 두는 질환이었다(소위 "배제 진단"). 그렇지만 사실 이 장애는 세밀한 임상 검사를 사용하여 적극적 진단을 내릴 수 있다(그리고 그래야 한다).[93] 예를 들어 의사는 반사운동의 특정 패턴을 검사할 수 있는데, 환자의 장애 원인에 따라 이 패턴이 나올 수도 있고 나오지 않을 수도 있다. 환자의 증상이 기능성 신경학적 장애 때문이라면, 반사 패턴이 뇌 혹은 척수의 구조적 손상이 있을 때의 패턴과는 다르다. 그때 진단을 내릴 수 있다.

그러나 기능적 장애에 대해서 맨 먼저 알아야 할 사실은 흔히 오해하는 것과 달리, 환자가 적극적으로 속여서 만들어낼 수 있는 질환이 아니라는 것이다. 기능성 신경학적 장애를 앓는 환자에게 이 병은, 신경학적 질병으로 인한 쇠약과 마비, 떨림, 발작, 시각 상실과 크게 다르지 않다고 느껴진다. 사실 기능성 신경장애를 앓는 사람은 증상이 있는 척하는 사람과 비교하면 뇌의 활성화가 다르다.[94] 기능성 장애 역시 심각한 질환이다(척하는 질병일 것이라는 추정은, 우울증이 그저 정신을 바짝 차리면 되는 질병이라는 식의 오명과 비슷하다). 기능성 장애 환자에게 가장 모욕적이고 분노스러운 부분이 바로 타인의 이 같은 억측이다. 기능성 문제라면 타인을 속일 수 있거나 적어도 극복하기 쉬우리라고 짐작하는 것이다. 정말 "제대로 된" 의학적 질환이 아니라고 봐서 그렇다. 안타깝게도 기능성 장애 또한 그 대척점에 있는 구조적 신경학적 질병만큼이나 치명적일 수 있다.

정신의학적 장애와 관련하여 생긴 뇌의 변화도 "기능적" 문제라고 볼 수 있지만, 기능성 신경학적 장애는 반드시 정신 건강의 문제로 생기지는 않는다.[93, 95] 기능성 신경학적 장애의 가장 큰 위험 요인 가운데 하나가 과거의 부상 경험이다. 환자의 37퍼센트가 증상이 나타나기 전에 자동차 사고나 낙상, 운동으로 인해 다친 적이 있다.[96] 이런 이유로, 기능성 장애는 만성통증과 공통점이 많을 것이다. 만성통증 또한 뇌의 "기능적" 변화로 인해서 생길 수 있고, (기능성 신경학적 장애처럼) 흔히 신체 부상에 의해 유발되기 때문이다.

예전에 만난 어느 환자는 받아들이기 가장 어려운 진단 가운데 하나가 기능성 신경학적 장애 같다고 말했다. "결국엔 정신과와 신경과 사이를 왔다 갔다 하는 신세가 되는데, 그 어느 쪽도 나를 정말로 받아주지는 않고 또 진짜로 고쳐줄 수도 없는 상황인 거죠." (물론 언제나 그런 것은 아니다. 기능성 장애 환자를 치료하기를 원할 뿐 아니라 성공적으로 여러 환자를 치료한 훌륭한 신경과 의사와 정신과 의사가 있고, 물리치료사 같은 다른 전문가도 있다. 그렇지만 진단을 받은 환자의 현실을 반영하는 슬픈 지적임은 분명하다.)

기능성 신경학적 장애는 당신의 신체를 크게 바꿀 수 있는 뇌의 힘을 보여주는 전형적인 사례이다. 어떤 의사들은 뇌의 "하드웨어" 문제가 아니라 "소프트웨어" 문제라고 비유하는 쪽을 선호한다. 신체 증상을 유발하는 뇌의 "소프트웨어"적 속성은 실제로 이런 진단을 훨씬 넘어서서 영향을 미친다. 기능성 신경학적 장애는 그저 이 병으로 인한 문제의 정도가 심하여 명백한 예가 될 뿐이다. 앞에서 뇌가 신체에 영향을 미치는 사례를 다룬 바 있다. 데이트를 신청하기 전에 손이 땀에 젖거나, 남들 앞에서 말하기 전에 속이 울렁거리거나, 큰 시험이 있는 날 아침에 소변을 여러 번 본 적이 있다면 당신은 기능성 증상을 경험한 것이다. 당신의 손은 **실제로** 그렇게 뜨거워지지 않았고, 배탈이 나지도 않았으며, 방광이

꽉 찬 상태도 아니었다. 그런데도 그런 느낌이 들었는데 기능의 변화, 즉 신경계 소프트웨어의 변화 때문이다. 운 좋게도 일시적인 증상이었고, 불안 등 원인도 찾을 수 있었으리라. 그런데 증상이 사라지지 않고 확실한 원인도 없다면? 그렇다면 당신의 뇌는 장애나 질환 같은 신체적 변화를 원인으로 꼽을 수 있다.

기능적 증상은 왜 생길까? 답은 정해지지 않았으나 일부 과학자들의 생각을 소개하겠다. 배고프거나 화가 나는 느낌처럼 우리 몸이 보이는 증상에 대한 느낌은 다음에서 유래한다. 첫째, 몸의 상태와 둘째, 뇌의 상태이다. 기능적 증상뿐만 아니라 모든 신체 증상이 그렇다. 부상이나 질환 혹은 다른 신체적 변화에서 회복된 후 한참 시간이 지나도 뇌는 신체의 불편을 알리는 정보에 아주 민감해질 수 있다. 뇌는 위험을 예방하기 위해서 다른 상황이라면 감지하지 못할 것을 잘 느끼게 되었다. 이를 기반으로(그리고 다른 경험도 한몫한다) 뇌는 신체 증상을 무의식적으로 예측할 수 있다. 때로 이런 예측은 너무 강한 나머지, 예측한 증상을 만들어내기도 한다.

이처럼 뇌가 신체적 증상을 키우는 현상은 발목 골절처럼 특정 부위에 한정된 사건을 계기로 생겨날 수 있는 한편, 몸의 전체적인 변화로 인해 생길 수도 있다. 급성 감염에서 회복한 뒤라서 뇌가 면역계에 아주 민감해졌다고 하자. 이는 증상을 관찰하고 회복하기 위한 적응적 변화이다. 그런데 이렇게 되면, 신체가 보내는 아주 작은 신호도 이를 근거로 삼아 감염처럼 느껴지는 증상을 예측하고 강화하거나 심지어 만들어낼 수도 있다(증상의 경험을 유발하는 말초와 뇌의 변화 중에는 감염 후 신체의 염증 신호 변화도 있다). 기능성 장애의 경우 예전 혹은 지금 앓는 신체 질병을 비롯하여 다양한 경험이 계기가 되어 뇌가 특정 신체 증상을 관찰하고 예측하게 된다. 다발경화증[97]이나 뇌전증[98] 같은 전통적인 신경성 장애 환자에게 기능성 장애는 드문 병이 아니다. 그리고 "기능성" 발작을 경험하는 환자의 20퍼센트가 뇌전증을 겪고 있으며, 뇌전증 환자의 12퍼센트가 기능성 발작 또한 경험한다(기능성 발작과 뇌전증 발작은 발작 동안 뇌의 전기적 활동을 측정하면 구별된다).[98] 이 말은 전통적인 신경성 장애 환자의 다수가 뇌의 구조적 변화에 의한 증상을 겪을 뿐 아니라, 뇌의 신체 예측 및 해석의 변화에 따른 증상도 경험한다는 뜻이다. 두 범주의 증상은 똑같이 진짜처럼 느껴진다. 그저 뇌의 관련 과정이 다를 뿐이다.

뇌는 신체 내부에서 보내는 어마어마한 양의 감각을 해석해야 한다. 특정 감각을 강화하거나 억누르기 위해서 이런 해석에 기대를 합치는 일은 대개 유용하고 아주 적응력이 뛰어나다. 그렇지만 때로는 심한 장애의 원인이 되기도 한다.

***

자기 자신에게 질문을 던져본다. "배가 고픈가? 졸린가? 아픈가?" 당신은 뇌가 현재 신체 상태를 표현한 내용을 평가하고 있다. 그런데 당신이 던진 질문에 대한 답, 즉 신체 상태에 대한 지각은 신체의 실제 상태를 직접 반영하지는 않는다. 당신의 느낌은 여러 주관적 요인의 영향을 받는다. 당신이 신체 변화에 얼마나 민감한지, 변화의 원천을 얼마나 정확하게 알아내는지 같은 부분도 주관적 요인이다. 신체 상태를 정서로 해석(혹은 오해)하는 정도는 사람마다 다르다. 모든 사람이 "행거"를 경험하지는 않는다. 어떤 사람은 배고픔처럼 신체에서 보내는 신호를 분노와 같은 정서적 상태로 해석할 가능성이 크다. 한편, 화가 날 때 뭔가를 먹는 사람이 있다는 사실도 다들 안다. 이런 현상은 감정을 신체 상태로 오인했다고 볼 수 있다("행그리"의 반대). 심지어 이 두 유형이 따로따로 존재하지 않으리라는 생각도 든다. 어떤 사람에게는 신체 내부의 상태가 "잡음"이 섞인 듯 서로 겹친다. 이러면 내부 상태를 맥락에 따라 생리적 또는 정서적 상태로 해석할 수 있다.

정신장애가 있는 사람의 경우 신체 상태에 대한 감각(내수용감각)[99]이 달라지며, 이 같은 신호를 뇌가 반영하는 방식 또한 변한다.[100] 심지어 과운동성(관절이 극단적으로 유연한 상태)이나 자세 변화에 대한 민감성 같은 신체적 차이에서 변화가 생길 수도 있다. 과운동성 혹은 자세 변화의 민감성은 정신 건강이 좋지 않은 상태와 연관성이 아주 높다. 과운동성이 있는 사람의 비율은 공황장애가 있는 사람을 대상으로 하면 16배까지 증가한다.[101] 과운동성을 폭넓게 연구한 과학자이자 의사인 제시카 에클스의 이론에 따르면, 결합 조직의 차이는(관절의 유연성을 결정짓는다) 당신의 몸이 신체적 제약에 반응하는 방식에 변화를 주고 내수용감각에도 영향을 미친다.[102] 이런 과정은 편도체와 같은 뇌 부위의 해부학적 변화를 통해서 일어날 것이다.[102] 그래서 특정 신체적 경험이 있는 사람이 정신 건강 문제에 더 취약해질 수 있는 것이다. 신체가 보내는 신호의 변화, 그리고 우리 뇌가 신체의 신호를 해석하는 방식의 변화는 우리가 우리 자신의 정신 건강 상태를 추정할 때 따로 또 같이 영향을 미친다.

내 생각에, 정신장애는 신체적 장애와 동시에 일어나는 일이 많다. 정신장애는 신체의 증상을 유발할 수 있다(피로, 통증, 식욕, 성욕의 변화). 그리고 정신장애는 신체에 변화가 와서(면역계의 변화 등) 혹은 뇌와 신체가 맺은 양방향성 관계가 어딘가 달라져서 생길 수 있다. 따라서 사람들이 소염제, 다이어트, 운동을 통해서 "내면" 세계에 변화를 유도하여 웰빙을 추구하는 것도 당연하다. 그렇지만 당신의 호불호, 욕구,

보상이 당신만의 것이듯, 당신의 몸과 뇌가 맺은 특별한 관계 또한 그렇다. 사람들의 신체와 뇌가 맺은 회로가 각각 다르므로, 결과도 아주 다를 수 있다. 누군가에게는 기적 같은 다이어트가 다른 누군가에게는 심각한 위험이 될 수 있는데, 이 책의 후반부에서 살펴볼 것이다.

당신의 뇌가 품은 기대는 고통과 즐거움, 심지어 신체의 생리학마저 변화시킬 수 있다. 그렇지만 이런 기대는 타고난 것이 아니다. 삶의 경험을 통해서 학습한다. 뇌는 기대를 가능한 잘 활용하기 위해서, 이를 끊임없이 관찰하고 갱신하고 재측정한다. 이를 통해서 우리는 모호하고 불확실한 세계를 해석하고 생존 가능성을 최대로 높일 수 있다. 다음 장에서는 이 학습 과정에 대해서 살펴보고, 아울러 도파민 분자가 어떻게 세상을 학습하는 과정의 토대가 될 수 있는지 알아보겠다.

3

웰빙에 대한 기대를 학습하기

당신의 뇌는 많은 것을 학습하는데, 가장 중요한 학습 대상은 아마 생존하는 방법일 것이다. 당신이 생존에 보탬이 되는 대상을 획득한다고 하자. 음식이나 돈, 그 쾌감의 경험처럼 조금 더 추상적인 보상도 여기에 해당된다. 이렇게 되면 당신의 뇌는 그 경험을 반복하는 법을 빨리 학습할 수 있다. 뇌는 어떤 환경이 보상으로 이어지는지, 보상을 얻으려면 어떤 행동을 해야 하는지에 대해서 배운다. 이와 정반대, 즉 통증이나 굶주림 혹은 따돌림 등을 경험하면 당신의 뇌는 이런 불쾌한 결과를 가져오는 것이 무엇이든 피하는 법을 배워야 한다.

이 같은 학습 메커니즘은 정신 건강의 유지에 핵심적인 역할을 맡고 있다. 제1장에서 살펴본 만성통증 같은 경험이 어떻게 생겨날 수 있는지 이제 당신은 생존을 위해서 고안된 학습 메커니즘에서 이해할 것이다. 당신이 자해한다면, 해당 행위를 할 때마다 통각수용체가 척수를 통해서 뇌에 통증 신호를 보낼 것이다. 당신의 뇌는 서둘러 어떤 행동이 통증을 유발하며 어떻게 이를 피할지 배울 것이다. 통증을 경험할 가능성을 최소화하기 위해서 당신의 뇌는 그 행동을 시작하기도 전에 통증을 예상하게 된다. 결국 다 나은 상처조차 뇌에서 학습한 통증을 환기할 수 있다. 통각수용체에서 어떤 신호도 보내지 않았다고 해도 말이다. 이렇게 뇌 그 자체가 만성통증에 일조한다. 비슷한 과정이 불안의 발생 혹은 지속에도 관여할 수 있다. 당신의 뇌는 어떤 행동을 피해야 하는지 학습했으며, 그 행동으로 인한 부정적인 심리적 결과를 예측한다(혹은 지나치게 예측한다).

심지어 우리가 보편적 웰빙을 위해서 추구하는 장기적이고 추상적인 보상(평생 이어지는 관계 혹은 주거 불안 피하기 같은 목표)마저도 뇌의 학습 과정에 의지한다. 보다 복잡한 보상과 처벌 문제 또한 생존을 위해 고안된 똑같은 체계로 처리되는 것이다. 식량을 획득하고, 포식자를 피하고자 하는 체계 말이다. 우리의 뇌가 세상의 좋고 나쁜 것을 어떻게 학습하는지 정확히 이해하면 건강한 정신에 대한 단서를 얻을 수 있다. 이 분야의 과학은 새롭고 창의적인 정신질환 치료법을 알아내는 방향으로 나아가고 있다.

내가 전할 이야기는 뇌의 학습에 관한 우리의 지식에 대변혁을 가져온 수십년 전의 원숭이 실험에서부터 시작한다.

예측 오류

우리의 뇌는 세상을 어떻게 학습할까? 학습과 관련된 뇌 부위는 여러 곳이며 화학물질도 종류가 많다. 그런데 특히 중요한 생물학적 신호가 하나 있다. 바로 예측 오류prediction error라고 불리는 것으로, 뇌의 예측이 틀렸을 때에 보내지는 신호이다. 이 신호를 기반으로 뇌는 학습하고, 기대를 갱신하며, 미래에 잘 대비하게 된다.

당신은 매일 예측 오류를 경험한다. 몇 개월 동안 좋아하는 카페에서 커피를 구매했다고 하자. 커피를 한 모금 마시기 전부터 당신은 커피의 맛이 어떨지 잘 알고 있다. 어느 날 평소보다 커피가 훨씬 맛있다면 깜짝 놀랄 것이다. 이는 "긍정적인 예측 오류"를 경험한 순간이다. 이 신호는 다음번 커피를 마실 때 기대할 보상의 양을 갱신하라고 뇌에 신호를 보낸다. 당신은 다음번 커피는 얼마나 맛있을지 예측한다. 반대로, 커피가 평소보다 맛이 없다면 역시 놀랄 것이다. 이번에는 "부정적인 예측 오류"를 경험했다. 부정적인 예측 오류는 다음번 카페 방문에서 커피에 기대할 보상을 감소시킨다. 아마 이런 경험을 하면 당신은 이 카페에 계속 가도 될지 우려하게 될 것이고, 좋아하는 카페를 다른 곳으로 바꾸거나 커피를 그만 사게 될 것이다. 어쩌면 과장해서 추론한 나머지 커피의 맛은 일반적으로 하나도 예측되지 않는다고 생각할 수도 있다! 이같이 놀라운 일을 경험하고 그로부터 학습하여 기대를 품게 되며, 이런 기대가 행동을 바꿀 수 있다.

커피는 일상적인 사례였다. 그런데 은유적으로 말하자면, 삶은 여러 잔의 맛있는 커피와 맛없는 커피로 채워진다. 우리의 본능과 선호는 예측 오류 학습이 떠받치고 있다. 당신은 식량, 안전, 사회적 지지를 비롯하여 생존에 유용한 것들을 어디서 구해야 하는지 긍정적인 예측 오류를 이용하여 맨 처음부터 학습한다. 마찬가지로 부정적인 오류를 이용하여 무엇을 피해야 하는지 학습한다. 통증이나 질환은 새로운 예측 오류 경험을 통해서 불편함의 원천을 알려주며, 당신은 훗날 이를 예측하고 피하게 된다. 사람들은 경험에서 학습하는 수준이 조금씩 다르다. 긍정적인 혹은 부정적인 예측 오류를 경험한 이후 기대를 바꾸든 아니든 마찬가지이다. 예를 들어 어떤 사람은 부정적인 예측 오류보다 긍정적인 예측 오류에 더 민감할 수 있고, 또 반대인 경우도 있다. 뇌의 학습 차이가 작다고 해도 오랜 시간 누적되면, 당신은 이를 바탕으로 좋은 결과 혹은 나쁜 결과를 기대하게 된다. 그리고 세상이 좋은 곳인지 나쁜 곳인지 일반적인 인식을 쌓아가게 된다.

긍정적, 부정적인 보상 예측은 뇌의 특정 화학 체계와 관련이 있다. 바로 도파민 체계이다. 도파민이 일종의 쾌감 화학물질이라는 말은 들어본 적이 있을 것이다. 사실, 전혀 좋은 설명은 아니다(이미 제1장에서 살펴보았듯이, "쾌감 화학물질"이라면 종류와는 상관없이 내인성 오피오이드를 가리킬 것이다). 도파민이 쾌감을 담당하고 있다는 설명은 정확하지 않으나, 정신 건강과 관련하여 아주 중요한 역할을 맡고 있다는 말은 사실이다. 경로가 약간 다를 뿐이다. 이 경로 가운데 하나가 세상의 좋은 것과 나쁜 것을 학습하는 능력이다(이것 외에 다른 경로도 있는데, 다음 장에서 살펴보겠다).

도파민이 학습의 핵심이라는 발견은 1990년대 후반에 과학자 볼프람 슐츠, 리드 몬터규, 테리 세즈노스키, 피터 다얀이 밝혀냈다. 이들은 원숭이에게 과일주스 방울을 산발적으로 지급하면서, 도파민의 합성 및 분비와 관련된 뇌 부위의 세포 활동을 관찰했다.

원숭이들이 처음에 주스 방울을 간간이 공급받자(예상치 못한 놀라운 사건으로, 긍정적인 예측 오류에 해당한다) 도파민 세포가 평소보다 훨씬 활발해졌다. 그런데 이 실험에는 아주 명민한 설계가 추가되었다. 과학자들은 주스 방울이 떨어지기 전, 반짝이는 불로 신호를 주었다. 불이 반짝인 다음 정확히 주스가 공급되자, 원숭이들은 불빛을 보고 주스를 예측하게 되었다. 이는 고전적 혹은 파블로프 조건 형성이라고 하는데, 이반 파블로프가 실험에서 개가 종소리를 들으면 음식을 예측하도록 조건화를 이끌어냈기 때문이다.

원숭이들은 불빛 다음 주스, 불빛 다음 주스를 반복 경험했다. 시간이 지나 과학자들은 원숭이의 도파민 세포 점화 시간이 달라졌음을 발견했다. 처음에 도파민 세포는 원숭이가 뜻밖의 주스 보상을 받는 시점에 점화했는데, 나중에 주스가 그리 놀랍지 않게 되자 원숭이가 주스를 먹을 때에도 세포는 점화되지 않았다. 주스가 완벽하게 예측되었기 때문에 긍정적인 예측 오류가 일어나지 않은 것이다. 그런데 예측이 된다고 해서 도파민 세포 점화 자체가 중단되지는 않았다. 시기가 바뀌었을 뿐이다. 원숭이가 불이 반짝인 뒤 주스가 나온다고 학습한 후, 도파민 세포는 불이 반짝일 때 점화되었다. 불빛이 보상 예측자가 된 것이다. 원숭이는 불빛을 보고 주스가 나온다는 사실을 알았다.

처음에 도파민은 놀라운 보상(뜻밖의 주스)을 신호한다. 그렇지만 보상이 더 이상 놀랍지 않고 예측되자, 도파민은 보상 예측자를 신호하게 된다. 도파민이 전달하는 메시지는 보상 그 자체가 아니라, 보상이 나오리라는 **기대**(불의 반짝임)이다. 도파민은 뇌의 생물학적 학습 신호이다. 즉 빛이 반짝일 때마다 도파민 세포 자체가 보상(주스)을 예측한다. 빛과 주스의 관계를 "학습한다"는 뜻이다.

도파민 세포의 이 같은 활동은 기대가 뇌의 어느 부위에서 생겨날 수 있는지 알려준다. 현실 세계에서는 당신이 예측 가능한 연관관계를 학습했더라도 놀라운 사건을 겪을 수 있다. 카페 방문에서 맛이 끔찍한 커피를 마신 사건처럼 긍정적인 결과를 기대했는데 실망하는 일 말이다. 이 또한 과학자들이 원숭이를 대상으로 실험했다. 원숭이는 주스를 많이 공급받은 후, 뜻밖의 부정적인 사건을 겪게 되었다. 불이 반짝이는데

주스가 나오지 않은 것이다. 이런 상황이 발생하자, 도파민 세포는 주스가 나왔어야 할 바로 그 시점에 정확히 활동이 줄어드는 모습을 보였다. 도파민 세포는 부정적인 예측 오류, 즉 예상치 못한 실망을 알리고 있었다. 긍정적인 놀라움과 마찬가지로, 실망 또한 도파민 세포 점화의 감소를 통해서 새로운 학습 신호를 준다. 시간이 지나며 이 부정적인 신호는 원래의 긍정적인 연합을 밀어내고, 불이 반짝여도 더 이상 주스를 기대하지 말라는 알림을 줄 수 있다. 이렇게 우리는 긍정적인 연합을 버린다. 그 카페에 더 이상 자주 가지 않게 되는 것이다.

우리는 예측 오류를 통해서 세상에 관해 학습한다. 뜻밖의 좋은 일(긍정적인 예측 오류)과 뜻밖의 나쁜 일(부정적인 예측 오류) 모두 해당한다. 둘 다 도파민 세포에 전달되어, 세포의 활동을 증가시키거나 감소시킬 수 있다. 주변 환경에서 뇌의 과거 예측과는 달리 예상 밖의 좋은 일이 일어나면 도파민 세포는 점화를 늘려 예측 오류를 알린다. 학습이 이루어지면 도파민 세포는 그 일이 예상될 때 점화한다. 보상을 미리 알려주는 사건에 맞춰 점화가 이루어지는 것이다. 이렇게 우리의 뇌는 세상을 학습한다.

"예측 오류"라는 표현은 사실 공학계에서 따왔다. 도파민 세포의 학습 능력이 공학에서 흔히 강화 학습 알고리즘이라고 불리는 알고리즘을 떠올리게 하기 때문이었다. 강화 학습은 이전 행동이 맞는지 틀리는지를 전달받아야 어떤 행동을 수행할지 학습할 수 있는 인공지능의 일종이다(정해진 상황에서 특정 작업을 수행하도록 프로그램된 알고리즘과는 달리 피드백에 적응한다). 알고리즘이 이런 방식으로 "학습하는" 이유는 예측 오류를 최소화하라는 컴퓨터 코드의 명령 때문이다. 즉 다음 단계에서 어떤 일이 일어날지 예측한 내용과 실제로 일어나는 일 사이의 차이를 최소화하라는 것이다. 그래서 알고리즘은 처음에는 무작위로 선택하고, 매번 선택할 때마다 예측 오류를 다시 계산하고, 이런 예측 오류를 기반으로 다음 행동을 몇 번이고 조정한다. 결국에는 알고리즘의 예측과 기대가 최대한 일치하게 된다. 주어진 환경에서 가장 작은 예측 오류를 내는 행위를 찾은 것이다. 이 같은 능력을 통해서 알고리즘은 배열 순서, 게임, 결정을 비롯하여 피드백 기반의 복잡한 행동을 학습할 수 있다. 알고리즘이 수많은 인간적 업무를 배울 수 있고, 때로 인간보다 더 나을 수 있다니 좀 터무니없는 소리처럼 들리지 않을까. 그러나 실제로 그러하고 그럴 수 있다.

일부 과학자는 인간의 뇌도 마찬가지로, 학습 최적화를 위해서 예측 오류를 최소화한다고 본다. 신경과학자 칼 프리스턴은 이를 뇌 기능의 일반적인 이론으로 제시했다. 뇌의 목표는 예측이나 행동을 조정하여 장기간에 걸쳐 예측 오류 혹은 놀라움을 최소화하는 것이라는 이론이다. 도파민 세포들은 정확히 그런 것 같다. 맨 처음에 원숭이의 도파민 실험을 시작한 팀은 공학계의 강화 학습 알고리즘을 사용하여, 원숭이의 도파민 세포가 주스(혹은 주스 없음)에 대한 반응으로 점화를 늘리거나 줄이는 시점을 정확히 예측할 수 있었다. "우리는 도파민 점화의 변화를 멋지게 설명할 수 있고, 도파민 신호를 기반으로 어떻게 선택이 이루어지는지 알아낼 수 있는 도구를 바로 손에 넣었습니다." 팀의 구성원 가운데 한 명인 리드 몬터규가 훗날 한 인터뷰에서 한 말이다.[103] 몇 년 후 존 오도허티, 피터 다얀, 칼 프리스턴, 휴고 크리츨리, 레이 돌런이 인간의 뇌에서도 (fMRI를 이용하여) 똑같은 결과를 얻었다. 학습 전에는 뜻밖의 보상(맛있는 주스)에 대한 반응으로 예측 오류 신호가 있었는데, 주스 기대를 학습하고 나니 보상 예측자가 나타나는 시간에 예측 오류 신호가 있었다.[104] 원숭이의 경우처럼 우리의 도파민 세포도 환경에서 중요한 정보를 접하면 그에 따라 행동을 조정하여 학습할 수 있고, 그 결과 어떤 일이 일어날지 예측한다.

인간은 보상에 매우 민감하다. 보상에 민감하다는 뜻은 어떤 사건이나 대상이 기대보다 더 좋다면, 심지어 아주 조금이라도 더 좋다면 우리의 뇌는 예측 오류 학습을 통해서 이를 배우고 그에 따라 행동을 조정할 수 있다는 것을 의미한다. 유기체로서 인간의 생존은 미래의 식량, 물, 짝짓기 상대 등을 정확히 예측하는 일에 달려 있으므로, 당신은 이 같은 예측 신호가 우리 뇌의 가장 중요한 기능이라고 말할 수 있다(뇌의 가장 중요한 기능은 지각, 호흡 유지, 운동, 수면 등의 일이라고 바로 응수하는 과학자 무리를 마주칠 수도 있다. 그러니 가감해서 듣기를 바란다). 어쨌든 예측 오류는 우리가 생존하게끔 해준다. 또한 오늘날에는 긍정적, 부정적인 정서의 경험에는 예측 오류가 기저에 있다고 보는 과학자들이 적지 않다.

정신의 웰빙 예측하기

보상 예측 오류를 통해서 우리는 생존할 수 있고, 세상에서 우리를 살아가게 하는 것과 위험에 몰아넣는 것을 학습할 수 있다. 그런데 뇌가 도파민 체계의 잘못된 계산 때문에 보상 예측 오류를 전체적으로 작게 계산했다면, 기본적 생존 욕구가 빗나갈 수 있다. 세상에 대한 기대, 보상 가능성이 있는 행위를 하려는 동기, 식욕, 심지어 살려는 욕망마저 망가질 수 있다. 이것 외에도 예측 오류에 문제가 생기는 경로는 또 있다. 보상 예측 오류가 딱 평균치라고 해도, 부정적인 예측 오류의 신호를 크게 받아들이는 경우 부정적인 사건(혹은 조금 더 복잡한 조합)을 과도하게 학습할 수 있다. 도파민이 어떤 이유로 계산을 잘못하는지는 알 수 없다(그리고 이런 설명은 도파민에만 국한되지 않는데, 뇌의 다른 화학물질 또한 예측 오류 학습과 관련이 있다고 밝혀졌다). 이렇게 보상 예측 오류가 망가지는 현상은 유전적 차이, 스트레스가 많은 부정적인 경험, 질환 같은 생물학적 변화가 원인일 수도 있다. 많은 요인이 합쳐졌을 가능성이 가장 크다. 시작이 어찌 되었든, 정신 건강의 질적 저하로 이어지는 흔한 최종 경로는 다음과 같을 것이다. 뇌가 긍정적인 사건을 과소평가하고, 긍정적인 결과로 이어지는 것들을 제대로 학습하지 못하며, 부정적인 사건에 과잉 반응을 보이고, 처벌적 결과에 즉각적이고 지나친 반응을 보이는 식이다.

2014년 예측 오류가 기분에 어떤 영향을 미치는지 궁리하던 신경과학자가 있었다. 롭 러틀리지는 예측 오류에 관한 아이디어 하나를 떠올렸다. 긍정적인 예측 오류를 경험하면, 예를 들어 주스를 맛보는 뜻밖의 경험 등을 겪으면(혹은 롭이 수행한 실험처럼 약간의 돈을 받는 경험) 행복의 수준이 단기간에 변하는지 그 여부를 알고 싶었다.

행복은 원숭이를 대상으로는 측정하기 어려우므로, 롭은 사람을 대상으로 실험했다. 아마 이렇게 되지 않을까. 실험 참가자들은 약간의 돈을 얻고, 시간이 지나면서 원숭이가 주스에 그랬듯 돈을 언제 받게 되는지 학습하고, 돈을 더 많이 얻을수록 더 행복해지고. 그런데 롭의 발견은 달랐다.

내가 당신에게 1파운드를 주면 5파운드를 준 상황보다 더 행복할까, 아니면 덜 행복할까? 예측 오류의 관점에서 보면, 당신이 얼마나 많은 금액을 기대했는가에 따라 다를 것이다. 5파운드를 기대한 상황이면 1파운드는 실망스러울 것이고(부정적인 예측 오류), 하나도 기대하지 않은 상황이면 1파운드를 받아도 기쁘고 놀라울 것이다.

롭의 실험에서 사람들은 직전에 기대한 금액보다 더 많은 돈을 얻게 되면 가장 행복하다고 보고했다.[105] 긍정적인 예측 오류가 더 클수록 행복도 커졌다. 실험에서 얻은 수입이 실제로 늘어나지 않는 대신, 잠재적 손실을 피하는 결과가 나올 때도 마찬가지였다. 롭은 휴대전화 앱을 써서 전 세계 1만8,000명 이상의 사람들을 상대로 이 같은 효과를 입증했다. 후속 실험실 연구에서 롭은 도파민 수치를 높이는 약 또한 작은 보상 이후의 행복을 늘린다는 결과를 얻었다. 이는 행복과 관련된 긍정적인 보상 예측 오류는 도파민이 유도한다는 발상과 일치한다.[106] 매 순간 우리가 얻는 웰빙은 기대보다 더 좋은 경험, 긍정적인 예측 오류를 따르며 뇌의 도파민 분비와 관련이 있다. 따라서 순간적인 불행이 부정적인 예측 오류, 기대보다 나쁜 경험에서 생겨날 수 있는 것은 당연하다.

아마도 웰빙은 긍정적인 결과로 이어지는 선택을 내릴 때뿐만 아니라, 위험을 무릅쓰고 예상 밖의 무엇인가에 도전할 때도 얻을 수 있을 것이다. 그 도전이 대단하고 놀라운 예측 오류로 이어질 때 그렇다. 예측 오류 학습은 매 순간 정신 건강의 중요한 운전자 노릇을 한다. 긍정적인 놀라움을 경험하고, 어떤 행동이 긍정적인 결과로 이어질지 예측하고, 주변 세상의 정보들이 바뀌면 이전의 예측을 갱신하는 것이다. 이 각각의 과정에는 고유한 생물학적 토대가 있는데, 도파민 체계와 관련된 경우가 많다. 똑같은 과정으로 우리의 정신적 웰빙에 일어나는 더 큰 변화도 설명할 수 있다. 긍정적인 기분, 전반적인 정신 건강, 심지어 우울증 같은 정신장애까지도 여기에 해당한다.

정서 대 기분

그럴 수 있다면 좋겠지만, 기분의 끊임없는 변화가 소소한 예측 오류에서 비롯될 것 같지는 않다. 기분을 측정하는 작업은 행복의 순간적 변화의 측정보다 어렵다. 당신이 "기분 좋다" 혹은 "기분 나쁘다"라고 말하면 다들 무슨 말인지 이해하는데, 뇌에서 기분이란 **실제로** 무엇일까?

기분mood과 정서emotion는 중요한 차이가 있다. 하루 동안 당신은 짜증이 나기도 하고 행복할 때도 있으며 슬프기도 하다. 그렇지만 하루 전체를 보면 기분은 긍정적일 수 있다. 기분은 정서보다 오래 지속되며, 영향력 또한 더 크다. 기분과 정서는 분리된 현상이기는 해도 서로 이어진다. 기분은 순간의 경험에 색을 입히며 당신이 경험하는 정서에 영향을 미칠 수 있다. 기분이 좋으면 일상의 소소한 언짢음을 달랠 수 있을 때가 많다. 그리고 우리 대부분이 경험한 것처럼, 나쁜 기분은 정확히 그 반대의 일을 할 수 있다.

긍정적인 정신 건강이란 부정적인 정서가 부재한 상태가 아니다. 부정적인 정서를 느끼는 일은 건강하고 정상적이다. 내가 제안하는 정신 건강의 개념은, 부정적인 정서를 경험해도 결국에는 상대적으로 긍정적인 마음으로 늘 돌아가는 힘이다. 즉 몸의 항상성처럼 평정 상태를 회복하는 것이다. 정신 건강이란 부정적인 예측 오류나 불쾌한 정서 등 스트레스 요인에 대응하면서, 이런 요인들로 인해 세상에 대한 부정적인 기대를 일반화하는 일이 없도록 하는 일종의 균형 잡기이다. 긍정적인 기분을 통해서도 이 같은 균형 잡기 과정이 나타난다.

기분 상태의 견인이란 다음과 같다. 당신이 부정적인 기분일 때, 특히 우울증에서 흔히 나타나는 아주 부정적인 기분이면, 잠시 기분이 좋아져도 그 상태를 무시할 수 있다. 전체적으로 우울한 기분임을 고려하여 바로 지워버리는 것이다. 나의 박사후 연구 과정에서 함께한 팀 댈글리시는 임상심리학자이자 과학자로 기분이란 일종의 끌어당기는 상태, 즉 **끌개 상태**attractor state라고 설명한다. 끌개 상태는 안정적인 자기 강화 체계이다. 당신이 부정적인 기분 끌개 상태이면, 감정의 일시적 변화가 어떻든 간에 당신의 정신 상태는 현재의 기분으로 끌려간다. 긍정적인 기분 끌개 상태이면, 주변의 좋은 것들을 더 많이 학습한다. 승진하거나 상을 받은 일 등 뜻밖에 일어난 좋은 일에 대해서 말해보자. 이런 뜻밖의 좋은 일은 당신이 긍정적인 기분 상태일 때 **특히** 더 좋은 느낌을 선사하며, 원래의 긍정적인 기분을 더 강화한다.

이 같은 기분의 자기 강화 능력은 당신이 부정적인 기분 상태에 빠지면 헤어나지 못할 수도 있음을 뜻한다. 우울증 같은 장애의 경우, 살면서 잠시 좋은 일이 일어나도 우울한 기분으로 계속 끌려오는 상태일 수 있다. 아마도 승진을 하면, 바로 추가 업무를 생각하거나 본인이 정말 승진할 자격이 있는지 우선 따져볼 것이다. 긍정적인 정서는 무시하거나 상황과 관련하여 고려하는 반면, 부정적인 사건과 정서는 울적한 기분을 부채질하면서 그 상태를 유지하고 정당화할 것이다.

좋은 일은 추구하고 나쁜 일은 피하는 똑같은 기본 학습 메커니즘이라도, 우울증을 경험하는 사람이라면 이 메커니즘이 근본적으로 다를 수 있다. 학습 메커니즘이 달라지는 경로 가운데 하나는, 제1장에서 논한 무쾌감증의 증상과도 비슷하다. 보상을 주는 행위에 흥미 혹은 쾌감을 느끼지 못하는 것이다. 우울증 환자가 쾌감 **자체**를 경험하는 능력에 손상을 입었다는 증거는 거의 없다. 오히려 **흥미**의 상실이 더 큰 역할을 한다.[107] 예를 들어 많은 실험에서 보상이 얼마나 가치 있어 보이는지를 따질 때, 우울증 환자의 경우 보상에 대한 기대가 망가지고 무뎌진 상태이다.[107] 보상에 대한 기대가 더 부정적인 쪽이라면 달콤한 과일주스 같은 것이 더 큰 보상 예측 오류 덕분에 훨씬 더 긍정적으로 느껴질 수도 있다고 생각할 수도 있다(일부 연구 결과는 그러한데,[108] 모든 연구에서 같은 결과가 나오지는 않았다).[107] 그렇지만 보상 예측 오류가 더 크더라도 우울증 환자는 긍정적인 사건의 경험 자체가 드물다고 동일한 연구에서 밝혀졌다.[108] 보상 예측 오류 자체가 우울증의 경우 아주 드물 수 있다.

이와 관련하여 우울증 환자는 보상 추구에 둔감해진다는 연구가 있다. 비슷한 보상 경험을 해도 가장 큰 보상 결과를 선택하는 대신 무의식적으로 멀어진다는 것이다. 예측 오류는 그대로이나 후속 행동에 그만큼 끌리지 않는 것이다. 아마도 뇌의 다른 고차원적 "규칙"에 의해 예측 오류의 영향력이 줄어드는 것 같다. 예를 들어 "좋은 결과는 믿음이 가지 않는다"와 같은 규칙은, 원래의 수준만큼 학습해서는 안 된다는 뜻이다. 많은 실험에 따르면, 우울증 환자는 긍정적인 결과를 내는 대상을 손쉽게 학습하고 추구할 수가 없다.[109] 그러므로 무뎌진 보상 가치는 망가진 보상 학습과 궤를 같이하면서, 그침 없이 만성적인 우울함을 낳는 것이 분명하다.

이 두 과정(보상의 가치와 학습)은 보상 경험에서 꼬리에 꼬리를 무는 순환 효과가 있다. 보상을 추구하고자 하는 욕망 혹은 동기부여가 무뎌진 상태이면 긍정적인 경험이 줄어들 수 있다. 한편, 보상 학습이 망가진 상태이면 몇 안 되는 긍정적인 경험조차 미래의 보상에 기대하게끔 이끌지 못할 것이다. 이런 맥락에서 행동에 동기부여가 잘 되지 않으면 환경과의 상호작용도 달라진다. 전체 체계가 긍정적인 경험을 학습하지 못하는 방향으로 기울어서, 즉 긍정적인 경험을 전부 무시하는 방향으로 가버리는 바람에 울적한 기분이 계속 되풀이되고 강화된다.

이런 발상에 대한 비판 중 하나는, 보상에 대한 망가진 기대를 처음의 우울한 기분으로 인한 연쇄적 효과의 시작일 뿐이라고만 본다는 것이다. 실제로 우울증에 취약한(그러나 현재 우울증을 앓고 있지 않은) 사람들도 전체 과정이 망가진 모습을 보여준다. 뇌에서 보상 자극에 대한 반응은 무뎌지고, 혐오적 자극에 대한 반응은 강하게 나타나는 것이다.[110] 이 결과가 의미하는 바는, 망가진 보상 가치가 단순히 우울한 기분으로 인한 효과가 아니라는 것이다. 이는 우울증에 취약한 사람들의 특징일 수 있다(뇌의 보상 체계 변화가 유도하는 특징이다).

보상과 관련된 변화 외에 예측 오류 학습이 우울증에 일조하는 경로는 또 있다. 우울증을 앓는 사람은 부정적인 사건과 처벌을 한층 강하게 경험한다. 이를 증명한 가장 유명한 사례 중 하나가 우울증 환자를 대상으로 수행한 "런던탑" 검사이다. 런던탑 검사는 모형을 제시한 다음, 그 모형과 일치하도록 색 블록을 맞추는 과제이다. 보통 여러 유형의 신경질환자를 대상으로 뇌 손상이 어느 정도인지 측정하기 위해서 수행한다. 특정 뇌 손상을 입은 사람과는 달리, 우울증 환자의 경우 과제를 서투르게 수행할 이유가 없다. 그런데 우울증 환자는 실수를 저지르기만 하며 계획을 제대로 수행하지 못한다.[109] 실수했다는 말을 듣고 나면 점점 서툴러진다. 그들은 "실패를 인지할 때 파국 반응catastrophic response"을 보인다.[111]

학습에서 보상 예측 오류의 효과가 무뎌지면 긍정적인 기대를 억누르듯, 부정적인 혹은 처벌적 예측 오류의 효과가 커지면 부정적인 결과를 잘 학습하고 부정적인 결과를 더 기대한다. 꼭 좋은 일이라고 할 수만은 없는데, 부정적인 결과가 드물게 일어날 때도 있고, 언제나 행동의 변화를 끌어내서도 안 되기 때문이다. 비행기 추락 사고를 생각해보자. 끔찍하기는 해도 거의 일어나지 않는 부정적인 결과이다. 당신은 다시 비행기를 타겠는가? 어쨌든 비행기가 차를 타는 것보다는 훨씬 안전한 선택이다. 그렇지만 당신은 안전하게 느끼지 않을 수도 있다. 부정적인 예측 오류의 효과가 너무 커서 당신의 학습과 행동에 거대한 영향을 미칠 수 있는 것이다. 이제 일상의 부정적인 결과가 더 큰 예측 오류를 낳는 상황을 상상해보자. 일상에서 "과잉학습"이 일어날 수 있다. 친구가 막판에 약속을 깨면, 당신은 한동안 친구와 만날 계획을 세우지 않는다. 시험을 망치면 학업에 소질이 없다고 결론을 내려버린다.

이처럼 "실패를 인지할 때 파국 반응"을 보이는 유형은 처벌에 특히 민감한 뇌 부위에 변화가 있을 수 있다. 이 부위에는 주스 보상에 아주 민감한 도파민 세포와 정반대인 패턴을 신호하는 신경세포가 자리한다. 이렇게 처벌에 민감한 뇌 부위 가운데 한 곳이 바로 **고삐핵**habenula이다. 고삐핵은 콩 반쪽 정도의 크기에 불과하다. 이렇게 작아도 맡은 역할은 크다. 기대보다 나쁜 결과를 경험할 때마다 고삐핵 뇌세포의 점화가 증가한다. 처벌 예측의 오류를 신호하는 것이다.[112] 보상에 민감한 도파민 반응과는 달리 고삐핵 세포는 처벌적 결과를 예측하는 법을 학습한다.[112] 주변 환경을 살펴보고 처벌 가능성이 예측되면 고삐핵이 점화한다. 이 같은 처벌 예상 신호는 보상 예측 오류와는 정반대의 관계이다. 고삐핵이 점화할 때마다 보상 반응과 관계된 도파민 세포의 점화를 억누른다.[113] 고삐핵이 점화하면서 도파민 세포 점화를 억누르는 과정을 통해서, 우리는 세상의 처벌적 결과를 피하는 법을 배우게 된다.

존 로이저는 내가 런던 대학교의 연구실에 합류하기 전부터 수년간 고삐핵을 연구하고 있었다. 당시 로이저는 우울증 환자의 경우 고삐핵의 신경세포가 너무 많이 점화하여 처벌 가능성을 과도하게 알리는 것은 아닐까 궁금했다. 만일 그렇다면, 이런 특이한 과잉활동이 "실패 앞에서 보이는 파국 반응"의 원천이 될 수 있다. 고삐핵의 과잉활동은 부정적인 결과를 강화할 수 있으며, 심지어 보상 중추로 신호를 보내어 보상 추구 혹은 보상 민감성이 무뎌지게 할 수 있다. 이 가설에 대한 증거는 동물 실험에서 나왔다. 여러 실험에 따르면, 우울 유사 행동을 보이는 설치류의 경우 고삐핵에서 강한 처벌 신호가 전달되었다.[114]

이 가설이 사실인지 확인하기 위해서 존은 박사후 연구원 리베카 로슨과 함께 우울한 사람의 고삐핵 활동을 측정했다. 그들은 바로 큰 난관에 직면했다. 앞에서 언급했듯이, 뇌수술 없이 인간의 뇌 활동이 어디에서 일어나는지 측정하는 가장 좋은 방법은 fMRI 검사이다. 그러나 고삐핵은 크기가 너무나 작아서 fMRI 검사가 거의 불가능하다. 그래서 존과 리베카는 고삐핵의 뇌 활동을 잡아낼 수 있는 맞춤형 fMRI 기술을 개발하기 위해서 물리학자 팀과 협업했다. 실험은 fMRI 스캐너 안에서 우울증이 있는 사람들과 없는 사람들에게 일련의 전기충격을 가했는데, 그에 앞서 전기충격을 알리는 이미지 혹은 알리지 않는 이미지를 보여주었다(원숭이를 대상으로 하는 실험에서 불빛이 주스를 예측하는 신호인 것처럼).

그 결과, 고삐핵에서 보내는 처벌 예측 신호가 우울증의 경우 비정상이었다. 그렇지만 실험 가설과는 정반대인 비정상이었다. 우울증 환자의 고삐핵은 처벌 신호를 덜 전달했다.[115] 어떤 환자의 경우, 전기충격이 거의 보상처럼 예측되기도 했다. 전기충격을 미리 알리는 단서는 우울증 환자의 경우 고삐핵의 활동을 늘린 게 아니라 오히려 억눌렀다(우울증이 없는 사람의 경우에는 활동을 늘렸다).

이런 놀라운 결과가 나온 이유는 무엇일까. 우울증 상태에서 고삐핵의 활동성이 떨어지고, 처벌 신호를 덜 전달하는 이유가 무엇인지 우리는 여전히 알지 못한다. 직관에 반하는 설명 같지만, 처벌 신호가 덜 전달되면 우울증 환자의 경우 처벌을 피하는 법을 배우지 못할 수도 있다. 처벌 예측이 망가진 상태이기 때문이다. 처벌이 조금이라도 덜 불쾌하다는 뜻이 아니라, 행동에 다른 식으로 영향을 미칠 수 있다는 뜻이다. 처벌 경험을 토대로 학습이 개선되면 적응에 유리할 수도 있다. 살면서 무수히 겪는 부정적인 사건을 대할 때 유용한 기질이다.*

전반적으로 당신의 뇌가 보상 혹은 처벌에 얼마나 민감한지는 여러 가지 요인에 달려 있다. 그런데 이 민감성이 정신 건강이 나빠질 가능성에 큰 영향을 미칠 수 있다. 예를 들어 발달 과정에서 심한 스트레스를 겪으면 뇌가 긍정적인 결과와 부정적인 결과를 처리하는 방식이 달라질 수 있고, 훗날 우울증에 더 취약해질 수도 있다. 부정적인 사건이 더 큰 영향을 발휘하기 때문만은 아니다. 중요한 점은 당신이 부정적인 사건을 학습하는 방식, 그 사건이 당신의 기대를 형성하는(혹은 형성하지 않는) 방식이 달라져서 그렇게 된다는 것이다. 보상과 처벌의 문제로 우울증을 비롯한 정신질환에 취약해질 수 있듯이, 학습 체계가 달라지면 회복탄력성이 생길 수도 있다. 아주 힘든 일이나 정신적 외상을 겪은 뒤에도 대부분의 사람들이 정신장애를 겪지 않는 것은 회복탄력성 덕분이다. 회복탄력성을 유도하는 것들은 많다. 주로 긍정적인 결과로부터 학습하는 속성, 소소한 긍정적인 사건을 활용하여 기분을 유지하고 강화할 줄 알면서, 부정적인 사건에는 적응적으로 학습할 줄 아는 능력(그리고 적

---

* 이 실험에서 나는 긍정적인 예측 오류를 경험했다. 전혀 로맨틱하지 않은 실험이었지만, 이 연구를 통해서 리베카를 만났다. 리베카는 현재 케임브리지 대학교의 신경과학 연구소를 맡고 있다.

절하게 그런 사건을 피하는)이 우울증 삽화로 빠지는 경험을 방지할 수 있다. 원래의 원인이 무엇이든 간에 어떤 사람은 우울증을 앓는데, 어떤 사람은 그렇지 않는 이유는 무엇일까. 심지어 인생의 흐름이 비슷하고, 힘든 경험도 비슷하고, 가족사조차 비슷한데도 왜 다를까. 보상과 처벌 학습의 차이에서 단서를 하나 얻을 수 있다.

개념들을 연결해보자. 학습 문제에서는 도파민이 핵심이고, 기분과 웰빙 문제에서는 학습이 핵심이라는 이야기일까? 그렇다면 도파민 체계 조절이 회복탄력성을 구하는 길일까? 아주 간단하게 말하자면 그렇다. 뇌에서 도파민 수치가 갑자기 치솟으면 기분이 아주 좋아질 수 있다. 예를 들어 암페타민을 주사하면 뇌의 도파민 수치가 올라가 희열을 맛보게 된다. 이렇게 도파민 분비는 직접적으로 효과를 낸다. 우리가 경험하는 희열의 정도는 도파민의 분비량과 궤를 같이한다. 그런데 암페타민이 모든 사람의 도파민 수치를 급격히 올리기는 하지만, 어떤 사람의 경우 도파민이 더 많이 분비된다. 암페타민 주사로 도파민 수치가 더 많이 오를수록 더 많은 희열을 경험하게 될 것이다.[116]

그렇지만 이런 갑작스러운 희열은 금방 사라진다. 이는 기분의 진정한 개선이라고 할 수 없는데, 기분의 개선 여부는 장기간 관찰한 전반적인 정신 상태를 근거로 판단하기 때문이다. 어느 시점에 약물은 효과가 다할 것이고, 그러면 전보다 기분이 더 나빠질 수도 있다. 다음 장에서 다룰 내용이기는 한데, 뇌의 도파민 수치에 영향을 주는 약물은 당연히 강한 의존성을 유발하여 중독의 소용돌이로 빠져들 위험이 있다(흥미롭게도 우울한 기분 자체가 약물 중독의 순환을 계속 끌고 가는 핵심 요인이라고 한다.[53] 한 유명한 이론에 따르면, 처음에는 약물로 기분이 좋아지고 싶다는 기본적 욕망에서 손을 대기 시작하지만 일단 중독되면 기분 개선의 욕망이 아니라 약물을 하지 않는 상태에서 오는 부정적인 기분을 완화하고 싶은 욕망 때문에 복용한다는 것이다).

뇌 전체에 효과를 보이는 약물과는 달리, 스트레스 취약성 및 회복탄력성의 문제는 학습 메커니즘의 문제일 수 있다. 즉 이런 학습 메커니즘과 관련된 세포 단위의 아주 미세한 변화가 생물학적 원인일 수 있는 것이다(이 같은 변화는 뇌 부위별로 더 클 수도 있고 작을 수도 있으며, 또 질환마다 다를 수도 있다). 이 복잡한 관계는 동물 실험의 경우 증거가 있다. 동물 실험은 뇌 부위를 세밀하게 구분해서 도파민 수치를 측정하고 올리는 작업을 할 수 있기 때문이다. 어떤 일련의 연구들에 따르면, 사회적 왕따로 스트레스를 받은 쥐(우울증의 일반적인 동물 모형)는 도파민 세포가 과도하게 점화한다. 이 같은 도파민 세포의 과도한 점화는 흥분성 전류의 증가 때문으로, 흥분성 전류는 보통 도파민 세포의 안정적 활동 조절을 맡는 세포 단위의 메커니즘이다. 그런데 이 전류가 증가하면 점화 조절이 되지 않고 과도해진다.[117] 과학자들은 쥐가 사회적 따돌림 스트레스에 회복탄력성이 있는 경우, 뇌에서 흥분성 전류가 감소하고 도파민 세포가 정상적으로 점화하리라 예상했다. 그런데 놀랍게도 흥분성 전류가 훨씬 더 증가했는데, 도파민 세포의 점화는 정상이었다. 과도한 점화를 부른 세포 단위의 원인은 여전히 비정상적이지만, 점화 자체는 정상인 셈이었다. 흥분성 전류의 증가로 도파민 세포의 활동이 불안정해져도 전류가 어느 정도로 증가하면, 이를 조절하여 정상으로 돌리는 어떤 항상성 메커니즘이 작동한다는 것이 과학자들의 가설이었다. 이 가설을 실험하기 위해서 과학자들은 우울증 유사 행동을 보이는 쥐에게 흥분성 전류를 늘리는 약을 직접 주입해 전류 증가를 유도했다(이 약 또한 유명한 양극성장애용 기분 안정제 라모트리진이었다). 과학자들의 예측처럼 약은 직관에 어긋나는 방식으로 작용했다. 흥분성 전류가 증가했는데도 도파민 세포의 점화는 정상으로 돌아왔다. 또한 쥐의 우울증 유사 행동도 사라졌다.[117]

안타깝게도, 사람에게 주어지는 약은 뇌의 특정 부위 혹은 회로 하나에 변화를 줄 만큼 정확하지 못하다. 그래서 똑같이 세밀한 치료법도 사람에게는 쓸 수가 없다(과학자들이 연구 중이기는 하다). 그래도 이 같은 동물 실험은 우울증에서 일어나는 뇌의 병리적 변화를 개선하는 다양한 길이 있음을 알려준다. 스트레스로 인한 변화를 역전시키는 방식도 있을 것이다(예를 들어 불안정한 도파민 세포 점화를 줄여서 우울증 유사 행동도 감소시키는 식이다[118]). 한편, 뇌가 항상성 유지를 위해서 활용하는 타고난 회복탄력성 메커니즘을 쓸 수도 있다. 뇌와 몸이 자연스럽게 균형을 잡는 방식을 활용하는 것이다.

이 모든 실험이 뇌의 일반적인 학습 체계가 사람마다 다르다는 점을 시사하는데, 실험마다 결과가 다르고 또 그 결과가 늘 재현되지는 않으며, 때로 모순된다는 점을 이해해야 할 것이다. 한 가지 가능성은, 학습 체계가 망가져서 우울증을 앓게 되는 경로가 여러 가지라는 것이다. 나는 매번 두 집단의 차이를 언급했는데(즉 우울증이 있는 사람과 없는 사람), 이 차이도 그저 통계적 평균이 기준일 뿐이다. 우리 중 누가 정확히 평균일까? 우리 대다수는 아닐 것이다.

사람의 뇌는 서로 어마어마하게 다르다. 심지어 특정 집단(예를 들면 우울증 환자 집단) 내에서도 그들이 보이는 행동이며 그들의 뇌는 아주 많은 차이를 보일 것이다. 내가 어떤 집단의 뇌가 이러저러하다고 설명했어도, 이 설명은 그런 특징을 지닌 **일부**에게 해당할 뿐 모든 사람에게 해당하지 않는다는 말이다. 심지어 그 일부조차 해당하는 정도가 사람마다 다르다.

어떤 사람은 보상에 대한 기대가 완전히 무뎌질 수 있다. 한편, 약간 무뎌진 사람도 있고, 전혀 무뎌지지 않은 사람도 있다. 평균이란 개인의 예측 오류가 얼마나 될지 예측하는 수단일 뿐이다. 이런 문제는 신경과학에만 국한되지 않으며, 증상의 수준에도 바로 적용된다. 일반적으로 우울증 환자는 더 슬프고, 긍정적인 결과를 기대할 가능성이 작으며, 식욕에 변화가 생기고, 집중에 애를 먹는다. 이런 증상들이 우울증 진단에 해당하는 증상 목록이기 때문이다. 그런데 진단 기준을 충족하려면 일부 증상만 있어도 된다. 전부 다 있을 필요는 없다. 식욕은 멀쩡해도 수면이 망가진 환자가 있다. 심지어 기분은 정상인데 무쾌감증이 심한 환자도 있다. 실제로 우울증 진단을 받는 증상의 조합은 227가지나 가능하다[119](어떤 조합의 경우 다른 조합에 비해 더 흔하기는 하다). 증상 목록이 하나도 겹치지 않는 두 사람이 동시에 우울증 진단을 받을 수 있는 것이다!

대부분의 정신질환이 그렇다. 그래서 정신의학은 진단과 치료가 일대일 관계를 맺지 않는다. 보편적 치료법을 찾아내기가 엄청나게 어려우므로 당연한 일이다. 원인도 많고 징후도 많다. 아마 해결책도 많을 것이다. 또 반드시 그래야 한다.

의학계는 한참 전부터 정신장애의 이런 특성을 알고 있었지만, 여러 질병에 전부 도움이 되는 한 가지 치료법이 있을지도 모른다는 희망을 품고 연구해왔다. 안타깝게도 이런 접근방식은 통하지 않았다. 내 생각에 정신 건강의 경우, 모든 환자에게 효과가 있는 만능 해결책이 있을 것 같지는 않다. 어떤 치료법이 일반적으로(평균적으로) 통한다고 해도 어떤 사람에게는 효과가 없을 수 있다. 우리는 뇌의 어떤 과정이 특정 증상을 끌어내는지 이해할 필요가 있다. 또 이런 과정을 겨냥하는 심리치료나 약물치료 및 여러 다른 치료법도 알아야 한다. 고통의 근원이 될 수 있는 대상이라면 무엇이든 알아내야 하며, 정신 건강이 저하된 개인별 맞춤 특효약을 찾아야 한다.

우리는 살면서 크고 작은 실패를 겪는다. 나는 실패하지 않는 사람을 한 번도 본 적이 없다. 또한 나는 실패하고 싶지 않다. 끔찍한 일은 결국 누구나 마주할 것이다. 부정적인 사건에 대응하는 방식을 개선하면 정신 건강을 유지 혹은 증진하는 한 가지 방법이 될 것이다(제8장에서 이 주제를 다시 살펴보면서, 심리치료가 정신 건강을 어떻게 개선할 수 있는지 알아보겠다). 그러므로 여기서 멈출 수는 없다. 과학자들은 뇌에서 정신 건강을 유지하는 여러 기능을 밝혀낼 필요가 있다. 정신장애가 있는 개인의 경우 이런 기능이 다를 수 있고, 심지어 진단이 같다고 해도 사람마다 기능이 달라질 수 있다. 치료법을 더 구체적으로 논하기 전에, 정신 건강의 구성 요소를 한 가지 더 살펴보고자 한다. 이 요소는 눈에 잘 띄지 않으며, 공식적으로 정신 건강을 논의하는 자리에서 보통 언급되지 않는다. 웰빙에 관한 국제 조사에서 측정하지도 않는다. 정신 건강 증진을 위한 앱에도 없다. 그렇지만 내 생각에는 정말 중요하다. 너무 중요해서 정신 건강에 대한 일반적 정의에서 빠져버렸다.

4

동기, 추동, "원함"

건강한 정신을 정의하고자 하면, 대부분의 사람들은 쾌감처럼 이제껏 논의한 단기간의 긍정적인 감정(아리스토텔레스식 표현을 빌리면 순간적 "헤도니아")이나 장기간 이어진 삶의 만족감(에우다이모니아식 만족) 혹은 이 둘의 조합을 생각한다. 사회과학자들은 쾌감 혹은 삶의 만족감을 측정하기 위해서 자기 보고형 검사를 이용하는 경향이 있다("다음의 질문에 대한 답으로 1에서 5 사이의 숫자를 고르세요. 이 순간 얼마나 행복하다고 느끼십니까? 당신의 삶에 얼마나 만족한다고 말할 수 있나요?" 이런 문장을 변형한 질문들을 제시한다). 장점이 많은 방법으로, 여러 연구에서 쓰인다. 그렇지만 간과할 수 없는 한계도 있다. "행복"(혹은 "건강"이나 "즐거움")이라는 단어가 모든 사람에게 같은 의미는 아니라는 점이다. 당신과 내가 같은 문항을 받았다고 해도, 단어를 다른 뜻으로 이해하면 행복에 대해 다르게 평가할 것이다. 심지어 우리가 똑같이 삶에 만족하거나, 짧은 시간 동안 긍정적인 감정을 비슷하게 느낀다고 해도 그럴 것이다. 또 스스로 행복을 지각하고 보고하는 검사로는 잘 포착할 수 없는 중요한 부분이 있을 것이다. 이런 이유로 이제껏 우리가 논한 신경과학 실험들은 대개 **행동**을 수량화하고, 결정 및 학습을 측정하고자 했다. 잘 변하는 주관적인 자기 보고와는 상관없는 측정치를 얻기 위함이다.

사람들이 행복과 웰빙에 관해 생각할 때, 보통 맨 처음 떠올리는 것은 쾌감과 만족이다. 그렇지만 행동을 수량화하면 대부분의 정의에서 빠뜨린 요소가 추가로 나올 수 있다. 바로 동기 혹은 "추동drive"이다. 많은 신경과학자가 동기와 추동 또한 행복의 핵심 요소라고 여긴다. 이전 장에서 동기와 추동은 "보상 추구", 즉 긍정적인 결과로 이어질 수 있는 태도 혹은 행동을 뜻했다(현실 세계의 쓰임과는 조금 다르게, 추동은 가능성 있는 보상을 얻거나 처벌을 피하려고 에너지를 들이는 일이 얼마나 가치가 있는지 가늠하는 과정도 포함한다). 가능성 있는 보상을 추구하는 일이 어떤 행동인지 학습하는 것은 (제3장에서 논의했듯이) 아주 중요한데, 애초에 보상을 추구하고자 하는 욕망 혹은 추동 자체도 중요하다.

추동은 "이 순간 얼마나 행복하다고 느끼나요?"와 같은 자기 보고 문항으로 잘 측정되지는 않는다. 그렇지만 웰빙의 전구물질(전 단계에 해당하는 물질/역주) 격으로 필수이며, 나아가 건강한 정신에도 필수이다. 아리스토텔레스는 "우리는 다른 어떤 이유가 아니라 행복이라는 이유만으로 행복을 선택한다"라며, 행복을 주목할 만한 특성이라고 했다. 그렇지만 삶에서 무엇이든 선택을 하려면 동기가 있어야 한다. 당신이 원하는 것을 추구하고, 원치 않는 것을 피할 욕망 말이다. 동기는 세상에서 긍정적인 경험을 찾아내고 반복하는 능력을 심어준다. 우리에게 동기가 충분하지 않다면 긍정적인 사건은 드물어질 것이고, 어떤 경우 웰빙은 도달하기 어려운, 아마도 닿을 수 없는 대상이 될 것이다.

이런 이유로 추동은 정신 건강의 근본 요소이다. 또 정신 건강의 구성 요소로서 추동을 측정하면 장점도 있다. 추동은 실제로 동물행동의 일반원칙이다. 모든 동물은 음식처럼 긍정적인 결과를 주는 대상으로 다가가는 쪽을 택하며, 통증처럼 불쾌한 결과를 초래할 수 있는 대상은 피하는 쪽을 선택한다. 추동 측정은 자기 보고 형식으로 쾌감 혹은 삶의 만족감을 측정하는 작업에 비해 중요한 장점도 있다. 웰빙의 행동적 측면으로 객관적 수량화가 가능하다. 누군가 어떤 결과를 얻기 위해서 얼마나 애쓰는지를 측정하면 되기 때문이다. 그래서 사람별 차이를 더 쉽게 비교할 수 있다. 더 중요한 것은, 감정을 묻는 문항에 답할 수 없는 동물을 대상으로도 측정할 수 있다는 점이다. 인간과 동물이 같은 것을 느끼는지 아닌지 추론하는 대신, 둘의 동일한 행동을 측정하고 기저에 비슷한 정신 과정이 있으리라고 추론할 수 있다. 이것은 추동을 측정하는 작업의 아주 중요한 과학적 이점이다. 앞서 "쾌감 유사" 혹은 "우울 유사" 행동 같은 표현을 썼는데, 이와는 달리 추동은 리사 펠드먼 배럿이 언급한 심리 추론의 오류에 빠질 일이 없다. 이 장에서 제시할 과학자들의 발견이 보여주듯, 추동은 정신 건강의 핵심 요소이다. 물론 웰빙이나 행복, 쾌감을 단독으로 대체한다고 보기는 어려운 상당한 단점도 있다.

***

최근 참석한 한 회의에서 유명 인사가 발표를 맡았다. 안타깝게도 과학자가 아닌 그는 청중에게 말을 잘 전달하지 못했다. 뇌의 경이로움에 관한 내용도 한 토막 등장했다. "신경과학자들은 이제 사람의 뇌에 있는 행복 스위치를 전기로 켜고 끌 수 있습니다!" 그 사람이 한 말은 나를 비롯하여 참석자 모두가 처음 듣는 정보였다. 다들 신경과학 연구자였는데 말이다. 이런 부분은 우리 분야의 일반적인 단점이다. 대중에게 인기를 끄는 만큼, 비과학자들이 동물 연구나 소규모 연구에서 결과를 집어

내어 지나친 해석을 덧붙이기 쉽다. 때로 너무 멀리 나가므로 원래의 연구가 뭔지 알기 어려운 지경에 이른다. 직함에 "신경"을 추가한 사람은 늘 이런 모습을 보인다. 회사 조직을 담당하는 신경 컨설턴트, 심리치료의 신경 언어 프로그래밍. 뇌에 관한 모호한 진술들이 매력 있게 다가가다 보니, 개인과 조직은 실험 과학의 불확실한 연구 결과를 근거로 주장을 내세울 수 있고, 사람들은 그 말을 청취하게 된다. "신경" 접두사를 보면 의심하시길, 그리고 "신경 어쩌고 헛소리"에 주의하시길 바란다.

덧붙이자면, 나도 저 유명 인사처럼 주장할 수 있으면 좋겠다. 책 후반부에서 살펴보겠지만, 내 연구는 행동 혹은 기분 같은 정신 상태를 바꾸기 위해서 뇌에 전기 자극을 주는 방법을 많이 쓴다. 증거가 꽤 확실히 나오고, 어떤 사람에게는 전기 자극이(여러 번에 걸쳐 자극을 전달하면) 우울증이나 중독 같은 정신장애에 효과를 보인다. 그렇지만 내가 아는 한 인간의 뇌에는 전기 자극을 써서 스위치를 켜고 끄는 "행복 스위치 happiness switch" 같은 대상이 존재하지 않는다.

"행복 스위치"로 언급하는 대상을 나는 알아내지 못했다(유명 인사는 곧장 발표의 핵심 주제로 넘어갔는데, 그 주제는 신경과학과 미약한 관계가 있을 뿐이었다). 그렇지만 생각해보니, 어떤 연구 결과를 가지고 "행복 스위치" 이야기를 꺼냈는지 짐작이 갔다. 버튼 한 번 눌러서 행복을 켜고 끄는 신경과학자에 가장 근접한 존재들이 있다. 실험 자체는 반세기 전에 이루어졌고, 실험 결과는 현대 신경과학의 탄생에 일조했다. 실험 결과가 행복을 늘리게 되었든 아니든 간에, 실제 이야기는 조금 더 복잡하며 (미리 경고하는데) 상당히 어둡다.

1954년 캐나다 맥길 대학교의 심리학과장은 도널드 헵이 맡고 있었다. 오늘날 헵은 역사상 가장 영향력 있는 신경과학자들 가운데 한 명으로 꼽힌다. 당신은 "신경가소성neuroplasticity"이라는 단어를 들어본 적이 있을 것이다. 뇌가 경험에 따라 변하고 적응한다는 개념이다. 신경가소성은 실제로 존재하며(그렇지만 신경 어쩌고 헛소리에서 흔히 오용되는 개념이다), 헵이 발견했다. 신경세포 하나가 점화되고 곧이어 다른 세포가 점화되면 둘의 연결이 강해진다. 즉 시간이 좀 지나면 첫 번째 세포를 자극하기만 해도 두 번째 세포의 점화를 유도할 수 있다는 것이다. 두 번째 신경세포는 세포의 활성화가 첫 번째 세포와 연관되어 있음을 "학습"했다. 그래서 연관 세포에 대한 반응으로 점화한다. 학부생들은 이 현상을 "함께 점화하면 함께 합쳐진다"라는 세련된 표현으로 기억한다.

오늘날 신경과학자들은 뇌세포의 적응 및 변화 능력을 "헵 가소성Hebbian plasticity"이라고 부른다(신경 과정에 이름이 붙다니, 질병에 이름이 붙은 의사들과 약간 비슷하다. 과학자의 발견은 과학자 본인보다 훨씬 유명할 수 있다). 1950년대에 헵은 이미 과학계에 이름을 널리 알렸으며, 유명한 책 『행동의 조직*The Organization of Behavior*』을 썼다. 책의 핵심 논의는 뇌 기능이 우리의 행동을 설명할 수 있다는 것이었다. 이 가설은 21세기의 우리가 보기에는 명백하지만(특히 이 책 제1장부터 제3장까지 읽은 독자라면), 몇십 년 전에는 그리 명백해 보이지 않았다. 그것은 아주 논쟁적이었다.

신경과학은 당시에는 신생 학문이었다. 오늘날 신경과학자들이 소속된 가장 큰 협회인 신경과학협회는 1969년이 되어서야 만들어졌다. 1950년대에는 뇌세포끼리 주고받는 전기 신호를 연구하는 몇몇 생물학자가 있었고, 대학 내 다른 학부 어딘가에 자리 잡아 행동을 연구하는 실험 심리학자들이 있었다. 헵의 시대에 협력하기 시작한 두 분야가 현대 신경과학의 원칙 다수를 세웠을 뿐 아니라, 정신 건강과 뇌를 통찰하여 오늘날 우리가 아는 학문의 기초를 닦았다.

헵의 저서를 읽은 과학자들 가운데 제임스 올즈라는 사회심리학자가 있었다.[120] 뇌가 행동의 기초라는 헵의 이론에 감명을 받은 올즈는 즉시 장학금을 타서, 캐나다에 있는 헵의 연구실로 달려갔다. 몬트리올에 도착한 올즈는 막 박사과정을 끝낸 피터 밀너라는 신경심리학자의 연구에 합류했다.* 그들은 희한한 짝이었다. 당시 대부분의 심리학자가 그랬듯이, 올즈 또한 신경과학 분야의 훈련을 받지 않았다. 그러나 본능적 직감에다 헵의 책을 자기 방식대로 해석한 내용을 더하여 아주 급진적인 발상을 키웠다. 밀너는 훗날 올즈에 관해 이렇게 썼다. "뇌의 기능에 관해 올즈처럼 무모하고 근거 없는 가설을 펼칠 학자를 생리심리학 분야에서 또다시 볼 수 있을 것 같지 않다."[120] 올즈가 무모하기는 했어도, 과학계에서 이런 뜻밖의 한 쌍은 크나큰 도약을 이룰 수 있다. 뇌 기능에 대한 빈약한 이해에 기반하여 대이론을 펼치는 심리학자와 고도의 훈련을 받은 세심한 신경생리학자가 해낸 연구는 신경과학계에 충격을 안겨주었다.

밀너는 연구원 올즈에게 쥐의 뇌 깊숙이 전극을 꽂는 방법을 가르쳐주었다. 그들은 뇌의 여러 부위에 전류를 조금씩 흘려보내 뉴런의 인공적 점화를 유도하여, 각 부위를 자극할 때 쥐의 행동이 어떻게 달라지는지 검사했다. 이 연구의 궁극적인 목적은 생존에 가장 기초적이고 근본적인 요소를 찾아내는 것이었다. 동물은 반복할 행동과 피해야 할 행동을 어떻게 학습할까? 그들은 세상의 긍정적인 대상을 추구하는 행위의 기저에 있는, 뇌의 어느 부위에서 보상을 향한 근본적 추동을 유발하는

---

* 피터 밀너는 1989년 「신경과학과 생물행동학 리뷰(*Neuroscience & Biobehavioral Reveiws*)」에 올즈와 함께한 연구를 다룬 어마어마한 분량의 글을 발표했는데,[120] 나 또한 그 글의 많은 부분을 참조했다. 아주 멋진 글로 적극 추천한다.

지 알아내고자 했다.

전극 이식은 아주 조심스럽고 꼼꼼한 외과적 작업이다. 올즈는 빠른 학습자이기는 했으나 매우 세심한 외과의 체질은 아니었다. 실험 초반의 어느 날, 무엇인가 잘못되었다. 올즈가 모르는 사이에 전극이 아주 살짝 빗나가 원래 계획과는 다른 부위에 꽂혔던 것이다. 중격 부위였다(훗날 밀너는 전극에 사용한 치과용 시멘트가 다 마르기까지 올즈가 기다리지 않은 것이 원인일 수 있다고 추측했다. 치과용 시멘트는 이식 전극의 위치를 유지하는 핵심 요소였다).[120]

밀너와 올즈는 실험이 끝나고 한참 뒤에야 전극을 잘못 꽂았다는 사실을 알게 되었다(사실, 그들의 실험에 관한 새로운 논문이 나온 뒤에야 깨달았다). 이런 기술적 실수를 모르는 상태로, 그들은 이식 전극을 켜고 끄면서 실험실 탁자 위의 쥐를 다루었다. 그들이 원하는 방향으로 쥐가 움직이면 자극을 더 세게 주어서 쥐를 통제하는 방식이었다. 쥐가 전기 자극을 즐긴다면 이런 방식대로 움직일 터였다. 실제로 쥐는 자극을 계속 받을 수 있는 행동(탁자 가로지르기)을 반복했고, 자극을 받을 수 없는 행동은 피했다. 올즈와 밀러는 흥분한 나머지 제정신이 아니었다. 그들은 쥐가 뇌에 자극이 오는 감각을 추구하는 것이 틀림없다는 가설을 세웠다.

그렇지만 쥐가 제 뜻으로 전기 자극을 추구한다는 가설을 입증하려면, 스스로 자극을 고르는 선택권이 있어야 한다고 밀너는 생각했다. 그래서 그들은 쥐가 뒷다리로 불안정하게 설 수 있는 상자를 만들었다. 상자 안 레버를 눌러야 뇌에 자극이 오는데, 레버를 누르려면 성가시게도 까치발을 해야 했다. 이 성가신 상황이 핵심이었다. 당신은 꼭대기 선반 속 쿠키를 꺼내려면 까치발을 해야 하는 상황이다. 그런데 선반에 퀴퀴

한 워터 비스킷밖에 없다면 굳이 까치발을 하지는 않을 것이다. 올즈와 밀너는 쥐가 뇌 자극을 위해서 발끝으로 서는 불편함을 감수하고 레버를 누르는 상황을 목격했다. 그들의 직감이 맞았다. 예상보다 훨씬 성공적인 연구였다. 관찰한 대로 쥐는 뇌를 자극하려고 레버를 누르고, 또 누르고 또다시 눌렀다. 자극이 뇌에서 어떤 효과를 내든 간에 쥐는 분명 그것을 좋아했다. 성가신 상황을 감수할 만큼 좋아했다.

연구 결과는 온갖 신문을 장식했다. **과학자들이 뇌의 "쾌감 중심지"를 발견했다**와 같은 내용이었다. 이후 올즈와 밀너는 쾌감을 주는 것 같은 그 자극이 실제로 어떤 작용을 하는지 알아내기 위해서 오랜 시간 연구했다. 그들은 그 자극을 조작적 강화인(특정 행동을 반복할 가능성을 높이는 자극/역주)으로 분류했다. 강화인은 음식이나 섹스처럼 동물이 에너지를 쓰게끔 동기를 부여한다. 그렇지만 처음부터 이 전기 자극이 유발하는 행동은 음식이나 섹스와는 달라 보였고 어쩐지 불길했다. 첫째로, 쥐들은 그저 약간의 뇌 자극을 받으려고 며칠 동안 레버를 수천 번 눌렀다. 아무리 눌러대도 자극의 양에 만족하는 것 같지 않았다. 레버를 너무 눌러대다 그만 탈진해서 늘어지는 쥐도 있었다. 쥐들은 레버를 누르기 위해서 전기 자극을 전달하는 전선과 연결된 상자 안을 기꺼이 오갔다. 자극을 포기하느니 차라리 굶어죽을 기세였다. 대체 쥐들은 무엇을 느끼는 것일까? 자극을 **좋아하는** 것일까? 뇌 자극을 받으면 **행복할까?**

아무도 알지 못했다.

이 책에서 살펴본 대로, 쥐에게 참이라고 해도 사람에게 반드시 참은 아니다. 여러 동물을 대상으로 실험한 결과 오늘날 알게 된 사실은, 올즈와 밀너가 쥐에서 발견한 행동과 똑같은 패턴이 금붕어, 기니피그, 큰돌고래, 고양이, 개, 염소, 원숭이에게도 나타날 수 있다는 것이다.[121] 당연한 일이겠지만, 그 시절 많은 신경과학자는 올즈와 밀너의 연구가 사람에게도 통하는지 필사적으로 알아내고자 했다.

오늘날 동료가 동물 실험에서 위의 결과를 발견하고 내게 전화를 걸어 쥐의 뇌 부위에 상응할 만한 인간의 뇌 부위를 자극해도 같은 효과가 있는지 알고 싶다고 말했다면 어떨까. 다음과 같은 일이 일어나리라. 실험의 윤리성을 소명하는 장황한 신청서를 작성하고, 동료들이며 학과장을 거쳐 적어도 독립윤리위원회 소속 전문가 한 명의 검토를 받는다. 몇 개월이 지나, 피험자 한 명을 보기도 전에 결국 실험은 기각당할 것이다("친애하는 노드 박사, 안타깝게도 다음의 소식을 전하게 되었습니다……"로 시작한 편지에는 "실제 사망의 위험"이라는 표현이 담길 것 같다). 그렇지만 이 어마어마한 양의 문서는, 우리 과학자가 실험에 신이 난 나머지 사람의 건강과 안전을 간과할 수도 있다는 뜻이다.

1950년대에는 누가 이런 전화를 받았든, 많은 관료주의적 장벽을 접하지는 않았다. 쥐 실험 이후 몇 년 뒤, 로버트 갤브레이스 히스라는 미국의 정신의학자가 최초로 인간을 대상으로 비슷한 실험을 했는데, 피험자 다수가 취약한 처지로 뇌장애가 있거나 범죄자였다. 히스의 실험에서 사람들은 외과적 처치를 통해서 전극을 이식받았고, 쥐처럼 뇌 자극을 원할 때마다 누를 수 있는 버튼을 받았다. "(이 실험의) 주요 동기는 치료의 목적이었다"라고, 초기 보고서 가운데 하나에 쓰여 있다. 우리 과학자 다수는 환자를 돕기 위한 목적으로 실험을 한다. 히스 또한 그랬으리라. 그렇지만 과학자 대부분은 짜릿한 발견, 새로운 지식을 얻는다는 유혹에서 벗어나지 못하기도 한다. 히스와 동료들이 주장한 바대로, 인간의 뇌에서 쾌감의 중심지를 찾아 과학적 명성을 얻겠다는 욕심 또한 분명 실험의 동기였다.[122]

그렇게 취약한 사람들의 뇌 심부를 표적 삼아 전극을 심는 일련의 실험이 이루어졌다. 처음에는 쥐와 똑같은 중격 부위에서 시작했으나, 다른 부위로 확대되었다(10개가 넘는 전극을 이식받은 환자도 있었다). 자극이 "명백히 즐거워 보이는 주관적 경험"을 유발하는 것은 확실했다.[121] 이 즐거운 경험은 때로 부적절해 보였다. 히스는 "환자의 기본 감정 상태나 방에서 논의한 대화 주제와는 상관없이, 뇌 자극을 받은 환자는 성적인 주제에 이끌렸고 보통 함박웃음을 지었다"라고 썼다(더 자세한 언급은 없다).[123] 또다른 보고서에 따르면, 어느 환자는 뇌 자극을 위해서 분당 40번쯤 버튼을 누르기도 했다. "흥미롭게도 환자들은 맛 좋은 음식을 제공해도 버튼 누르기를 쉬지 않았는데, 음식을 먹지 않은 지 7시간이 지났는데도 그러했다."[121] 실로 흥미롭다.

히스의 연구 방향에 이미 불길한 느낌을 받을 법도 한데, 잠시만 기다려보시라. 연구는 점점 좋지 않은 방향으로 흘러간다. 초기 설명을 보면, 다른 환자들에 비해 자주 등장하는 두 환자가 있다. 둘 다 신경과학 및 정신의학사에 기록된 끔찍하고 서글픈 일화의 주인공이다. 히스의 논문 「쾌감과 인간의 뇌 활동*Pleasure and brain activity in man*」에 따르면 다음과 같다.[122] 먼저, 환자 B-19는 대마초 소지로 구치소에 있었는데, 히스는 동성애 전환 치료를 목적으로 환자의 뇌 중격 부위를 자극했다.[122] B-19는 자극을 받는 동안 여성과 억지로 성관계를 맺어야 했다. 연구진은 이 실험이 성공했다고, B-19가 원래의 성적 지향에서 "치료되어" 이제 이성애자라고 밝혔다.[122] 실제로 뇌 자극이 어떤 감각을 환기했든 간에 B-19는 그 자극에 집착한 나머지 버튼을 수천 번 눌러댔으며, 연구자가 실험 세트를 걷어갈 때마다 한 번만 더 자극해달라고 애원했다.

두 번째 환자의 경우, 아래쪽 등의 추간판 탈출로 극심한 만성통증에 시달렸다.[124, 125] 오랫동안 항우울제를 복용하고 침술 및 경피 신경자극치료와 심리치료를 받았고, 척추 수술을 수없이 받았으나 만성통증에서 한시도 벗어날 수 없었다. 이 환자는 새로운 뇌 부위(시상)에 전극을 이식했는데, 나중에는 원래대로 돌아왔지만 수개월 동안 통증이 완화되었다. 그런데 환자의 가족에 따르면, 뇌 자극이 기묘한 부작용을 불러왔다. 통증은 줄었으나, B-19처럼 이 환자 또한 전극과 연결된 버튼을 종일 강박적으로 눌러대기 시작했다. 자극이 오는 때에 맞춰 버튼을 누르다 보니 손가락에 만성 피부궤양이 생길 지경에 이르렀다.[124] 그렇게 버튼에 집착하면서 환자는 무기력해졌다. 씻는 일을 비롯하여 어떤 활동과도 멀어졌다.

모든 윤리적 한계를 깨부순 연구를 어떻게 해석해야 할지, 솔직히 어렵다. 오늘날에는 이런 실험을 절대 하지 않을 것이다. 심지어 그 당시에도 다른 과학자들은 우려를 표명했다.[126] 요즘 독자라면 누구나(그리고 실험이 이루어진 당시에도 일부 독자는) 윤리적으로 우려할 부분이 적지 않을 것이다. 그만큼 과학적으로도 의문이 많지만, 일단 넘어가기로 하자. 그 무렵 많은 과학계 인사와 일반 대중은 뇌의 쾌감 영역을 발견했다는 사실에 너무나 흥분한 나머지 윤리적, 과학적 단점은 문제 삼지 않았다. 그렇지만 오늘날에는 의문을 품어야 한다. 히스의 발견은 정말 본인의 설명대로일까?

히스는 B-19가 느낀 감정이 쾌감이라고 설명했다. 환자들이 전체적으로 "주변 사람들이며 일반 환경에 대해 훨씬 긍정적인 모습을 보였다. 어떤 대화든 즐거운 주제로 진행했다"라고 썼다.[127] 그렇지만 환자들이 쾌감을 경험했다는 객관적 증거는 무엇일까? 심지어 사람을 대상으로 한 실험이기는 해도 환자의 경험을 히스가 해석한 것이니, 자료를 분석하는 최상의 방식은 아니다. 더 믿을 만한 실험이라면, 자극이 얼마나 좋았는지 환자마다 점수를 매기게 했으리라. 그렇지만 히스의 환자가 쾌감을 경험했다는 증거는, 쥐를 대상으로 한 실험의 증거만큼 강력하지는 않다. 두 실험 모두 중격 자극으로 인해 행동이 극단적으로 달라졌다. 어떤 경우 이 부위의 자극을 향한 추동이 음식이나 위생을 향한 기본적 추동마저 능가했다. 그렇지만 둘 다 자극을 받을 때 피험자가 어떤 느낌인지 알아보기가 무척 어려웠다. 쥐의 중격 부위를 자극할 때, 쥐가 뇌 자극을 받으려고 까치발 들기를 선택한 상황이 꼭 즐거운 경험을 의미할까. 알 수 없다. 자칫 심리 추론의 오류에 빠질 수 있다. 히스의 실험마저도 사람을 상대로 했으나 심리 추론의 오류에 빠졌을지 모른다. B-19 환자가 자극 외에는 아무것도 원하지 않았기 때문에 환자가 쾌감을 경험하고 있다고 히스는 추론했다.

내가 볼 때, 두 실험의 대상인 환자나 쥐 어느 쪽도 꼭 쾌감을 경험하지는 않은 것 같다. 많은 과학자가 같은 의견으로, 이 주제에 관한 논문도 엄청나게 많다.[125] 우리 분야에서 가장 영향력이 큰 신경과학자 가운데 한 명인 켄트 베리지(제1장에서 다룬 "쾌락 열점"의 전문가)는 히스의 연구에 관해 이렇게 논평했다. "그들이 그런 강렬한 쾌감에 대해 확실히 설명해주기를 기대한 사람이라면 누구나 실망했을 수 있다.…… 환자가 그 자극이 쾌감을 유발한다고 말한 적이 있는지는 결국 확실하지 않다. 쾌감을 표현하는 감탄사를 외쳤다는 보고도 없고, '와, 기분 좋다!'와 같은 문장조차 나오지 않았다."[125]

실험 대상인 쥐와 환자가 어떤 느낌이었을지 당신은 지금도 나름의 결론을 내릴 수 있다. 아무도 확실하게 알지 못하기 때문이다. 그래도 실험의 결과를 보면, 베리지 같은 신경과학자들이 주장한 대로 중격 부위의 자극이 그간 정신 건강에서 간과된 특성을 불러낸다는 의견이 신빙성 있어 보인다. 바로 동기 혹은 추동이다. 심지어 즐거움을 느끼지 않는 상황이라도 추동은 행복과 비슷해 보일 수 있다.

쥐의 경우, 중격 자극 때문에 전기충격 상자가 견딜 만했다(혹은 적어도 견딜 만한 가치가 있는 공간이었다). 인간의 경우, 보통 참기 어려워 보이는 상황이 참을 만한 상황으로 변했다. 음식을 먹지 않고 지내거나, 마음이 끌리지 않는 상대와 성관계를 맺는 일 말이다. 레버나 버튼을 열심히 누르면서 음식도 잊고 불편함을 기꺼이 감내하는 이 모든 상황은 환자가 정말로, 정말로 자극을 **원했음**을 가리킨다. 원함은, 무엇인가 긍정적인 가치가 있는지 여부를 가늠하는 한 방법이다. 그런데 쥐와 인간이 자극을 원하기는 해도, 쥐와 인간이 그 자극을 **좋아했다**는 증거는 사실상 하나도 없다. 사실, 많은 측면이 불쾌해 보인다. 내가 직접 시도해 볼 마음은 없다. 원함과 좋아함의 차이는 아주 중요하다. 나는 이 두 요소 모두 정신 건강의 핵심이라고 생각하지만, 둘은 뇌에서 매우 뚜렷하게 구분되며, 그 기저의 뇌 회로며 화학물질도 아주 다르다.

추동은 웰빙을 위해서 필요한 요소이지만, 쾌감을 직접 유발하지는 않는다. 그래도 삶에서 쾌감을 주는 것들 대부분을 획득하려면 추동이 필요하다. 이들은 서로 연결되어 있다. 그리고 사람이 욕망하는 대상은 이식된 전극을 통한 자극만이 아니다. 사람의 뇌 회로망이 "원할" 준비가 되어 보이는 대상은 다양하다. 물, 음식, 성관계 등 본질적으로 생존에 필요한 것들이다. 뇌의 "쾌락 중추"를 찾으려는 초기 실험들은 쾌락 찾기에는 성공하지 못했을지 모르지만, 대신 생존의 핵심 부위를 발견했다.

***

나는 옥스퍼드 대학교의 오래되고 곰팡내 나는 학부생 강의실에서 처음으로 올즈와 밀너의 실험에 관해 배웠다. 모르텐 크링겔바흐(역시 제1장에서 언급한 바 있다)가 맡은 강의였다. 그해는 친구들이 "엠캣MCAT"이라고 부른, 당시에는 합법이었던 마약의 존재에 눈길을 주지 않을 수 없던 때이기도 했다. 신문에서는 알 수 없는 이유로 이 약을 "야옹 야옹meow meow"이라는 은어로 지칭했다. 맨 처음 신문에서 언급할 때만 해도 내가 아는 "엠캣" 이용자들 사이에는 "야옹야옹"이란 표현이 그리 널리 퍼지지 않았으나, 워낙 기억하기 쉬운 표현이라 곧 다들 "야옹야옹"이라고 불렀다. 진짜 이름은 메페드론으로, 각성제의 일종인 암페타민이다.

당시 메페드론은 학부생 그룹에 여러 가지 다양한 효과를 불러왔다. 어떤 친구는 약 효과로 너무나 불안하고 혼란해진 나머지 울면서 엄마에게 전화를 했다. 또다른 학생은 한 달 동안 우울 삽화를 겪었다고 했다. 이틀 동안 복숭아 통조림만 먹은 친구도 있는데, "다른 음식은 전부 구역질 나서" 그랬다고 했다. 이를 가는 증상이나 입을 악다무는 불편한 증상에 시달린 사람도 많았다. 가장 눈길을 끈 현상은, 이갈이나 우울증이나 복숭아 통조림 섭취 같은 증상에도 불구하고 많은 사람이 **약에서 손을 떼지 않았다**는 점이었다. 이런 면에서 메페드론 복용은 버튼을 눌러 보상 중추 깊숙이 전기 자극을 받는 일과 무척 흡사했다. 즐거워 보이지는 않지만, 아무도 즐겁다고 말하지도 않지만, 그 행위를 계속 원하게 되는 무엇인가가 있었다.

사실 둘의 비교는 우연이 아니다. 전기 자극과 "야옹야옹"은 생물학적 공통점이 있다. 그것들은 똑같은 화학물질에 기대어 효과를 낸다. 새로운 화학물질은 아니고, 바로 도파민이다. 쥐의 뇌에 심은 전극을 자극하면 도파민 수치가 증가하는데, ("엠캣"과 비슷한) 암페타민 복용 후에도 증가한다. 제3장에서 살펴보았듯이, 도파민은 학습에서 아주 중요한 생물학적 메커니즘이다. 기대한 보상을 예측하는 단서를 알려줄 뿐만 아니라, 예상치 못한 보상(예측 오류)도 알려준다. 그런데 도파민의 역할은 학습에 한정되지 않는다. 전기 자극을 "원할" 때에도 아주 중요하다. 물론 이 과정에는 다른 화학물질도 관여한다. 전극을 잘못된 장소, 즉 도파민의 분비를 유도하지 못하는 장소에 꽂으면 쥐는 더 이상 자극을 향한 참을 수 없는 욕망을 품지 않는다.[128] 전기 자극 및 도파민의 분비에 영향을 미치는 약(엠캣 등)은 아주 강력한 "원함"을 유도한다. 이 "원함"은 그 경험이 반드시 즐겁지는 않다는 점에서, 제1장의 오피오이드 효과와 다르다.

"원함"이 반드시 즐거움을 제공하지 않는데도 웰빙의 핵심 요소인 이유는 무엇일까? 우리 뇌에 특정 대상을 "원하도록" 이끄는 메커니즘이 있다면 그럴 수 있다. 예를 들어 계속 생존하려면 먹고 마시는 행위가, 그리고 종 전체의 관점에서 보면 재생산하는 행위가 필수적이다. 그렇게 어떤 뇌 과정이 진화했다. 이 과정은 생존에 꼭 필요한 대상을 얻기 위해서 인간에게 동기를 부여하고, 불편함과 짜증을 참거나 지독한 노력을 투여하도록 이끄는 중요한 역할을 맡고 있다. 언뜻 보기에 "원함"은 우리의 웰빙에 별로 도움이 되지 않을 것 같은 대상이라도 우리가 계속 원하는 현상을 잘 설명해준다. 많은 사람이 성공할 가능성이 거의 없는 추상적 보상을 얻으려 하고, 엄청난 노력을 기울인다. "원함"은 그렇게 애쓰도록 만드는 메커니즘을 제공한다. 이 같은 뇌의 "원함" 과정을 인공적으로 활성화하면(약물을 쓰거나 전기 자극을 이용하면) 너무나 강렬하여 다른 모든 것을 무시하게 되는 욕망을 빚을 수 있다. 생존 회로들을 장악하기 때문에 가능한 일이다. 당신의 뇌에 이런 전극이 있어, 이 전극을 통한 자극이 이 세상에서 가장 중요하게 느껴진다고 상상해보

라. 배가 고프거나 목이 마르거나 졸려도 다른 일은 생각할 수가 없다. 이 압도적 욕망이 우리를 계속 살아가게 한다.

당신은 도파민을 처음 접하지는 않았을 것이고, 이번 논의가 끝도 아니다. 뇌의 모든 화학물질은 언제, 어디서 분비되는가에 따라 역할이 다양하다. 그러므로 "세로토닌은 행복을 담당하는 화학물질이다" 혹은 "도파민은 쾌감 분자이다"와 같은 대중적 과학의 요약을 믿어서는 안 된다. 뇌의 화학물질이 실제로 얼마나 많은 역할을 하는지 알아보기 위해서 도파민의 발견 과정을 전할 생각이다. 사실 이 이야기는 원함이나 학습에서 도파민이 맡는 역할과는 아무 관계가 없다. 그 대신 세 번째 기능인 운동에서 도파민이 맡는 역할과 관련이 있는데, 그 자체로 매혹적인 이야기이다.

도파민을 발견한 시기는 뇌에 전극을 이식해서 실험한 때와 같다. 1957년 젊은 스웨덴 과학자 아르비드 칼손은 "신경정신약물학의 가장 흥미로운 갈래"*에 뛰어들어, 도파민을 다룬 실험을 발표했다.[129] 사실 처음에는 아무도 믿지 않았는데, 당시 도파민은 뇌에 자체적으로 신호를 보내는 신경전달물질이 아니라 신경전달물질 노르아드레날린(또다른 역할이 있다)의 전구물질로만 여겨졌기 때문이다. 노르아드레날린의 활동에 흥미를 느낀 칼손과 동료들은 쥐와 토끼에게 심한 파킨슨병을 유발하는 약을 투여했다. 파킨슨병에 걸리면 몸의 움직임이 아주 힘들어진다. 이 약을 투여받은 동물은 마비가 와서 전혀 움직일 수 없다. 분명 약이 신경전달물질에 영향을 미친 결과 파킨슨병에 걸리게 된 것인데, 과학자들은 그 신경전달물질이 아마도 노르아드레날린이거나 세로토닌일

---

* 신경정신약물학은 약물이 뇌에 미치는 영향으로 행동(혹은 경험)에 어떠한 효과를 내는지 살피는 학문이다. 어떤 부위가 덜 흥미로울지 잘 모르겠다.

가능성이 있다고 보았다. 그래서 노르아드레날린 가설을 먼저 실험하기로 하고, 토끼에게 노르아드레날린 수치를 올리는 약을 투여했다.

하지만 그리 쉽지 않은 상황이었다. 이 가설의 실험은 까다로운데, 순수 세로토닌이나 노르아드레날린을 약이나 주사로 그냥 투입하면 뇌에 효과를 낼 수가 없다. 뇌에는 뇌혈관 장벽이라는 구조가 있는데, 혈류를 통해서 순환하는 많은 화학물질이 뇌로 오지 못하게 막아 잠재적 독소로부터 뇌를 보호한다. 이 장벽을 넘기 위해서 칼손은 뇌혈관 장벽을 통과할 수 있는 아미노산 레보도파L-DOPA를 동물에게 주사했다. 레보도파는 뇌에서 도파민으로 전환되며, 도파민은 노르아드레날린으로 전환된다. 그렇게 간접적 방식으로 노르아드레날린 가설을 확인하고자 했다. 보통 신체는 음식에서(치즈, 땅콩, 아보카도 등) 레보도파를 만드는데, 인공적 투여도 가능하다. 칼손은 동물의 파킨슨병이 노르아드레날린 결핍 때문이라면 레보도파가 이를 뒤집을 수 있다고 생각했다. 레보도파가 뇌에서 도파민으로 바뀌고, 도파민이 노르아드레날린으로 바뀌면서 결핍이 보충된다는 것이다. 칼손은 어쩌면 무모한 믿음을 품고 동물에게 레보도파를 주사했다.

놀랍게도 그의 가설이 맞았다. 레보도파는 상태를 완전히 되돌려놓았고, 쥐와 토끼는 다시 활기차게 움직였다. 그런데 가설이 틀렸다고 볼 수도 있었다. 동물의 노르아드레날린 수치에는 전혀 변화가 없었다. 노르아드레날린은 확실히 파킨슨병의 치료제가 아니었다. 그 대신 동물의 뇌에는 그 전에 없던 부위에 도파민이 가득했다. 지금의 우리가 아는 사실을, 드디어 칼손이 선명하게 파악하기 시작했다. 도파민이 노르아드레날린의 전구물질이 아니라, 그 자체로 신경전달물질이라면?[129]

세상을 바꾼 놀라운 의학적 연구였다. 약 10년 후 칼손은 당시 젊은 신경과 전문의였던 신경과학자 올리버 색스와 다시 레보도파를 사용했는데, 그 결과 수십 년 동안 수면병에 시달려 움직이지도 못하고 말도 못하던 환자들이 기적처럼 회복했다(이 환자들의 치료를 다룬 유명한 영화가 바로 「사랑의 기적」이다). 칼손의 실험으로 이득을 본 환자는 이들 집단에서 끝나지 않았다. 레보도파를 이용하여 쥐와 토끼를 회복시킨 칼손의 실험 덕분에 수백만 명의 환자가 회복되었다고 해도 과장이 아니다. 레보도파는 이제 파킨슨병 같은 운동장애를 겪는 환자들에게 쓰인다. 이 병은 뇌의 흑색질substantia nigra(이 멋진 이름은 도파민 신경세포에 있는 신경 멜라닌 때문에 검어 보이는 부위라서 그렇게 붙었다)에 있는 도파민 신경세포의 손실로 인해 생겨나는 신경퇴행성 질환이다. 동물의 파킨슨 증후군처럼, 파킨슨병에 걸린 환자는 도파민 신경세포의 퇴행으로 인해 몸을 쓰기 어렵다. 손을 뻗고, 자리에서 일어나고, 말하는 동작에 애를 먹는다. 움직임의 개시와 관련된 일은 모두 어렵다. 칼손의 발견 덕분에 우리는 레보도파라는 아주 효과적인 치료제를 얻었다. 레보도파로 뇌의 도파민 결핍을 보충하여 많은 사람이 말하기와 걷기 능력을 되찾았으며, 몸을 더 능숙하게 사용할 수 있게 되었다.

오늘날 우리는 뇌에 몇 가지 도파민 경로가 있고, 그 경로가 행동과 경험에 각각 다른 역할을 한다는 사실을 알고 있다. 예를 들어 보상을 주는 대상과 욕망의 대상(음식, 돈, 물)은 보상 및 처벌 과정의 다양한 측면과 관련된 도파민 체계 경로를 활성화하여, 우리의 행동에 동기를 부여한다. 이 체계에서 도파민이 맡은 역할은 동기 혹은 대상을 향한 "원함"을 키우는 것이다(또다른 역할은 제3장에서 논의한 보상 학습과 관련이 있다). 도파민의 역할은 올즈와 밀너의 전기 자극 실험이 시사하듯 중독과도 관련이 있다. 운동과 관련된 도파민의 경로는 다른 경로와는 해부학적으로 분리되어 있는데, 칼손이 레보도파 실험으로 발견한 바로 그 경로이다. 그렇지만 이 경로들이 해부학적으로 구분된다고 해도, 대부분의 약물은 이 경로들을 완벽하게 구분하지 못한다. 보통 선호하는 경로가 있어도 그렇다(동물의 뇌는 과학자들이 뛰어난 기술을 사용하여 약물을 선별적으로 전달할 수 있는 반면, 인간의 뇌는 아직 불가능하다). 약물을 특정 경로로 전달할 수 없다는 말은, 운동능력 개선을 위해서 투여한 약물이 보상 과정에 영향을 미칠 수 있음을 뜻한다. 또 그 반대의 상황도 일어날 수 있다. 비슷하게 파킨슨병처럼 도파민의 전체적 결핍을 유발하는 장애가 있다면, 그로 인해 움직임이 어려운 것도 도파민 세포의 손실로 인한 증상의 일부일 뿐이다. 보상 과정도 그렇고, 동기부여의 여러 측면이 흔히 달라진다.

이 같은 변화는 심한 손상을 유발할 수 있는데, 때로 운동장애 못지않다. 마이클 J. 폭스 재단의 스티븐 베르겐홀츠는 파킨슨병을 앓고 있는 당사자로서 "수년간 무기력에 빠져 있었다"라고 설명했다. 베르겐홀츠는 이런 질문을 던졌다. "뭐든 하고 싶은 기분이 전혀 들지 않는데, 이 무기력의 구덩이에서 어떻게 빠져나갈 수 있을까요?" 스티븐의 경험이 전하듯, 도파민 세포가 손실되면 파킨슨병을 앓는 환자는 인생 전반에 대해 암흑처럼 어둡다는 느낌을 받을 수 있고, 심지어 우울증 진단 기준을 충족하기도 한다. 스티븐의 경험은 임상에서 무감동apathy이라고 한다(그리스어 어원은 a-pathos, 즉 열정pathos이 없는a- 상태라는 뜻이다). 신경학자들은 무감동에 대해서, 정신적 혹은 육체적 노력을 쏟아야 할 대상을 향한 추동 혹은 동기가 없는 상태라고 정의한다.[130] 이 정의는 정신의학계의 무쾌감증 정의와 비슷해 보인다(이전에 보상이 주어진 행위에 대한 쾌감 혹은 추동이 없음).[130] 무감동과 무쾌감증은 겹치는 부분이 있지만 같지는 않다. 무쾌감증은 보통은 쾌감을 주는 행위에 대한 흥미 부재가 핵심으로, 그런 행위에 대한 경험이 아주 괴로울 수 있다. 반면 무감동은 **행위** 자체가 부재한 상태로, 노력이 필요한 일을 하려는 의지가 없을 뿐 경험 자체가 반드시 괴롭지는 않다. 일반적으로 (환자 당사자가 아니라) 파트너나 부양자가 증상을 보고한다.

무감동을 파킨슨병의 임상적 징후로서 처음 인식한 사람은 1890년대에 살페트리에 병원에서 일하던 의사 에두아르 브리소였다. 브리소는 파킨슨병 환자들이 "매사 무관심하고" "내면으로 위축된" 모습을 보인다고 기록했다. 브리소의 우아한 설명에 따르면, 이 증후군은 인간 내면의 운동 결핍으로, 겉으로 보이는 환자의 운동장애를 내면이 거울처럼 반영한 현상이다.[131, 132] 인간의 인지과정에서 운동이 맡은 역할에 관한 가장 아름다운 설명 중 하나는 전설적인 생리학자 찰스 셰링턴이 제시했다. 셰링턴에 따르면, "생각은 그저 뇌에서 일어나는 운동일 뿐이다."[133]

파킨슨병을 앓는 모든 사람이 추동 혹은 동기의 결핍을 경험하지는 않는다. 도파민의 역할이 다양하므로, 무감동을 경험하는 환자는 레보도파가 운동 문제를 개선하면서(운동 체계에 작용한다) 동시에 무감동 증상도 완화할 수 있다(보상 체계에도 작용한다). 안타깝게도 레보도파가 이렇게 다양한 효과를 내므로, 운동기능 회복을 위해서 도파민을 투여하다 보면 보상 경로에 너무 많은 도파민을 제공하는 결과를 낳을 수 있다. 혹은 그 반대 상황 또한 가능하다. 레보도파로 치료받는 파킨슨병 환자 가운데 일부 집단은 그 수가 적기는 하지만, 충동조절장애라는 심각한 부작용을 겪는다. 레보도파의 영향으로, 한 번도 도박 충동을 느낀 적이 없던 환자가 가진 돈을 다 써버리고 가족을 빚더미에 눌리게 한다. 또 이전에는 그러지 않았던 환자가 성욕과다증이 생겨 성행위에 집착하기도 한다. 폭식이나 다른 충동적 습관이 생길 때도 있다. 이 같은 부작용은 심각할 수 있고, 환자와 그의 가족에게 끔찍한 상황을 초래한다.

모든 환자가 충동조절장애를 겪을 것 같지는 않다. 레보도파를 복용하면 대부분은 약간 더 충동적으로 행동하기는 한다.[134] 그렇지만 충동구매, 성욕과다증, 병리적 도박, 폭식 같은 충동조절장애로 발전할 정도는 아니다. 만성통증 장애나 우울증, 다른 여러 질환에 대한 감수성이 그렇듯, 사람마다 신경생물학적으로 다르고 그에 따라 충동조절장애로 발전하기 쉬운 경우가 있다. 그렇지만 레보도파를 투여하지 않으면 절대 생기지 않을 것이다. 신경생물학은 운명은 아니지만, 운명이 움직이게 할 수는 있다.

당신이 레보도파로 치료를 받게 되었다면, 충동조절 문제가 생기는 소수의 환자에 포함될까? 파킨슨병은 다행히 상대적으로 드문 질환이라서 그 가능성은 절대 알 수 없을지도 모른다. 엠캣처럼 도파민 체계를 바꾸는 약은 그만큼 드물지는 않고, 약에 중독되는 경우 강박적 복용 같은 원치 않는 부작용을 겪을 수 있다. 이 세상의 많은 사람이 뇌에 도파민 분비를 유도하는, 중독성 있는 약물을 복용했다. 뇌의 "원함" 부위에 도파민 분비를 유도하는 (따라서 중독 가능성이 있는) 약으로는 알코올, 니코틴, 대마초, 헤로인, 암페타민, 코카인 등이 있다. 레보도파의 경우처럼, 이런 약을 한 종류 이상 먹었다고 해도 대부분의 사람들은 강박적 사용 장애로 빠지지 않는다. 그렇지만 충동조절장애가 그렇듯 도파민 체계의 작은 변화에 특히 취약한 일부 사람들이 존재한다.

레보도파의 영향으로 충동조절장애에 특히 취약해지는 사람, 혹은 도파민 세포의 결핍으로 무감동에 취약한 사람을 설명하는 몇 가지 이론이 있다. 겉보기에 그럴듯해 보이는 이론은, 무감동에 취약한 사람과 충동조절장애 혹은 중독에 취약한 사람이 "원함 스펙트럼wanting spectrum"의 양극단에 존재한다고 설명한다. 이 스펙트럼은 뇌의 도파민 차이에 따라 결정된다. 정상적이고 약물을 복용하지 않는 환경에서도, 일부 사람은 타고난 도파민 보상 예측 체계로 인해 특정 보상을 충동적으로 추구하고, 특히 강하게 "원하는" 경향이 있다. 그 보상이 쇼핑이든 섭식이든, 혹은 다른 것이든 상관없다. 타고난 도파민 체계의 차이가 레보도파의 복용으로 더 강화된다면, 충동성의 증가에도 더 민감한 반응을 보인다는 것이다. 약물을 복용하면 다들 충동성이 늘어나는데, 이들은 더 늘어날 수 있다. 한편, 스펙트럼의 반대쪽 끝에는 도파민 보상 예측 체계가 상대적으로 도파민에 덜 반응하는 집단이 자리한다. 이들은 무감동을 보일 가능성이 더 크거나, 아마도 우울증에 더 취약할 것이다. 안타깝게도 이 간단한 이론은 완벽히 들어맞지는 않는다. 예를 들어 많은 파킨슨병 환자가 무감동과 충동조절장애를 함께 보이는 이유를 설명할 수 없다.[135] 이야기는 더 복잡해야 한다(그리고 실제로 그렇다).

도파민은 단독으로 작용하는 대신 노르아드레날린, 세로토닌, 글루탐산, 오피오이드, 옥시토신 등 아주 긴 줄을 형성할 수많은 신경전달물질과 함께 작용한다. 그래서 이야기는 절대 간단할 수가 없다. 간단하다면, 아마 신경 어쩌고 헛소리이다. 이 신경전달물질들은 뇌의 가깝고 먼 곳에 신호를 전달하면서 생각, 운동, 기분, 수면, 감각을 비롯하여 우리가 떠올릴 수 있는 모든 경험에 영향을 미친다. 그런데 이 효과는 뇌에 있던 이전 과정이며 환경, 유전자를 비롯한 수많은 요인과 무관하지 않다. 때로 신경전달물질은 제 역할에 관해 단서를 남긴다. 그렇지만 우리가 그 단서를 이해하기까지 오랜 시간이 걸렸다. 심지어 오늘날에도 뇌에 전극을 이식한 환자가 버튼을 누를 때 **정말로** 무엇을 느꼈는지 논쟁이 이어지고 있다.

***

추동은 아리스토텔레스의 행복에 속하지 않는다. 쾌감(헤도니아)도 아니고, 삶의 만족감(에우다이모니아)도 아니다. 또한 웰빙이나 정신 건강 같은 현대 사회적 개념에도 속하지 않는다. 그래도 나는 추동이 건강한 상태의 본질이라고 생각한다. 어떤 추동이든 없다면 인생에서 긍정적인 대상을 추구할 수 없게 된다. 긍정적인 대상을 추구할 욕망을 잃어버리면(심지어 그 대상이 순간적인 행복만을 준다고 해도) 정신 건강에 지대한 영향을 미칠 것이다. 한편, 똑같은 추동이라고 해도 과다하면 정신 건강에 부정적인 효과를 낼 수 있는 행동으로 이어진다. 약물 중독, 성욕과다증, 상습 도박 등이 그것이다. 한쪽에는 무감동, 총체적 단절이 주는 안전함이 있고, 다른 한쪽에는 뇌가 원하는 것이면 무엇이든 습관적으로 과잉 소비하는 상태가 있다. 어쨌든 모든 동물은 이 사이에서 균형을 잡아야 한다.

이 장은 정신 건강에서 놀랍지만 필수적인 요소인 추동에 대해서 다루었다. 그런데 전극을 이식한 환자의 보고에서 알 수 있듯이, 추동은 정신 건강에 필요조건이기는 하지만 충분조건은 아니다. 우리의 기대, 이전 경험, 신체 전체의 기관 체계 모두 정신이 건강하다는 느낌에 일조한다. 효과가 있는 정신 건강 치료법은 그 정의상 이 부분을 공통적으로 다룬다. 치료법이 효과를 발휘하려면 우리의 주관적 기대와 경험을 바꿀 필요가 있는 것이다.

제2부에서는 정신 건강을 어떻게 증진할 수 있는지 살펴볼 것이다. 어떤 치료법이 왜 효과적인지 알아볼 것이다. 그런데 한 가지 확실한 점은, 정신 건강의 저하로 향하는 경로가 여러 가지이듯 질적 향상으로 나아

가는 경로 또한 적지 않다는 것이다. 그리고 이 경로는 무작위가 아니며, 개인마다 다른 뇌의 생물학적 상태를 봐야 한다. 개인의 뇌에 품고 있는 그만의 기대에 따라 "효과적" 치료법이 다를 수 있다. 이런 기대는 오랜 시간 학습을 통해서 의식적으로, 무의식적으로 형성되었다. 당신은 어떤 치료에 효과를 기대할 수 있고, 기대하지 않을 수도 있으며, 혹은 효과가 없으리라고 기대할 수도 있다. 이런 기대의 상태가 중요하다. 당신의 기대에 따라 진짜 신체 치료 혹은 심리치료의 효과가 더 커질 수도 있고, 사라질 수도 있다. 혹은 위약에 불과한 약의 효과를 완전히 믿게 될 수도 있다.

제2부

뇌를 통한 정신 건강의 증진

5

플라세보와 노세보

왕립 런던 병원 통합의학과는 내가 박사과정을 마친 신경과학부 맞은편에 자리한다. 1849년에 설립된 이 병원의 명칭은 한때 런던 동종요법 병원이었고, 일상 대화에서는 여전히 그렇게 부른다. 박사과정 시절 나는 건물 바로 바깥에 있는 광장 퀸 스퀘어에 앉아 점심을 먹었다. 퀸 스퀘어에 여러 병원 건물들이 있는 만큼 환자들도 줄을 이었는데, 일부는 무척 아파 보였다. 치료를 받기 위해서 건물에 들어가고 나오는 환자들을 보며, 내가 운 좋게도 삶을 위협받지 않고 일상을 영위하고 있다는 느낌을 가지지 않을 수 없었다. 어느 날, 대학 시절 알던 누군가가 동종요법 병원으로 가는 모습을 보았다. 우리는 대화를 나누었다. 그는 통증이 심한 만성질환으로 몇 년 동안 고생했다. 외과수술도 여러 번 받았고, 다른 치료도 받았으나 거의 효과를 보지 못했다. 한 친구가 동종요법을 권유했고, 괜찮을 것 같다는 생각이 들었단다. 그는 동종요법 병원에서 치료를 받기 시작했다. 기대와는 달리 만성 증상이 마침내 완화되었다. 느린 속도였으나 확실했다. 처음에는 믿을 수가 없었다. 완치는 아니지만 예전보다 상태가 좋아졌다. 동종요법이 과연 효과가 있을지 회의적이었는데,

경험이 회의론을 압도했다. "내가 동종요법을 믿게 되었다는 말은 아니야. 그렇지만 내겐 효과가 있었어." 그는 어깨를 으쓱했다. 이 장은 동종요법이 효과가 있는 이유를 다룰 것이다.

동종요법은 많은 사람에게 효과가 있다. 온라인에서 환자가 동종요법을 추천하는 글을 보면 이렇다. "이 치료의 효과는 분명 플라세보 placebo(위약) 효과가 아닙니다. 진짜입니다. 동종요법 치료의 효과는 아주 강력했고, 아주 좋았어요. 마음의 속임수일 리가 없습니다." 그렇지만 위약을 통제군으로 둔 임상시험을 살펴보면, 동종요법은 일관되게 위약보다 더한 효과를 내지 못하고 있다. 혹은 임상시험 결과를 다르게 볼 수도 있다. 동종요법은 위약만큼 효과가 있으며, 위약은 아주 효과가 좋다고.

건강이 좋아질 때는 보통 이유를 모른다. 신체 건강만이 아니라 정신 건강 또한 마찬가지이다. 유년 시절부터 우리는 감염에는 항생제가 효과를 보이고, 기침 억제제를 복용하면 기침이 잦아드는 경험을 해왔다. 이런 이유로 치료 후에 건강이 눈에 띄게 개선되면 치료 그 자체 덕분이라고 보는 것은 타당하다. 그렇지만 치료의 구성 요소 가운데 무엇이 건강 개선의 핵심이었는지 개인적 차원에서는 알 수가 없다. 심지어 치료가 그 구성 요소 때문에 효과가 있었는지, 아니면 우리가 언제나 치료하면 건강이 좋아지리라고 기대하기 때문에 효과가 있었는지 구분할 수도 없다. 특히 어떤 증상의 경우, 기대는 치료의 구성 요소만큼이나 강한 효과를 낼 수 있다. 우리의 신체 내부를 감지하는 주관적 감각은 경험을 통해서 쌓이므로, 경험 또한 신체 상태의 개선 혹은 악화에 영향을 미칠 수 있다. 즉 많은 사람이 위약 효과가 실제로 얼마나 강력한지 과소평가한다는 뜻이다.

사람들은 동종요법이 효과가 있다고 확신한다. 심지어 어떤 질병이든 동종요법의 효과가 위약을 넘어서지 못하는데도 그렇다. 그런데 그 이유는 위약이 대단한 효과를 발휘하기 때문이다. 몇 가지만 예를 들면 공포증,[136] 통증,[136] 과민성 대장증후군[137]을 효과적으로 치료할 수 있다. 다르게 말하면, 뭔가 "진정한 치료"처럼 느껴질 수 있어도 실은 기술적으로 "마음의 속임수"일 수 있다는 것이다. 물론 나는 동종요법이나 위약을 단순히 마음의 "속임수"로 여기지는 않는다. 그것은 너무나 하찮게 만들어버리는 설명이다. 위약 효과는 속임수가 아니라, 아주 유용하고 이점이 많은 뇌의 특성이다.

당신은 가능성이 없는 쪽으로 생각하고 싶을 수도 있다. 그렇게 심한 비난을 받는, 과학적으로 오해를 산 동종요법이 병을 치료했다는 믿음을 말이다. 그럴 만하다. 의심의 여지 없이 이해가 쉬운 설명이며, 다른 대안적 설명("위약 효과가 내 병을 고쳤다")은 당신의 질환을 덜 심각한 병으로 보이게 할 것이다. 심지어 당신이 병을 과장한 것처럼 보일 수도 있다. 그렇지만 이런 결론은 완전히 틀렸다. 아픔이 덜한 증상에만 위약이 통할 것이라고 추정하는 것은, 우리 사회가 유감스럽게도 생물학적 과정과 심리적 과정을 나누는 바람에 생겨난 아주 답답한 부작용일 뿐이다. 위약 치료 후에 건강이 좋아졌다면, 이를 부끄럽게 여겨서는 안 된다. 사람은 누구나 적절한 환경이라면 위약에 반응할 수 있다. 사실, 우리 모두 살면서 어느 시점에 이미 위약 효과를 누렸다. 그리고 이는 전혀 나쁜 일이 아니다. 우리의 건강과 웰빙에 변화가 오기를 기대하는 마음 덕분에 우리는 건강할 수 있고, 질병에서 회복될 수 있다.

위약은 왜 효과가 있을까?

위약은 정신의 힘을 키워 신체의 생리학을 바꿀 수 있다. 제2장에서 살펴보았듯이, 신체의 변화는 정신 상태를 바꿀 수 있다. 이는 신체 기관, 면역계, 식생활 등 여러 경로를 통해서 가능하다. 한편 위약은 이와 반대 방향으로 효과를 보인다. 정신 상태에 변화를 주어 신체에 강한 효과를 낼 수 있는 것이다. 심지어 당신이 동종요법을 믿지 않는 사람이라고 해도 동종요법은 당신에게 잘 맞을 수 있는데, 이는 위약 효과의 힘 때문이다. 당신이 동종요법 메커니즘을 믿든 믿지 않든 간에, 당신은 약을 먹으면 건강이 좀 좋아진다는 일반적인 믿음을 가지고 있다. 이 믿음은 오랜 시간 약을 먹은 뒤 건강이 좋아진 경험을 여러 번 겪으며 구축되었다. 알레르기로 막힌 코를 뚫는 일반의약품부터 통증이 심한 요로감염을 치료하는 고용량 항생제에 이르기까지 우리는 많은 경험을 했다. 특정 치료에 당신이 얼마나 회의적이든 상관없이, 이런 경험을 통해서 당신은 치료하면 건강이 좋아지리라는 전망이 합리적이라고 생각하게 된다. 꼭 의식적 믿음만을 가리키는 것은 아니다. 여기서 "믿음"이란 학습으로 얻은 강한 기대를 뜻한다. "사물은 아래로 떨어진다" 혹은 "하늘은 위쪽에 있다"와 같은 생각 말이다. 이런 이유로 약을 복용한 후 당신의 건강이 좋아졌다면, 이는 약 때문이거나 혹은 어떤 약이든 복용 후 당신이 기대하는 바를 몸이 따르고 있기 때문일 것이다. 혹은 두 가지의 조합이 원인일 수도 있다.

위약 효과는 단순히 비활성 알약을 소비하는 행위 이상의 의미가 있다. 심지어 약을 먹는 첫 순간부터, 이제 건강이 좋아질 것이라고 말하는 의사, 부모, 형제자매와 같은 존재들이 주위를 에워쌌을 것이다. 말이다. 이렇게 위약 효과는 다른 사람들, 의료 전문가와 친구, 가족 같은 다른 사람들의 확신에서 생겨난다. 기대의 원천이 다양하다는 말은, 당신이 회복에 대한 기대를 아주 조금이라도 품을 수밖에 없다는 뜻이다. 원인이 무엇이든, 건강이 좋아질 때마다 치료하면 회복된다, 혹은 약을 먹으면 건강해진다와 같은 믿음이 강화된다. 보통 당신의 건강은 결국 회복되므로, 약을 먹으면 건강해진다는 믿음은 시간이 지나며 점점 더 단단해진다. 이는 순환 효과를 가져온다. 믿음이 강할수록 다음번 치료가 효과를 보일 가능성이 증가한다. 바로 위약 효과를 통해서이다.

위약 효과는 약간 애매해 보일 수 있다. 내 말이 이렇게 들릴지도 모르겠다. 만일 당신이 스스로 건강하다고 믿는다면, 당신은 건강할 것이라고. 멋진 말일 수는 있어도 참은 아니다. 많은 질환이 위약 효과만으로는 고치기 어려울 것이다. 그러므로 당신은 화학요법처럼 위약보다 더 나은 치료법이 확립되어 있을 때는 동종요법을 써서는 안 된다. 당신은 화학요법을 비롯한 증거 기반의 치료법에서 유효성분과 위약 효과 둘 다 얻는다. 위약만 쓸 때보다 효과가 더 강력하다.

심지어 건강하다고 생각하면 건강하다는 말이 틀리지 않았다고 해도, 믿음을 바꾸는 일은 절대 쉽지 않다. 당신의 믿음과 기대는 보통 세상에 관해 학습하며 형성되지만, 겉으로 잘 드러나지는 않으며 무의식적으로 작동한다. 일부러 긍정적인 생각을 하려는 노력만이 전부는 아니다. 예를 들어 당신은 특정 색깔의 알약이 다른 색보다 효과가 있다고 생각한 적이 한 번도 없을 것이다. 그렇지만 조건이 다 같아도 푸른색 캡슐이 더 빨리 잠들게 해줄 것처럼 보인다.[138] 한편, 빨간색 가짜 알약은 류머티즘성 관절염에 특히 효과적이며, 세 가지 일반 진통제만큼이나 효과가 있다고 한다.[139] 노란색 가짜 알약은 그렇지 않다. 우리는 약의 색깔과 효과가 어떤 관계인지 의식적으로 생각하며 살지는 않는다. 아마도 "푸른 색 약을 먹으면 졸려"라고 생각한 적은 한 번도 없을 것이다. 그렇지만 분명 우리 다수에게는 색깔과 치료 사이의 관계에 대한 통념이 있다. 이 같은 통념은 우리가 이전의 경험을 통해서 기대를 형성하기에 생겨나며, 이 기대가 치료의 효과에 영향을 미친다. 위약 효과는 바로 이 수준의 믿음에 작동하는 것이다.

수술처럼 구체적인 사건조차 위약 효과의 영향하에 있다는 사실에 당신은 놀랄지도 모르겠다. 어느 유명한 임상시험을 예로 들어보면, 반월상 연골파열로 무릎을 수술한 결과는 무릎의 안정성, 통증, 운동성을 따져보았을 때 위약 수술의 결과와 다르지 않았다(위약 수술은 수술하는 척만 하는 것으로, 실제 수술만 빼고 다 한다).[140] 심지어 첫 수술 이후 1년이 지나고 후속 처치가 필요한 환자의 수 또한 진짜 수술이나 위약 수술이나 비슷했다. 위약 수술을 받은 환자들 중 후속 수술이 필요한 환자의 수는 의미 있는 수준으로 더 많지는 않았다(물론 1년이 경과한 환자의 수 자체가 너무 적어 효과를 확신할 수는 없다).

위약 효과는 심지어 속이는 척할 필요조차 없다. 당신이 위약 효과가 일어난다는 사실을 완벽히 인지해도 그 효과를 피할 수는 없다. 예를 들면 과민성 대장증후군을 앓는 환자는 소위 "오픈 라벨open label"로, 실험 관계자에게 위약이라는 말을 듣고 복용해도 임상적으로 개선된다. 그냥 사탕 알약이라는 사실을 알아도 위약 효과의 작용을 막을 수 없다. 환자들은 어떤 처치도 받지 않은 환자들에 비해 과민성 대장증후군이 완화되었다.[141] 위약 효과를 다 아는 상황에서도 효과가 나타난다면, 이 효과는 실험 순간에 주어진 능동적 지식보다 훨씬 더 깊은 차원의 믿음에 영향을 미칠 것이다. 우리는 약이 위약임을 **의식한다**(혹은 동종요법이 어떤 생리적 과정에도 직접 영향을 미치지 않는다는 사실을 알고 있다). 그렇지만 뇌의 어떤 중대한 학습 과정이 약과 진료는 어쨌든 증상을 개선한다는 오랜 믿음을 전달하는 것이다.

위약은 약물치료에서 아주 중요하다. 효과적인 치료법이 있는 상황에서도 위약만 쓰라는 뜻은 아니다. 그렇게 되면 사람들은 더 나은 개입을 받지 못할 수도 있다(물론 유용한 상황도 있는데, 예를 들면 약을 서서히 줄이다가 끊는 상황에는 도움이 된다). 그래도 우리가 받는 효과적 치료법은 이미 위약 효과의 도움을 받고 있다. 알약의 특정 색깔이 주는 이득처럼 당신이 품은 기대는 치료의 효과를 강화할 수 있다(혹은 사라지게 할 수도 있다). 약이든 다이어트든 수술이든 상관없다. 이 기대를 제거하면 어떤 약은 그만큼 유용하지 않다. 그렇기에 신약 임상시험에서는 반드시 위약 집단을 포함한다. 참가자에게 위약을 주어, 어떤 치료든 참가자의 기대만 있는 경우 얼마나 효과적인지 측정한다. 어떤 증거 기반의 치료든 위약 효과에다 추가적 효과를 더하여 작용한다.

심지어 증거 기반의 치료는 위약 효과에 어느 정도 의존한다. 옥스퍼드 대학교 아이린 트레이시의 연구실에서는 다음과 같은 실험을 했다. 참가자에게 열을 가하는 기구로 통증을 유도했다. 그리고 강한 오피오이드 진통제를 투여하고, 그 전후로 통증의 수준을 평가했다.[142] 연구진이 진통제를 투여하고 있다는 사실을 알리자, 참가자의 통증 수치가 상당히 떨어졌다. 그런데 속임수가 하나 있었다. 연구진이 참가자에게 진통제 투여 사실을 알리기 전부터 진통제가 주어지고 있었다. 참가자가 통증의 완화를 기대하기 시작하자(예를 들어 사실을 전해 들은 뒤부터), 투여 사실을 알기 전보다 통증이 2배로 완화되었다. 이처럼 강한 진통제를 투여하여 얻는 기본적인 통증 완화조차도 위약 효과에 부분적으로 기대고 있다.

위약 효과는 반대의 효과도 낼 수 있다. 같은 실험에서 참가자들은 진통제 투여가 중단되었다는 설명을 듣자 다시 통증이 심해졌다고 보고했다.[142] 약은 참가자 모르게 계속 효과를 내고 있었는데도 말이다. 치료에 대한 부정적 기대가 통증을 줄이는 약효를 없앨 수 있음을 보여주는 사례이다. 긍정적이든 부정적이든 기대 심리 자체는 불가피하며, 치료 효과에 상당한 변화를 줄 수 있다.

동종요법이 효과적인 의학적 개입법과 공유하는 것은, 정신 건강 치료의 경우 바로 당신이 새로운 음식을 시도하거나 새로운 약을 먹거나 심리치료 과정을 시작하면서 기대하는 마음과 같다. 치료 효과가 있든 없든 그러하다. 위약 효과는 보통의 의학적 치료에서 중요하다. 다만 이상 미각 증상이 생길 수는 있다. 그리고 위약 효과 덕분에 건강이 좋아진 사실을 알게 될 경우, 본인의 증상이 덜 현실적이고 그리 타당하지 않다는 느낌을 받는 사람이 많다. 이 같은 낙인만 극복할 수 있다면 위약 효과의 속성은 임상에서 잘 활용할 수 있다. 흔히 쓰는 수면제는 많은 경우 중독성이 있거나 달갑지 않은 부작용이 있다. 기억상실, 환각 같은 증상이 그렇다. 훗날, 의사들은 위약으로 기대를 강화하는 "속임수"를 쓸 수 있다. 예를 들면 유효성분이 적거나 아예 부재한 푸른색 알약을 처방하는 것이다. 혹은 더 짧은 기간 동안 약을 처방하거나 아니면 더 적은 용량을 처방한 후, 효과적 치료를 기대하는 심리를 수면제가 얼마나 키우는지에 대한 문헌을 제공하는 것이다. 의사는 특정 소염제를 위약으로 대체함으로써, 여러 가지 약을 쓰는 환자의 의학적 위험을 줄일 수 있다. 기대를 강화하는 조건에서 위약이 특정 소염제만큼 효과를 보인다면 가능한 일이다. 우리의 잠재적 기대를 이용하면서 위약 효과의 잠재적 힘을 최대화한다면, 환자는 더 효과적으로 혹은 더 적은 부작용을 경험하며 치료를 받을 수 있다. 약의 용량 줄이기, 치료 기간의 단축, 심지어 비활성 위약으로 치료를 대체하는 일도 이에 해당한다.

위약에 존재하는 뇌의 기반

믿음처럼 추상적인 대상이 어떻게 신체와 뇌에 실제적 변화를 가져올 수 있을까?

간단한 설명으로 시작해보자. 위약을 먹으면 뇌의 여러 부위에서 활동이 감소하는데, 통증 처리 및 신체 지각과 관련된 부위도 마찬가지이다.[143] 강한 위약 효과를 경험하는 사람은 이 같은 부위의 활동이 더 크게 줄어든다. 의사결정과 보상, 처벌 과정과 관련된 뇌 부위 또한 그렇다고 한다.[143] 위약으로 달라지는 뇌 부위가 여러 군데라는 것은, 위약이 주의부터 정서, 의사결정까지 뇌의 여러 과정에 효과를 발휘한다는 뜻이다. 그리고 각각의 위약 효과는 주어진 상황에 따라 뇌의 체계와 연결된다.

가장 중요한 점은, 당신의 뇌는 당신이 어떤 일을 기대하는지에 따라 변화한다는 것이다. 당신은 약을 복용하며 통증 완화를 기대할 수도 있고(플라세보 효과), 통증이나 증상이 더 심해질 것이라고 기대할 수도 있다(노세보nocebo 효과). 위에서 언급한 아이린 트레이시 연구실의 실험에서는, 진통제가 통증을 줄여줄 것이라고 연구진이 참가자들에게 알리자 참가자들의 통증이 상당히 감소되었다. 이는 통증 지각을 차단하는 뇌 부위가 활성화되면서 나타난 결과이다.[142] 그렇지만 같은 진통제가 통증을 증가시킨다는 이야기가 전해지자, 진통제는 참가자들의 통증을 감소시키지 못했고 통증 억제 부위를 활성화하지도 못했다. 그 대신 참가자들의 부정적인 기대는 해마 및 내측 전전두피질 같은 뇌 부위의 변화를 가져왔다. 이 부위들은 통증 반응의 강화와 관련이 있다고 여겨졌다.[144] 그러므로 진통제를 투여한 당신의 뇌에는 단순히 약의 화학적 특성뿐만 아니라, 약의 조합과 당신의 기대치가 반영되어 나타난다. 당신이 약을 먹고 통증이 완화된 경험이 있다고 해도, 그것은 약뿐만 아니라 약과 기대의 조합이 원인인 셈이다. 제1장에서 통증에 대한 정서적 상태가 어떤 효과를 발휘하는지 살펴본 바 있다. 부정적인 정서적 상태는 통증으로 인한 불쾌감을 강화하고, 긍정적인 정서적 상태는 통증으로 인한 불쾌감을 완화시킨다.[145]

뇌의 위약 효과는 통증 강화나 억제 관련 부위에 국한되지 않는다. 위약이 어떤 효과를 보일지는 당사자가 품은 구체적 기대에 따라 달라진다. 파킨슨병의 경우, (제4장에서 논의했듯이) 도파민 수치를 증가시키는 레보도파로 치료하는데, 위약 또한 같은 체계를 통해서 도파민 수치를 증가시킨다. 그 수준은 파킨슨병 환자가 위약에서 얼마나 많은 이득을 인지하는지에 따라 다르다(도파민 체계와 오피오이드 체계 모두 위약의 통증 완화와 관련이 있다는 점에 주목하자).[146, 147] 짐작하겠지만, 정신 건강의 증상은 위약 효과의 영향에서 벗어나지 않는다. 다른 증거 기반의 치료처럼 효과적인 정신 건강 치료법은 위약 효과의 도움을 받고 있다. 이 책 후반부에서 다룰 많은 심리치료와 약물치료는 암묵적으로 혹은 명시적으로 당신의 기대를 변화시킨다. 환자에게 이 치료법들이 효과가 있는지 없는지는, 결국 세상에 대한 환자의 잠재적 믿음을 얼마나 잘 바꾸는지 혹은 바꾸지 못하는지에 달려 있다.

정신질환 증상에 효과적인 위약은 뇌의 체계에 광범위한 영향을 미친다. 예를 들어 (가짜) 약이 기분을 좋게 해주리라고 기대하면 뇌의 오피오이드 체계에 변화가 나타난다. 마치 오피오이드 약물이 유발한 것처럼(혹은 제1장에서 논의했듯이 웃음이나 다른 쾌감이 유발한 것처럼) 말이다.[148] 기대가 오피오이드 체계에 더 큰 영향을 미치는 성향의 사람이라면, 약 복용으로 장기간에 걸쳐 기분이 향상될 가능성이 크다. 그리고 개인의 오피오이드 체계가 가짜 항우울제에 반응하는 정도를 보면, 위약 복용 1주일 후 기분이 얼마나 향상되었는지 알 수 있었다.[148]

위약에 대한 개인별 민감성은 위약에 대한 반응만을 예측하지 않는다. 같은 연구에서, 위약에 대한 오피오이드 반응은 10주 동안 항우울제(위약이 아니라 진짜 약)로 치료하는 경우 얼마나 회복될지를 예측했다.[148] 이는 위약과 실제 약물에 대한 반응이 서로 얼마나 얽혀 있는지 보여주는 전형적인 사례이며, 위약과 항우울제가 작용하는 경로가 같다는 점을 시사하기도 한다. 진실은, 우리 모두 어떤 약이든 복용할 때마다 위약 효과로 이득을 본다는 것이다. 어떤 사람들은 운 좋게도 혜택을 조금 더 많이 본다. 당신이 감지한 약의 효과는, 당신의 뇌가 위약에 얼마나 민감한지에 따라 다를 수 있다. 또한 정신 건강의 문제와 관련되면, 위약에 무엇인가 특별한 것이 있을 수 있다.

앞에서 논의했듯이 위약 효과의 기저에 있는 과정, 즉 기대가 당신의 신체적, 정신적 경험을 조절하는 힘은 전반적인 정신 건강을 구축할 때 아주 중요하다. 일상을 구성하는 수많은 정신 활동이 이를 보여준다. 방 구석에 놓인 무엇인가를 보고 당신은 이렇게 반응할 수 있다. **저 실루엣은 그림자일까, 아니면 유령일까?** 혹은 펍에서 동료와 어색하게 술을 한잔하고 이런 생각을 할 수 있다. **나는 다른 사람들이 좋아하는 사람일까, 싫어하는 사람일까?** 모든 사건은 불확실한 데가 있으므로, 우리는 세상에 대한 답을 구할 때 이전 경험에서 생겨난 기대를 활용한다. 위약이 어떻게 작동하는지 이해하면 일반적으로 믿음이 우리의 신체적, 정신적 경험에 어떻게 변화를 주는지 이해할 실마리를 구할 수 있다. 정신 건강 치료법이 어떻게 효과를 내는지에 대해서도 단서를 얻을 수 있다.

정신 건강 치료법에서 위약 활용하기

위약이라고 하면 사람들은 보통 먹는 약을 떠올린다. 그렇지만 위약 효과는 비약물치료에서도 중요하다. 검증이 훨씬 더 어려울 뿐이다. 정신 장애의 약물치료는 어마어마하게 강력한 위약 효과를 낸다고 알려져 있다. 그래서 가능성이 있는 신약을 시험하는 일이 무척 어렵다(임상시험에서 기존의 정신과 약물을 비교군으로 사용할 때도 있다. 신약이 위약만큼 효과적이지는 않지만 이미 쓰이고 있는 약보다 효과가 좋으면 그렇게 한다). 심리치료의 효과를 검증하는 일은 훨씬 더 어렵다. 심리치료는 위약 집단에 해당할 확실한 비교 그룹이 없다. "이중 맹검double-blind", 즉 치료에 관해 참가자도 연구진도 알지 못하는 조건이 성립하지 않는다. 참가자는 본인이 치료받는 중인지 아닌지 알고 있고, 치료사들은 치료를 진행하고 있는지 아닌지 알고 있다. 그래서 과학자들이 새 치료법을 생각해내도 위약보다 효과가 있는지 검증하기가 어렵다. 새 치료법과 비교할 위약 치료가 존재하지 않으므로, 다수의 새 치료법은 비교군으로 "대기 명단에 이름 올리기"를 사용한다. 이는 여러 가지 이유로 문제가 많은데, 대기 명단에 이름을 올린다고 해서 치료에 대한 기대가 생기지는 않기 때문이다(그래서 위약 효과와 비교할 수 없다). 사실 환자들은 대기 명단에 이름을 올리면 건강이 더 나빠질 수도 있다. (아파서 치료가 필요한 상황일 때) 대기를 하면 짜증이 나고 불쾌해지기 때문이다(예를 들어 위약 통제군이 아니라, 부정적인 기대를 품는 노세보 통제군이 되는 것이다!).[149] 더 나은 설정으로는, 임상의와 규칙적으로 만나되 구체적 치료 개입 대신 치료 지식을 전하는 교육을 진행하는 경우가 있다("심리교육"). 그렇지만 이런 만남이 실제로 효과적 치료가 될 가능성도 있으므로,[150] 이 또한 심리치료에서 진정한 위약이라고 할 수는 없다. 그런데 내가 볼 때, 위약과 심리치료에는 또다른 문제가 있다. 효과가 있고 믿을 만한 여러 심리치료법은 위약의 핵심적 효과와 유사한 데가 있다. 심리치료 또한 흔히 믿음, 기대, 해석을 바꾸는 것을 명시적 목표로 삼는다.

다음 장에서 논의하겠지만, 위약 효과와 같은 과정을 이용하는 치료법은 심리치료뿐만이 아니다. 여러 심리치료법의 목표는 기대를 바꾸는 것이다. 지각과 해석의 과정에 변화를 주어 궁극적으로 기대를 바꾸거나(다음 장에서 논의할 텐데, 약물치료가 보통 이런 식이다), 아니면 세상을 재해석하여 결국 기대에 변화를 주는 것이다(여러 심리치료법의 핵심으로, 제8장에서 논의할 것이다).

위약은 정신적, 신체적 웰빙을 유지하는 뇌 체계를 이용하여 이 세상의 사건을 학습하는 내용과 해석하는 방식을 바꾼다. 위약은 쾌감, 통증, 신체적 상태와, 생리적 상태, 학습, 동기에 변화를 가져다줄 수 있다. 각각의 체계가 우리의 기대에 따라 달라지기 때문이다. 위약은 신체 건강도 바꿀 수 있는데(보통 "위약 효과"라고 언급한다), 이 과정은 다른 정신적 상태(스트레스, 우울, 쾌감)가 신체 건강에 변화를 가져오는 방식과 같다. 비슷한 뇌의 경로를 통해서 일어나는 것으로 보인다.

그렇지만 아쉽게도, "그냥 긍정적으로 사고하라"와 같은 말은 여전히 겉만 번지르르한 충고이다. 당신이 정말로 힘들 때는 어떤 식으로도 도움이 되지 않는다. 그것은 심리치료나 다른 정신 건강 치료법을 대체할 수가 없다. 어떤 정신 상태에서는 마음을 고쳐먹는 일 자체가 거의 불가능하다. 믿음이란 세상이 얼마나 좋은지 혹은 나쁜지에 관해 우리가 오랫동안 쌓아온 기대일 텐데, 이런 기대는 무척 뿌리가 깊어 극복하려면 많은 경험이 필요하다. 더 좋지 않은 점은, 기분이 그렇듯 기대 또한 자기 강화 능력을 품고 있다는 것이다.

당신이 우울할 때 "그냥 긍정적으로 사고하라"와 같은 충고를 따르기 어려운 이유 가운데 하나는, 우울한 시기의 경험이 미래는 좋지 않으리라는 기존의 부정적인 믿음을 훨씬 더 튼튼하고 견고하게 만들 수 있기 때문이다. 당신이 좋지 않은 일을 기대하는 쪽으로 학습한 경우, 기대보다 훨씬 나쁜 사건이 일어나면 당신의 기대도 바로 부정적인 쪽으로 가버린다. 기대보다 그리 나쁘지 않은 사건이 일어나도 학습하는 속도가 훨씬 느려진다.[151]

반면 당신이 앞으로 일어날 일에 관해 긍정적인 기대를 오랫동안 쌓아왔다면, 뜻밖의 긍정적인 사건이 일어나는 경우 당신의 기대는 훨씬 더 긍정적인 방향으로 간다. 그리고 뜻밖의 부정적인 사건이 일어나도 기대가 부정적으로 변하기까지 더 오래 걸린다.[151] 요약하자면, 당신의 믿음은 자기강화적이다. 당신의 기대가 당신의 학습에 영향을 미치는 것이다. 그렇기에 심리치료가(그리고 대부분의 정신 건강 치료법이) 사람들의 믿음을 바꾸기까지 꽤 오랜 시간이 걸리고 여러 과정과 관계가 있는 것이다(제8장 참고).

우리의 믿음이 여러 가지 다양한 경험을 통해서 구축되는 만큼, 여러 가지 다양한 사건을 통해서 도전받고, 재구성되고, 개혁될 수 있다. 정신 건강 치료법은 서로 매우 달라 보이지만, 뇌에 미치는 핵심적 효과는 공통적이다. 치료가 효과를 보이면 우리의 기대가 변하고 정신적, 신체적 건강에 큰 변화가 일어난다.

위약은 대부분의 사람들에게 해답이 될 수 없다. 그 대신 세상에 대한 사람들의 예측을 바꾸는 다른 개입법이 존재한다. 직접 기대를 바꾸고자 하는 방법은 흔히 오랜 시간이 걸린다. 또한 기대를 쌓기 위해서 활용하는 정보에 변화를 주는 방법도 있다. 환각성 약물 복용처럼 아주 드문 급성 경험이 믿음에 변화를 줄 수도 있다. 적어도 한동안은 그럴 수 있다. 그렇지만 정신 건강 치료법은 대체로 서서히 기대를 바꾸고 경험을 축적하여, 결국 세상에 대해서 더 긍정적인 기대를 품는 방향으로 나아간다. 다음 장에서는 현재 정신장애의 치료법이 어떤지, 미래의 치료법은 어떨지에 대해서 살펴볼 것이다. 이 치료법들이 기대와 관련된 뇌의 연결망에 어떤 변화를 주는지, 그리고 이 같은 생물학적 변화가 장기간에 걸쳐 어떻게 정신 건강을 증진하는지도 알아볼 것이다.

6

항우울제는 어떻게 효과를 발휘할까

당신은 항우울제를 복용한 적이 있는가? 만일 그렇다면, 정신 건강의 개선을 위해서 약을 처방받은 이 세상의 수백만 명에 합류한 셈이다. 나는 언젠가 항우울제를 시험 삼아 복용했다. 열여덟 살 때였는데, 친구가 알약을 하나 주었다. 선택적 세로토닌 재흡수 억제제, 즉 "SSRI" 계열의 약이었다. 당시에는 그 일이 뭔가 관습에 거스르는 느낌으로 다가왔다. 알고 보니 지루한 일이었다. 내 기분에 그 어떤 영향도 미치지 않았다.

직접 약을 먹어보았다면 이미 알고 있을 것이다! 대부분의 항우울제는 당신을 당장 행복하게 만들어주지 않는다. 하루치의 항우울제 복용이 기분에 어떤 효과를 미치는지 알아보려면 보통 몇 주는 기다려야 한다. 신기한 일이다. 항우울제를 1회분이라도 복용하면 뇌의 세로토닌이 증가해 화학적 작용이 일어나기 때문이다(가장 흔히 처방되는 SSRI 계열이면 그렇다). 세로토닌 수치가 증가해 실제로 기분이 향상된다면, 항우울제가 효과를 내기까지 왜 그렇게 오랜 시간이 걸릴까?

아마도 당신은 몇 달간 항우울제를 복용했을 것이고, 기분 향상에 아무런 도움이 되지 않아 짜증이 날지 모르겠다. 정신 건강 개선은커녕 달갑지 않은 부작용까지 겪었을지 모른다. 항우울제가 모든 사람의 뇌에서 똑같이 작동한다면, 왜 모든 사람에게 효과가 있지 않을까?

우울증의 화학적 결핍

구글에서 "항우울제가 효과가 있는 이유"에 대해서 검색해보면 다양한 설명을 보게 될 것이다. 어떤 설명은 과학이 전적으로 다 알지는 못한다고 할 것이다(꽤 정확하다). 다른 주장으로는, 항우울제로 인해 "뇌세포가 메시지를 쉽게 주고받는다"라는 설명도 있다(나는 이 주장이 어떤 의미인지 잘 모르겠다). 인터넷에서 가장 흔한 비전문적 설명은 항우울제가 우울증 환자의 뇌에 있는 화학적 결핍을 "고친다"라는 내용이다. 흔히 이런 식이다. "당신이 우울하면 뇌에 세로토닌이 충분하지 않다는 것이다. 항우울제는 당신의 세로토닌 수치를 정상으로 돌려놓는다! 그렇게 우울증을 고친다." 이 설명은 아주 흔하고, 직관적이며, 유용하다고 말하는 사람도 있지만, 역시 정확하지는 않다.

실제로 이 설명은 예전의 지식으로서는 참이었다. 20세기에 가장 유명한 생물학적 이론은, 우울증 환자에게는 세로토닌을 비롯하여 뇌의 여러 가지 화학물질이 부족하다고 보았다. 이 발상은 파킨슨병 환자에게 도파민이 부족한 경우처럼(제4장 참고) 뇌의 화학적 결핍이 뚜렷하게 나타나는 질병에서 영향을 받았다. 그런 질병을 고칠 때와 같은 방식으로, 세로토닌 같은 뇌의 특정 화학물질의 수치를 증가시키는 약물치료를 통해 기분을 끌어올리고, 우울증의 다른 증상도 완화할 수 있다는 것이다. 과학자들은 애초에 화학적 결핍이 분명 존재한다는 식으로 받아들였다.

우울증의 화학적 결핍 이론은 우연히 탄생했다. 과학에서 우연한 발견을 언급하는 예의 바른 표현은 "뜻밖의 발견serendipitous finding"이다. 훨씬 우아하면서도 덜 당황스러운 표현이라는 점에 다들 동의할 것이다. 그렇지만 실제로 우연한 발견이기는 했다. 1952년 과학자들이 치명적인 병인 결핵을 고치려고 애쓸 때였다. 더 나은 치료법이 간절했던 의사들은 결핵 환자를 치료할 신약으로 개발된 이프로니아지드iproniazid를 사용해보았다. 그렇지만 곧 뜻밖의 낯선 부작용을 깨달았다.[152] 이프로니아지드 치료를 받은 결핵 환자가 삶에 새로운 활력을 보이기 시작한 것이다. 심지어 몇몇 환자는 희열을 느끼기도 했다. 이들은 보다 사교적인 태도를 보이게 되었고, 식사를 잘하고 잠도 잘 잤다.[152-154] 긍정적인 효과만 나타나지는 않았다. 일부 환자는 짜증을 내고 불안한 모습을 보이거나 평소와는 다르게 행동했다. 이프로니아지드가 결핵 환자의 기분에 무엇인가 영향을 미친다는 것은 확실했다. 이 놀라운 사건에 의사들은 생각했다. 만일 이프로니아지드가 기분을 조절할 수 있다면, 이 약은 다른 환자들도 치료할 수 있을지 모른다. 식욕과 수면이 늘고 사회성이 증가하는 부작용으로 진정한 이득을 볼 환자들, 바로 중증 우울증 환자들 말이다. 그래서 의사로 구성된 여러 집단이 우울증 환자를 대상으로 이프로니아지드 임상시험을 시작했는데, 몇 주 동안 복용한 후 기분이 상당히 개선된 환자가 전체의 약 70퍼센트에 이르렀다.[155]

이프로니아지드가 최초의 항우울제라고 말하는 사람들도 있다. 나는 그다지 동의하지는 않는데, 조금 더 빠른 시기에 암페타민이 우울증 치료용으로 처방되었기 때문이다. 암페타민은 단기간에 우울증을 개선한다. 유향 같은 약재는 훨씬 더 이전에 쓰였다. 사실 "최초의 항우울제"가 무엇인지 딱 집어 말하기 어려울 수 있다. 그래도 이프로니아지드는 오늘날 가장 널리 사용되는 항우울제와 비슷한 첫 번째 세대였다. 뇌의 특정 화학물질을 표적으로 삼았던 이프로니아지드는, 우울이 화학적 결핍 때문이라는 대중적 이론에도 영향을 미쳤다.

우울증이 화학적 결핍 때문이라는 이론은 정확히 말하자면 모노아민monoamine 결핍 가설이다. 이 장황한 이름은 이프로니아지드의 화학작용에서 따왔는데, 이프로니아지드는 모노아민 산화효소 억제제라고 불리는 계열의 약물에 속한다. 이 계열의 약물은 모노아민을 분해하는 특정 효소를 억제한다. 그 효소를 억제함으로써 모노아민 산화 억제제는 모노아민의 농도를 높인다(세로토닌, 노르아드레날린, 도파민 등이 모노아민에 속한다). 모노아민 산화 억제제의 작용으로 인해서 신경세포가 이 화학물질들을 이용하기가 더 쉬워진다.

모노아민 결핍 가설의 논리는 이러했다. 이프로니아지드가 모노아민 농도의 증가를 통해서 기분을 개선시킨다면, 우울증 자체가 뇌의 모노아민 결핍 때문에 생긴다는 것이다. 몇몇 연구는 이를 뒷받침했다. 의학적으로 뇌의 모노아민 농도를 대폭 줄인다면, 환자들은 심각한 우울을 느낄 수 있다. 수많은 보고에 따르면, 모노아민 농도를 줄이는 특정 심혈관계 약을 고용량으로 복용한 환자들은 아주 우울해져져서, 몇몇은 전기경련요법으로 치료를 받기도 했다.[156, 157]

이런 결과들은, 표면적으로는 우울증에 대한 모노아민 가설을 뒷받침하는 것처럼 보인다. 모노아민의 농도를 낮추는 약이 사람을 우울하게 만들 수 있다면, 그리고 모노아민의 농도를 높이는 약이 우울증을 치료할 수 있다면 우울증은 뇌의 모노아민(세로토닌, 도파민, 노르아드레날린)이 부족한 상태임이 틀림없다. 그렇지만 이런 주장에 힘을 실어주는 증거조차도 과학자들이 설정한 방향이 맞다는 보장은 할 수 없다. 가설의 처음 두 부분(모노아민 농도의 증가가 기분을 개선할 수 있고, 모노아민 농도의 감소가 기분을 악화시킬 수 있다)이 사실이라고 해도, 우울증에 반드시 결핍이 존재한다는 뜻은 아니다. 사실 "할 수 있다"라는 표현은 많은 의미를 내포하는데, 이제 알아볼 것이다.

오늘날, 모노아민 가설을 엄격하게 고집하는 사람은 그리 많지 않다. 요즘 이 가설은 세로토닌에 초점을 맞추면서, (요즘 가장 흔히 쓰이는) 세로토닌 농도를 올리는 새로운 계열의 항우울제를 다룬다.* 프로작(플루옥세틴), 시탈로프람, 설트랄린, 파록세틴, 에스시탈로프람은 모두 이 계열에 속한다. 세로토닌 가설은 대중적으로 널리 알려졌다. 이는 제약회사들이 세로토닌을 표적으로 삼는 항우울제를 대중에게 알릴 수 있었다는 점에서 편리하기는 했다. 우울증 환자와 가족에게 문턱이 높지 않은 생물학적 설명을 제공했다는 점에서 더욱 유용했다. 정신의학적 약물을 복용한다는 낙인도 흐리게 만들 수 있었다.

그렇지만 모노아민/세로토닌 결핍이 우울증을 일으킨다는 가설의 핵심은 이제 그릇된 것으로 밝혀졌다. 적어도 10년 이상 많은 과학자가 받아들였으나 틀렸다. 우울증 환자의 뇌에서는 세로토닌 체계에 변화가 일어난다는 증거가 일부 있기는 하지만,[116] 모든 연구 결과에서 세로토닌 체계의 변화가 나타나지는 않는다.[158] 변화가 존재한다고 해도 우울한 상태 그 자체에 꼭 들어맞지 않을 수도 있다. 내가 당신에게 세로토닌 수치를 낮추는 음료를 주었다고 하자(실제로 존재하는 음료로 실험에서 사용한다. 그리 먹음직스럽지는 않은 밀크셰이크이다. 세로토닌을 만드는 아미노산만 뺀 모든 아미노산이 들어 있다). 당신이 이전에 우울

* 그렇지만 오늘날, 또다른 계열의 흔한 항우울제는 세로토닌 체계뿐만 아니라 노르아드레날린도 표적으로 삼는다. 둘록세틴과 벤라팍신이 그 예이다.

삽화를 경험한 적이 없는 한, 이 음료 때문에 기분이 특별히 눈에 띄게 변하지는 않을 것이다. 그렇지만 경험이 있다면 우울증 증상을 쉽게 유도할 수 있다.[159] 세로토닌은 우울증과 일부 관련이 있지만, 전부는 아니다. 세로토닌 수치가 우울증의 어떤 측면과 관련이 있을 수도 있고, 일부 사람에게는 특히 그렇겠지만, 우울증 자체는 단순한 화학적 결핍을 넘어선다는 것이 많은 과학자의 입장이다.

우울증이 세로토닌(혹은 모노아민) 결핍이 아니라고 해서, 세로토닌 체계를 표적으로 삼는 항우울제가 증상 개선에 효과가 없다는 말은 아니다. 이 주제를 놓고 지금도 많은 주장이 오간다. 세로토닌 결핍 가설이 전체를 설명할 수 없다고 하자, 세로토닌은 우울증과 아무 관계가 없고 이론 전체가 항우울제를 판매하려는 마케팅 신화일 뿐이라는 비난이 바로 이어졌다. 그러나 이런 요약 또한 정확하지 않다. 세로토닌의 수치가 낮으면 어떤 사람은 우울증이 생길 수 있다. 다만 세로토닌 그 자체는 우울증의 필요조건도, 충분조건도 아니다.[159] 세로토닌 표적 약물(그리고 다른 모노아민 표적 약물)은 분명 우울증을 개선한다. 그 효과가 사람마다 다르고, 약의 종류마다 다르지만 말이다.[160] 약은 효과가 있을 때는, 아주 잘 작동한다. 그렇지만 약의 역할이 꼭 화학적 결핍을 바로잡는 것은 아니다. 사실 약이 작용하는 방식이 훨씬 더 흥미로울 수 있다.

항우울제가 효과를 보이기 위해서 그토록 오랜 시간이 걸리는 이유는 무엇일까?

세로토닌 가설(나는 10대 시절 우연히 배웠다)에서 설명이 되지 않는 부분은 보통의 항우울제가 세로토닌 수치를 올리기는 하지만 기분이 개선되려면 몇 주의 시간이 걸린다는 점이다.[161] 이 말은 단순히 세로토닌 수치가 증가한다고 해도 우울증 증상을 즉시 완화시키기에는 충분하지 않다는 뜻이다. 이렇게 증가한 상태는 긴 시간 유지되어야 한다. 기분이 개선될 때까지 이어져야 하는 것이다. 왜 그래야 할까?

옥스퍼드 대학교의 교수 캐서린 하머는 항우울제가 효과를 보이기까지 그렇게 오랜 시간이 걸리는 이유를 알아내고자 했고, 그 결과 항우울제의 작용에 관한 설득력 있는 이론을 세웠다. 이 이론은 항우울제가 어떤 사람에게 통하는지에 대해서도 단서를 제시할 수 있다. "인지" 이론으로 알려진 이 이론은 항우울제가 사람의 생각과 기억, 지각 등의 방식을 바꾸는 과정을 다룬다. 그리고 뇌의 부위와 이런 뇌 기능이 어떻게 상응하는지 살핀다. 뇌세포 혹은 회로의 생물학적 활동만을 다루는 여타 이론과는 다르다.

이제껏 우리를 둘러싼 세상을 해석하고, 우리의 내면을 해석하는 방식이 정신 건강의 핵심이라고 논의했다. 이런 해석은 대부분은 정서적 판단이다. 예를 들어 당신의 뇌는 매일 애매모호한 사회적 상호작용을 어떻게 해석할지 결정한다. 그리고 이 결정은 당신의 기분과 정서에 큰 영향을 미친다. 어느 날, 복도에서 동료 옆으로 지나가는데 동료가 당신을 무시한다. 그가 당신을 은근히 싫어하나? 아니면 그냥 그때 정신이 다른 데 팔려서 당신을 보지 못한 걸까? 당신이 이 애매모호한 상호작용을 해석하는 방식이, 세상을 전체적으로 어떻게 보는지 알려준다. 어떤 사람은 첫 번째 설명, 즉 당신의 동료가 남몰래 당신을 싫어한다는 쪽을 선호할 수 있다. 또다른 사람은 중립적 설명을 받아들여 당신의 동료가 그냥 관심이 다른 곳에 가 있었다고 추정할 수 있다. 주어진 정보가 같아도 어떤 설명을 계속 더 선호하는가의 문제가 "정서적 편향emotional bias"이다. 정서적 편향은 자동적이고 습관적이며 뿌리치기 어렵다. 삶이 온통 불확실하고 모호한 것들로 가득하므로, 정서적 편향은 삶의 모든 측면에 색을 입혀 세상이 부정적인 장소라는 일반적 인식을 쌓아 올릴 수 있다.

실험에서 사람의 정서적 편향을 측정할 때는 화난 표정에서 무표정까지 일련의 얼굴을 참가자에게 쭉 보여준다. 확실히 화가 난 얼굴도 있고, 분명 그렇지 않은 얼굴도 있으며, 그 중간 어딘가에 있는 얼굴도 있다. 각각의 얼굴이 어떤 정서 상태인지 참가자에게 물어보면, 제시된 얼굴이 확실한 정서 상태를 보일 때는 대부분 의견이 일치한다(동료가 지나가면서 당신의 얼굴을 바라보며 "넌 쓸모가 없어"라고 말하는 상황에 상응하는데, 이런 상황을 관계의 좋은 신호라고 해석하는 사람은 별로 없다). 그렇지만 정서가 애매모호한 얼굴은 사람들이 서로 다르게 본다. 약간의 분노가 어린 얼굴을 볼 때, 어떤 단계에서 저 얼굴이 화난 상태라고 단정짓게 될까? 얼굴에 20퍼센트나 30퍼센트 정도의 분노가 보일 때, 여전히 표정 없는 얼굴이라고 말할 사람도 있고 화난 얼굴처럼 보인다고 말할 사람도 있다. 놀랍지는 않은데, 우울증을 앓는 많은 사람이 이 같은 지각적 판단 문제에서 흔치 않은 정서적 편향을 보인다. 만일 당신이 우울하다면 부정적인 정서로 급격히 전환되는 지점, 즉 티핑포인트가 보통 낮다. 당신은 모호해 보이는 대상에 대해서 중립적인 쪽보다는 부정적인 쪽으로 편향되어 있다. 이런 부정적인 정서적 편향은 단지 표정의 지각에 그치지 않고 여러 분야로 확장된다. 우울증이 있는 사람은 부정적인 대상을 더 잘 기억하며, 우울증이 없는 사람에 비해 부정적인 정서적 단어에 관심이 더 쏠린다.[162] 부정적인 정서적 기억, 부정적인 지각 및 해석에 치우친 이 같은 편향은 시간이 흐르면 결국 자기 자신과 세상에 대한 부정적인 믿음과 기대를 만들어낼 수 있으며, 우울한 기분이나 동기의 부재, 식욕부진 같은 우울증의 여러 가지 핵심 증상에 일조한다. 이 이론에 따르면, 우울증은 정서적 티핑포인트가 변하면서 일어난다.

항우울제는 이 정서적 티핑포인트를 바꾸면서 효과를 낸다. 그리고 몇 주가 걸리지 않는다. 아주 빨리, 때로는 바로 작용한다. 항우울제를 1회분만 복용해도 당신은 미묘하게 행복한 얼굴에서 행복을 인식할 수 있고, 긍정적인 일을 더 잘 기억할 수 있다.[163, 164] 정서적 티핑포인트의 이 같은 차이는 뇌에도 나타난다. 항우울제 복용 전, 우울증 환자의 편도체는 부정적인 정서적 정보에 과잉 반응을 보인다.[165] 편도체는 정서의 처리 및 해석과 관련이 있으며, 학습과 기억 및 의사결정에도 관여한다. 부정적인 정서적 편향의 존재를 설명할 때 흔히 편도체 활성화의 차이 때문이라고 한다. 사람들은 부정적인 정보를 더 잘 기억하고 더 관심을 주는데, 편도체의 차이가 원인이라는 것이다(그렇지만 편도체에만 국한된 문제는 아니다. 보통 우울증 환자의 경우 부정적인 정보 처리가 강화된 모습을 보이는데, 이 감정을 처리하는 뇌 연결망에 편도체도 속해 있다).[166] 항우울제 1회분은 뇌가 정서적 정보를 표현하는 방식을 바꿀 수 있고, 편도체의 긍정적인 감정에 대한 활동을 늘리면서 부정적인 감정에 대한 활동은 줄일 수 있다.[167] 핵심은, 항우울제는 낮은 수준의 정서 처리에 즉각적으로 변화를 일으키며, 뇌의 정서적 티핑포인트를 더 긍정적인 방향으로 전환시킨다는 것이다.

하머와 그의 동료인 옥스퍼드 대학교의 신경과학자 필립 카우언은 이를 깔끔하게 요약했다. 항우울제는 기분을 즉각 끌어 올리는 대신, "당신이 세상을 바라보는 방식"을 바꾼다.[168] 당신이 우울해서 항우울제를 먹는다고 하자. 약이 효과가 있으면, 당신을 몰래 무시한 그 동료가 당신을 싫어한다는 생각을 덜하게 될 것이다. 동료가 그냥 다른 데 정신을 쏟고 있었다고 생각하게 될 수도 있다. 이메일이 빠르게 오갈 때도, 상대가 당신의 아이디어를 바로 거부했다고 보지 않고 그냥 급한 상황이라고 생각하며 읽어볼 수 있다. 항우울제는 당신이 더 부정적인 해석을 선택하지 않게 해준다. 당신의 정서적 편향은 약간 더 중립적인 쪽으로 옮겨갔다.

우울증 환자가 세로토닌 결핍이 아니라고 해도, 항우울제의 심리적 효과로 인해 일상의 사건을 더 긍정적인(혹은 덜 부정적인) 방향으로 해석하게 되어 기분이 개선될 수 있다. 사실 이런 효과는 세로토닌 항우울제뿐만 아니라, 뇌의 다른 화학물질인 노르아드레날린을 표적으로 삼는 약도 마찬가지이다.[163] 이는 뇌의 결핍 상태가 아니라, 뇌의 정서 처리 체계를 표적으로 삼는 치료 메커니즘이다. 정서 처리 체계는 세로토닌, 노르아드레날린, 도파민 등 여러 화학물질의 영향을 받는다.

이렇게 세상에 관한 긍정적인 해석과 부정적인 해석이 즉각 미묘하게 달라지면, 결국에는 당신의 기분도 개선되기 시작한다. 세상의 정보를 처리할 때 일어난 작은 변화가 쌓여서 주변을 지각하는 방식이 근본적으로 변하는 것이다. 시간이 흘러 주변 세상을 조금 더 긍정적으로 해석하는 사례가 많아지면, 뇌가 주변 세상을 담아내는 그림에도 이런 해석이 반영된다. 마침내 당신은 이 같은 전환을 기분과 정신 건강의 전체적인 변화로 경험할 수 있다. 이것이 항우울제가 궁극적으로 효과를 내는 과정이다.

정신 건강은 당신이 개인적으로 경험하고 해석한 과거의 사건들이 쌓이는 과정에서 좋아질 수 있다. 당신은 이전의 경험을 따져가며, 앞으로 어떤 일이 일어날지 평가하게 된다. 이렇게 세상에 대한 긍정적인 기대와 부정적인 기대가 쌓이고, 이를 토대로 방금 일어난 일을 해석할 뿐 아니라 미래를 일반적으로, 또 구체적으로 예측한다. 당신의 해석은 새로운 기대에 반영되고, 그렇게 당신을 둘러싼 세상에 대한 "모형"이 점진적으로 세워진다. 흥미롭게도 항우울제가 효과를 발휘하는 이 같은 "상향적" 방식(처음에 정서 처리에 생긴 아주 작은 변화들이 쌓이고 쌓여, 세상에 대한 기대와 해석에 더 큰 변화로 나타나는 방식)은 여타 우울증 치료와 다를 수 있다. 심지어 어떤 경우 완전히 반대 방식으로 작동하는 치료법도 있다(제8장의 심리치료 참고). 항우울제가 작동하는 방식에 대한 설명은 애초에 우울증이 왜 생겨나는지에 대한 설명이기도 하다. 정서적으로 부정적인 정보에 편향되면, 이 편향이 점차 축적되어 우울증이나 혹은 비슷한 정신질환에 취약해질 수 있다. 과학적 증거도 존재한다. 우울증 환자와 가까운 관계인 사람(그래서 우울증의 유전적 위험이 있는 사람)은 우울증 증상이 하나도 없다고 해도, 흔히 비슷한 부정적인 편향을 보인다.[169] 아주 부정적인 인생의 사건들(이혼, 죽음, 정신적 외상)로 인해 사람들이 세상을 바라보는 이 미묘한 방식이 장기간에 걸쳐 변할 수 있다. 그리고 이 같은 변화는, 어떤 경우 주요 우울 삽화의 구성 요소가 되기도 한다.

세상의 모든 것이 긍정적이지는 않다. 모든 것이 긍정적일 수도 없다. 그러니 부정적인 편향이 있다고 해서 그 자체로 치료의 대상은 아니다. 장애도 아니고 병리학적 상태도 아니다. 부정적인 편향이 있다고 해서(당신은 분명 그럴 가능성이 있다) 바로 우울증으로 고생하게 되고, 항우울제를 복용하게 된다는 보장은 없다. 그런 사람이 있을 수는 있다. 그렇지만 많은 사람이 아주 부정적인 해석을 하면서도 그냥 잘 지낸다.

아마도 그들은 친구들이 인정하는 아주 재미있고 예리한 관찰력을 지녔을 것이다. 이런 경우 항우울제가 필요 없다. 고칠 부분이 없으므로. 부정적인 편향은 세상의 정서적 정보를 처리하는 다른 방법일 뿐이고, 개인적 특성과도 비슷하다. 그래서 우울증에 걸리기 쉽겠지만, 꼭 걸린다는 이야기는 아니다. 그렇지만 우울증이 있는 사람의 경우 우울한 기분과 피로, 불면증(혹은 수면과다) 등의 증상으로 삶이 아주 힘들 수 있다. 이런 상황이라면 부정적인 편향을 표적 삼아 항우울제를 사용하여 뇌의 정서적 정보 처리 방식에 변화를 주는 방법이 회복을 위한 한 걸음이 될 수 있다.

***

이 장에서는 주로 우울증이 있는 사람에 관해서 논했다. 그렇지만 부정적인 정서적 정보 편향은 우울증에만 국한된 것이 아니다. 부정적인 편향은 만성통증,[170] 불안장애,[171] 양극성장애,[172] 조현병[173] 등의 질환을 앓고 있는 사람에게도 나타난다. 즉, 부정적인 편향은 우울증에 특화된 것이 아니라, 정신 건강의 질적 저하를 부르는 일반적인 위험 요인일 수 있다. 마찬가지로 "항우울제"라는 일상적 표현을 보면, 이 치료가 우울증 진단 기준을 충족한 사람들만을 대상으로 삼는다고 생각할 수 있다. 그렇지 않다. 항우울제는 폭식 장애부터[174] 과민성 대장증후군까지[175] 온갖 종류의 질환에 아주 효과적이다. 당신이 어떤 이유로 약을 먹든, 약은 세상에 대한 정보를 보다 중립적이거나 긍정적인 정서적 방향으로 처리하여 당신이 긍정적인 부분이나 좋은 기억, 사건에 대한 유리한 해석에 관심을 보이도록 한다. 여기서 사건이란, 당신의 몸 밖에서 일어나는 사건뿐만 아니라 몸 안에서 일어나는 사건도 해당할 수 있다.

항우울제가 내게 효과가 있을까?

항우울제가 언제나 효과를 보이는 것은 아니다. 사실 항우울제는 복용하는 사람의 절반가량에게 효과가 있다. 어떤 진단을 받았든 상관없다. 당신이 복용한 적이 있다면 이미 알고 있을지도 모르겠다.

항우울제가 더 잘 듣는 환자가 있다는 사실은 이미 이프로니아지드의 초기 임상 연구에서 밝혀졌다.[155] 심지어 그때도 이 새로운 치료법은 일부 환자에게는 놀라운 결과를 보이지만, 다른 환자에게는 쓸모가 없다는 사실이 명백했다. 오늘날의 많은 우울증 환자는 한 가지 이상의 약물이나 요법을 시도하여 효과가 있는 치료법을 찾는다. 이제껏 항우울제를 다 합쳐서 하나로 언급했는데, 사실 항우울제는 서로 차이가 있어 사람마다 효과를 보이는 종류가 다르다. 한 종류의 항우울제를 복용하고 몇 주가 지나도 상태에 변화가 없다고 해서, 모든 약이 당신에게 효과가 없다는 뜻은 아니다. 다른 약을 시도할 가치가 있다. 예를 들어 흔히 쓰는 SSRI 계열인 설트랄린(졸로프트)이 당신의 우울증에 효과가 없다고 해도, 다른 계열을 써서 좋아질 가능성이 4분의 1은 된다.[176] 모든 사람이 같은 항우울제에서 효과를 보지는 않는다. 그렇지만 여러 계열을 시도해도 아무 효과가 없었다면, 당신은 어떤 유형의 항우울제든 반응하지 않는 우울증을 앓는 사람일 수 있다(다행히 효과적인 치료는 있으며, 다음 장에서 살펴보겠다).

모든 사람이 같은 치료에서 효과를 보지 못하는 이유는, 우울증의 기저에 있는 생물학적 현상이 단일하지 않기 때문이다. 직관적으로 봐도 그러한데, 우울증의 경험은 단일하지 않다. 제3장에서 살펴보았듯이, 실험은 연구에 참여한 환자 집단의 평균을 낸다(이를테면 "우울증 환자는 부정적인 편향을 보여준다" 혹은 "항우울제는 이 같은 부정적인 편향에 변화를 가져온다"와 같은 식이다). 부정적인 편향이 있고, 항우울제가 이런 편향을 바꿀 수 있는 사람이 있는가 하면, 그렇지 않은 사람도 있다. 그들은 처음부터 같은 편향이 아니었을지 모른다. 우울증의 경우, 많은 생물학적 변화가 일어난 끝에 다다른 종착지가 우울증일 수 있다. 그렇지만 이 같은 흔한 종착지를 치료할 때, 항우울제는 약이 표적으로 삼는 체계(들)만을 바꿀 수 있다. 그러므로 특정 치료제의 표적이 아닌 체계에 변화가 있다면, 즉 정서적 편향 체계에는 변화가 없고 예를 들어 제4장에서 논의한 동기 및 추동 체계에 변화가 있다면, 그 약물이 (플라세보 효과 이상의) 효과를 내지는 않을 것이다.

만일 어떤 사람에게 어떤 약이(혹은 심리치료 같은 비약물적 치료까지 전체 치료를 통틀어) 더 효과적일지 예측할 수 있다면, 시행착오를 거쳐 항우울제를 찾는 방식보다 훨씬 효율적일 것이다. 전체의 절반은 효과를 보리라는 희망으로 대규모 집단 대상의 치료법을 제시하다니 혹시 실수는 아닐까. 임상시험에서 이득이 증명되지 않았다는 이유로 치료법을 놓치는 것 또한 실수는 아닐까. 그 치료법이 소수 집단의 목숨을 살릴 수 있는데도 말이다. 현재로서는 환자 개인에게 가장 좋은 정신 건강 치료법을 예측할 수 없으니, 아주 답답한 노릇이다. 그러므로 오늘날 과학자들은 이 같은 시행착오 방식을 개선하기 위해서 개인별 "맞춤" 치료법을 공들여 찾고 있다. 주요 목표는 환자가 어떤 치료법에 반응할지 미리 예측하는 측정치를 살펴 환자마다 가장 적합한 치료법을 찾는 것이다. 다른 의학 분야에서 맞춤 의학은 놀라운 효과를 발휘한다. 맞춤 의학은 암 치료에 혁신을 가져왔다. 약 하나로 모든 유방암을 치료하는 대신, 유방종양에서 채취한 세포를 검사하여 어떤 표지자가 있는지 확인하고 그에 맞는 약을 사용하는 것이다.

정신 건강의 경우 맞춤형 치료는 항우울제나 심리치료를 통해서 환자의 상태가 좋아질 수 있는지 여부를 확인하는 작업으로 간단하게 시작할 수 있다(나중에 더 다룰 것이다). 더 욕심을 낸다면, 어떤 항우울제 혹은 어떤 심리치료가 특정 개인에게 효과를 낼 수 있는지 예측하는 일을 목표로 삼을 수 있다. 그러면 환자는 몇 주의 시간을 아낄 수 있고, 달갑지 않은 부작용도 피할 수 있다. 개인별 최적의 치료는, 각각의 치료에 어떤 사람이 반응했는지 알아본 이전의 임상시험들을 재분석하면 찾아낼 수 있다. 특정 유형의 치료법에 잘 반응하거나 다른 치료법에는 잘 반응하지 않는 하위집단이 있을 것이다. 치료 시작 전에 이 정보를 알면 우리는 더 빨리, 더 효과적으로, 심각한 부작용이 거의 없이 환자를 치료할 수 있을 것이다.

어떤 유형의 연구는 환자로부터 비교적 쉽게 얻는 자료(성별과 나이 같은 인구통계, 우울증 증상의 심각성을 묻는 등의 설문 점수)를 대규모로 분석하여 어떤 계열의 항우울제가 어떤 사람에게 효과적일지 혹은 효과가 없을지를 예측한다. 이런 연구는 보통 많은 자료를(수백 명 혹은 수천 명의 환자) 머신러닝(기계 학습) 알고리즘으로 처리한다. 머신러닝 알고리즘은 어떤 요인이 건강 개선과 연관되어 있는지 찾아내고, 주어진 수치로부터 결과를 예측하는 방법을 뽑아낸다. 이 같은 접근방식은 처음에는 무척 유용해 보였다. 그렇지만 두 가지 큰 장애물이 있었다. 첫 번째는 기술적 문제이다. 머신러닝 알고리즘은 구체적인 자료를 기반으로 패턴 예측법을 학습하는데, 보통 이런 작업은 잘할 수 있다. 이렇게 특정 자료 집합에서 패턴 예측을 학습한 알고리즘(식욕, 수면, 피로 증상이 있는 환자 200명이 어떤 계열의 항우울제에 더 잘 반응하는지 알아보는 임상시험이나, 불안과 주의 문제를 겪는 경우는 어떤 항우울제에 잘 반응하는지 알아보는 시험 등)이, 새로운 자료 집합, 즉 새 환자 100명을 대상으로 패턴을 예측할 수 있는지 검증 과정을 거친다. 이런 작업은 알고리즘에게 쉽지 않은 과제이다. 알고리즘이 학습한 패턴의 미묘한 의미 차이는 흔히 처음의 자료 집합에만 적용된다. 그래서 알고리즘은 두 번째 분석에서는 종종 실패할 수 있다. 그렇지만 이런 기술적 문제는 이론상 극복할 수 있다. 머신러닝 알고리즘은 점점 더 성능이 좋아지고 있으며, 적절한 자료로 여러 유형의 알고리즘을 쓰면 해결책을 찾을 수도 있을 것이다. 그래서 환자가 특정 약을 쓰는 경우 건강이 좋아지는지 여부를 꾸준히 예측할 수 있을 것이다.

그렇지만 알고리즘의 기술적 훈련 문제를 해결한다고 해도, 최적의 방식조차 또다른 문제가 있다. 바로 과학적 문제이다. 알고리즘이 아무리 잘 작동한다고 해도 항우울제 반응에서 그런 요인들이 왜 중요한지 충분히 설명할 수는 없다. 알고리즘으로서는 알 길이 없기 때문이다. 알고리즘은 어떤 사람이 항우울제를 쓰면 왜 나아지는지 설명하지 않는다. 그냥 그렇다는 식이다. 이런 단점이 있어, 약을 임상적으로 언제 적용해야 하고 적용하지 말아야 할지 혹은 어떻게 개선할 수 있을지 알아내기가 무척 어렵다.

학계에서는 알고리즘의 경우처럼, 개인에게 최적화된 맞춤형 정신 건강 치료를 개발하기 위해서 큰 노력을 기울이고 있다. 그렇지만 아직은 환자 개인에게 적절한 치료법을 정확히 찾아주는 능력이 없다. 이 문제를 해결하지 못한 이유 가운데 하나는, 특정 치료법을 쓰면 왜 일부만 좋아지는지 우리가 아직 모르기 때문이다. 사람마다 뇌가 어떻게 다르고 또 우울증 경험의 기저에 있는 뇌의 과정은 어떻게 다른지, 이런 뇌 과정이 뇌에 변화를 가져오는 특정 치료법의 과정과 어떻게 부합하는지 알아야 한다.

항우울제가 효과를 내는 방법에 대한 단서를 구하면, 어떤 사람에게 효과를 보이는지에 대한 일부 단서도 구할 수 있다. 그래서 일부 집단만 우울증 치료제에 반응하는 이유를 찾을 수 있다. 항우울제가 효과를 내는 방법이 사람들의 인지적 편향을 긍정적인 방향으로 옮기는 것이라면, 치료 첫 단계부터 부정적인 편향의 이동이 나타난 사람들은 나중에 우울증에서 회복된 사람들일 것이다. 몇몇 실험이 이 가설을 뒷받침한다. 당신의 부정적인 편향이 1주일 만에 감소했다면, 항우울제는 당신의 우울증을 개선할 가능성이 크다(8주일 후에 측정한다).[177] 단기간에 부정적인 편향의 이동이 나타나지 않는다면, 당신의 기분은 나중에 개선될 가능성이 크지 않다. 이는 항우울제의 심리학적 메커니즘을 이해하여 치료에서 가장 이득을 볼 환자를 밝혀내는 전략의 대표적인 사례이다. 어떤 환자가 이득을 볼지 알면 그렇지 못할 환자의 경우 다른 치료법을 찾아볼 수 있다.

아마도 항우울제가 정서적 편향에 가져온 신경생물학적 변화는 일부 사람들의 기분 개선에만 효과적일 것이다. 부정적인 편향을 유지하는 회로망 때문에 우울증을 앓게 된 사람들이 이에 해당한다. 똑같은 진단을 받아도 어떤 사람은 이런 편향이 나타나지 않을 수 있고, 그들 뇌의 신경생물학적 과정은 심리치료 같은 다른 치료법에 더 잘 반응할 수 있다. 훗날 의사들은 항우울제 1회분을 투여하여 환자에게 즉각 나타나는 심리적 변화를 측정해, 신경과학에 근거한 결정을 내릴 수 있을 것이다.

이 같은 신경생물학적 단서를 사용하면 새로운 치료제의 발견에 보탬이 될 수 있다. 약으로 인해 정서적 편향이 전체적으로 이동했는지 여부를 측정하여, 그 약이 새로운 항우울제로 쓰일 가능성이 있는지 예측할 수 있다. 이 같은 접근방식의 특히 좋은 점은, 의학계의 새로운 치료제가 정신 건강에 어떤 위험한 부작용을 가져올 수 있는지 찾아내기 쉽게 해준다는 것이다. 예를 들어 새로운 비만증 치료제가 시장에 출시될 때 사람들이 복용 후 더 우울해지고, 심지어 자살 충동까지 느끼게 되었다는 연구들이 있다. 알고 보니 비만증 치료제 1회분만 복용해도 사람들의 긍정적인 편향이 감소한다는 것이다.[178] 즉 이 약은 항우울제가 발휘하는 효과와는 정반대로 작동한다("친우울제"이다). 정서적 편향에 대한 약의 효과를 알면, 약이 효과를 발휘할지 또 어떤 사람에게 효과를 발휘할지 알아낼 수 있다. 어떤 위험이 동반되는지에 대한 단서도 얻을 수 있다.

항우울제 복용 후 상태가 좋아지는 사람이 있고 그렇지 않은 사람이 있는데, 이는 무작위로 나오는 결과가 아니다. 약이 "효과를 보이지 못했다"라는 의미가 아니다. 약이 모든 사람에게 직접적 효과가 있지는 않다는 사실을 계기로, 각각의 치료가 표적으로 삼는 뇌의 과정이 무엇인지 살펴보아야 한다. 어떤 사람은 이런 과정을 표적으로 삼는 작업이 우울증 치료의 비결이 될 것이다. 그렇지만 또 어떤 사람은 특정 과정에 변화를 준다고 해도(예를 들어 부정적인 정보에 대한 편도체의 반응 바꾸기) 우울증이 개선되지 않을 수 있다. 그들의 우울증은 다른 생물학적 경로가 매개하고 있기 때문이다.

항우울제와 위약의 추가적 효과

약의 생물학적 효과 외에도, 항우울제의 효과 여부에 일조하는 다른 주요 요인이 있다. 바로 위약 효과에 대한 민감성이다. (여러 항우울제가 그렇듯) 세로토닌을 표적으로 삼거나 (여러 진통제가 그렇듯) 오피오이드 체계를 표적으로 삼거나, 어떤 치료든 간에 두 과정을 통해서 효과를 보인다. 첫째, 약의 성분을 통해서 뇌 체계가 변한다. 둘째, 약을 먹은 당신이 품은 기대로 인해 뇌 체계가 변한다. 실험 및 임상시험에서 쓰는 치료제는 위약보다 효과가 좋아야 한다. 아니면 정말 효과가 있다고 볼 수 없다. 그렇지만 현실에서라면 당신의 관심사는 약이 효과가 있느냐 없느냐뿐이다. 치료제가 효과를 보일 때 정말로 효과가 있는지 알 수가 없는데, 위약 효과 때문이다. 그렇지만 환자 개인이 볼 때 신경을 쓸 일일까. 건강이 좋아지면 그뿐이다. 과학자의 관점에서는 신경을 쓸 부분이 많다. 먼저, 위약은 정신질환 전반에 효과가 있기는 하다. 그런데 의사가 처방한 약과 심리치료는 정서적 편향을 조절하여 믿음과 해석에 변화를 가져오는 식으로 효과를 내는데, 위약이 효과를 내는 방식과 분명 많은 부분에서 공통점이 있다.

항우울제 치료에 일조하는 위약 효과는 상당한데, 장점은 항우울제의 효과가 더 잘 나도록 한다는 것이다. 단점은 (개인적 차원에서는) 어떻게 효과가 나는지 절대 알 수 없으리라는 것이다. 또다른 단점은 위약이 기분 개선에 무척 효과적이어서 여러 가지 항우울제 신약이 시험에서 우울증을 상당히 완화해도 위약보다 효과를 내지는 못한다는 것이다. 항우울제에서 위약이 발휘하는 큰 효과로 인해 항우울제가 위약 효과를 통해서만 영향을 미친다고 믿는 소수의 의견도 있다. 그렇지만 사실일 가능성은 매우 낮다. 많은 대규모 시험이 항우울제가 위약보다 우월하다고 증명했다(장기적, 단기적 치료 모두). 다양한 위약 통제 실험에서 항우울제가 부정적인 인지 편향을 개선한다는 결과도 나왔다. 이는 치료의 메커니즘이다. 그렇지만 모든 사람이 이런 증거를 받아들이지는 않는다. 몇몇 시험은 항우울제의 효과가 있으면 분명 이득을 보는 집단인 제약 회사에서 지원했다. 그래도 나는 이런 증거들이 믿을 만하다고 본다. 독립 시험에서도 그렇고, 많은 시험에서 축적된 결과를 봐도 항우울제는 위약에 비해 확실한 이점이 있다.[160, 179] 나와 같은 과학자 대다수는 항우울제가 효과가 있는지 없는지 여부에 따라 정해질 경제적 이득에 관심이 없다. 그래도 증거에 따라 항우울제가 일반적으로 효과를 보인다고 생각한다(다수에게 효과가 있으나, 모두에게 통하는 것은 아니다).

위약이 아주 효과적이고 항우울제가 모두에게 통하지는 않는다는 두 사실이 결합하여 항우울제 반대 운동을 초래했다. 실험의 증거를 가지고 "항우울제는 효과가 없다"로 해석하는 사람들은 다음을 증거로 언급한다. 항우울제가 반드시 화학적 불균형을 바로잡지는 않는다는 사실, 혹은 세로토닌 수치가 낮다고 해서 반드시 우울증이 유발되지는 않는다는 사실 말이다. 앞에서 논의했듯이, 항우울제가 평균적으로 효과가 있다고 강력히 시사하는 증거들이 있지만, 화학적 불균형 이론에 대한 비판 또한 충분히 타당하다(사실 과학계 다수의 견해이다). 화학적 불균형 이론은 기껏해야 항우울제의 작용에 대한 지나친 단순화일 뿐이다. 의사들과 과학자, 매체에서 홍보한 이 이론은 겉으로 보기에는 환자에게 우울증을 설명할 때 도움이 된다. 그렇지만 그냥 이야기일 뿐이다. 좋은 쪽으로 보면, 화학적 불균형 이론의 인기 덕분에 우울증이 있는 개인에게 주어지는 낙인이 희미해졌다. 우울증은 뇌의 화학물질의 문제이지 그들의 잘못이 아니다. 그렇지만 이제껏 논의했듯, 항우울제가 효과를 보이는 방식에 대한 진짜 이야기는 세로토닌이나 다른 화학물질의 결핍보다 분명 더 복잡하다.

현재 "우울증"이라고 부르는 질환의 개인적 경험은 서로 다른 여러 생물학적 체계에서 발생할 수 있다. 우리는 뇌에 있는 쾌감, 학습, 동기, 정서 체계의 변화를 살펴보았다. 또 염증을 포함한 신체 체계의 변화도 살펴보았다. 또한 명시적으로 논하지 않은 다른 체계도 많다. 예를 들면 단기 기억, 주의, 조절과 관련된 전두엽 부위의 변화가 있다. 우울증은 비균질적인 장애이므로, 모든 환자가 우울증에 걸리게 된 과정이 똑같지는 않다. 항우울제가 모두에게 효과적이지 않은 것도 일리가 있는데, 약이 작용하는 뇌의 과정이 우울증 환자마다 다르기 때문이다. 항우울제가 바로 효과를 보이지 않는 것도 일리가 있다. 생리학적 효과는 즉각 나타나 인지적 변화를 불러오는데, 이 인지적 변화는 어느 정도 시간을 두고 쌓여야 기분에 영향을 미칠 수 있다. 일반적으로 항우울제가 위약보다 효과가 있지만, 언제나 강력한 우위를 차지하지는 않는 것 또한 일리가 있다. 결국에 위약 또한 정신 건강의 저하 및 개선에 영향을 미치는, 비슷하고 아주 강력한 메커니즘을 이용하기 때문이다.

결론을 말하자면, 항우울제는 일부 환자의 정신 건강 치료에 아주 유용하다. 그렇지만 모두에게 적절한 치료는 아니다. 심지어 항우울제로 어떤 사람이 효과를 볼지 완벽하게 예측한다고 해도, 효과를 보지 못할 사람에게는 큰 도움이 되지 않는다. 많은 사람에게 이런 계열의 약은 정신 건강을 개선하지 못하거나, 부작용이 너무 많아서 복용할 가치가 없다. 그리고 존재하는 약의 유형을 약간 바꾸는 정도로는 크게 도움이 될 것 같지 않다.

항우울제는 좀 끔찍하게 다가올 수 있다. 당신이 생각하는 방식을 바꾸는 약이라니! 마치 정신을 통제하는 것 같다. 그렇지만 사실, 당신이 자주 먹는 다른 약도 당신이 생각하는 방식을 바꾼다(예를 들면 카페인). 그뿐만 아니라 정신질환에 쓰는 비약물치료법 또한 당신이 생각하는 방식을 바꾼다. 과학자들은 정신 건강을 약학적으로 증진할 또다른 급진적인 방식을 찾기 위해서 노력하고 있다. 뇌의 동일한 체계를 활용하여 정신 건강과 웰빙을 뒷받침하지만, 경로가 아주 다른 약 또한 이 급진적인 방식에 해당한다. 가장 유망한 접근방식 가운데 하나는, 다른 나라에서 기분 전환용으로 혹은 전통적인 의학적 목적으로 복용하는 약을 살피는 것이다. 기분 전환용 약은 처방된 항우울제나 위약과는 아주 달라 보이지만, 사실 이 세 가지에는 공통점이 많다.

7

다른 약들

나는 스물한 살 때 런던에서 살게 되었다. 그해, 나는 페컴에서 열린 밸런타인데이 하우스 파티에 초대를 받았다. 런던으로 이사하면 가게 되리라고 생각한 바로 그런 파티였다. 막상 가보니 내가 너무 밋밋한 차림새여서 좀 당황했는데, 미리 알려준 사람은 아무도 없었으나 분위기를 보니 변장 파티 같았다. DJ 앞쪽인 내 근처에는 애벌레처럼 차려입은 사람이 구식 파이프로 담배를 피우고 있었다(어딘가에 토끼로 변장한 사람이 있고, 또 체크무늬 옷차림의 여자가 한 명 이상 있었으니 아마도 『이상한 나라의 앨리스*Alice in Wonderland*』가 주제인 모양이었다). 도착한 지 1시간쯤 지나 자정 무렵이 되었을 때, 작은 나선형 계단에서 댄스 플로어를 향해 누군가 뛰어내리는 바람에(아니면 떨어진 것일 수도 있는데, 확실하지 않다) 공연이 갑자기 중단되었다. 모두 충격에 사로잡힌 채 뒤로 물러났다. 떨어진 사람이 쇄골이 부러진 것처럼 보여서 응급차를 불렀다. 가장 놀라운 점은 그렇게 떨어진 사람이 비명을 지르지도 울지도 않았다는 사실이다. 몸을 좀 떨기는 했지만, 분명 눈에 보이는 부상 때문에 아플 텐데 그 어떤 통증도 겪지 않는 것 같았다. 이런 둔한 반응은 아마도 아드레날린이나 통증이 유도한 오피오이드 때문이겠지만, 약 때문이기도 했다.

전 세계 사람들이 웰빙의 증진을 위해서 먹는 가장 흔한 약은 항우울제도 아니고 다른 치료제도 아니다. 바로 기분 전환용 약물이다. 기분 전환용 약물은 범주가 다양하다. (배고픔이나 갈증을 해소하는 능력을 넘어서서) 기분 좋은 상태를 만들어주는 속성이 있어 사람들이 소비하는 모든 물질이 속한다. 카페인, 니코틴, 알코올, 코카인, 헤로인이 모두 이 범주에 해당한다. 기분 전환용 약물이 대부분의 사람들에게 일시적으로 웰빙을 증진시킬 수 있다는 말을 하기 위해서 연구 이야기를 꺼낼 필요는 없을 것이다. 당신도 이런 약 가운데 적어도 하나를 직접 먹어본 적이 있으리라.

『이상한 나라의 앨리스』 파티에서 정확히 어떤 약이 사고와 관련이 있었는지 확실히 말할 수는 없다. 통증 억제는 많은 기분 전환용 약물의 일반적 효과인데, 특히 술이 그렇다. 사람들은 창문을 주먹으로 치고, 머리를 흔들고, 계단에서 넘어지고, 뼈가 부러진다. 술을 좀 많이 마신 상황이면 그렇게 다쳐도 상대적으로 별 반응이 없다. 다음 날 아프지만, 당시에는 아니다.

이렇게 딱 봐도 술은 위해를 끼칠 수 있으나(신체에도, 사회적 관계에도 그렇다) 적당량을 마신다면 웰빙에 대체로 긍정적이다.[180] 가장 눈에 띄는 긍정적인 효과 가운데 하나는 스트레스에 빠른 효과를 보인다는 것이다. 술을 마시면 스트레스가 감소하는 사람이 많다. 이 같은 심리적 스트레스의 완화는 신체의 스트레스 반응에도 반영된다. 보통 당신이 뭔가 스트레스를 받으면(통증, 심리적 스트레스, 소음 등) 심박수가 증가하는데, 술은 이런 스트레스를 줄여준다.[181] 이런 현상에 영향을 받아, 술이 일상의 감정적 긴장을 완화시키는 데 도움을 줄 수 있다는 이론도 있다. 술을 한두 잔 마시면 유용하다는 것이다. 많은 사람에게 유리한 이야기 같다. 그렇다면 왜 의사들은 웰빙을 위해서 독한 술 한 잔을 처방하지 않을까?

기본적으로 의사들은 그럴 필요가 없다. 술이 건강에 해를 끼침에도 불구하고, 여러 나라에서 이 약물을 거의 규제하지 않는다. 대부분의 환자가 이미 사용하고 있으며, 흔히 웰빙에 도움이 된다고 추정하는 수준보다 더 많은 양을 소비하므로 의사들의 처방이 필요 없다. 심지어 적은 양이라고 해도 술의 스트레스 감소 효과는 절대 간단하지 않으며, 어떤 사람에게는 오히려 부정적인 영향을 미칠 수 있다. 사람마다 술의 스트레스 감소 반응이 다르게 나타난다. 스트레스가 줄어드는 사람도 있지만, 단기간의 효과로 오히려 스트레스를 받을 뿐 기분 전환이 전혀 되지 않는 사람도 있다.

과학자들이 수많은 사람의 술 소비 습관을 물어보고 정신 건강을 측정해보니, 특이한 패턴이 발견되었다. 금주와 과음 둘 다 가볍고 적당한 음주에 비해 정신 건강의 저하와 관련이 있었다.[182] 술과 정신 건강의 관계는 "U"를 뒤집은 모양을 보인다.[182] 금주한 사람과 과음한 사람 모두 가볍고 적당히 음주한 사람에 비해 정신 건강의 저하를 경험한다. 그렇다고 금주가 반드시 정신 건강에 나쁘다는 의미는 아니다. 신체 건강이 좋지 않거나 사회환경의 문제 때문에 술을 끊으면 동시에 정신 건강이 나빠질 수 있다(과음의 경우도 마찬가지이다). 그러므로 인과관계가 꼭 성립하는 것은 아니다. 그렇지만 술이 유용한 동시에 위험할 수 있으며, 개인에 따라 소비하는 양에 따라 다를 수 있음을 보여주는 사례이다. 술도 그렇고, 대부분의 다른 약도 그렇다.

술은 다른 기분 전환용 약물과 공통점이 많다. 일시적으로 개인의 웰빙을 증진하는 능력이 있으나, 어느 정도의 위해와도 관계가 있다. 개인이 술을 소비할 때, 혹은 사회가 술을 합법화할 때 유익한지 아니면 해로운지는 상충관계에 놓여 있다. 이 같은 상충관계는 사회에서 합법 혹은 불법으로 규정하는 모든 기분 전환용 약물에도 나타난다.

향정신성 약물의 규제

정신 건강 치료를 위해서 기분 전환용 약물을 쓸 수 있을지에 대한 가능성을 논하기 전에, 사회와 개인의 건강에 대한 위험부터 짚고 넘어가야 한다. 역사상 인간은 (천연이든 제조한 것이든) 물질을 사용할 때마다 위험과 이득을 저울질해야 했다. 예를 들어 항우울제는 성욕 상실이나 식욕 변화 같은 눈에 띄는 부작용이 있을 수 있으나, 가장 많이 처방되는 약은 부작용보다 이득이 더 큰 경우가 많다. 규제 기관은 치료의 증거가 강력한지, 부작용 혹은 건강 및 사회에 대한 위험이 염려되는 수준인지 여부를 판단한다. 의사들이 처방하는 약 가운데 유용한 물질은 무엇인지, 대체로 규제 없이 많은 사람이 이용할 수 있어야 하는 물질은 무엇인지, 강력하게 금지되어야 할 물질은 무엇인지를 살피는 것이다. 가장 합리적인 접근방식은, 약물을 어떻게 규제할지 결정하기 전에 그 약물에 관한 증거를 기반으로 다양한 위험과 이득을 따져보는 것이다. 새롭게 발견된 위험이나 이점에 관해 사회는 지속적으로 논의해야 하며, 새로운 증거를 지속적으로 평가해야 한다.

이 같은 방식은 합리적이고 심지어 당연해 보이지만, 현실에서 흔히 접할 수는 없다. 각 약물의 위해와 이득에 관한 과학적 증거보다 대중의 인식, 언론 보도, 그리고 정치적 의견이 정부의 약물 정책에 더 큰 영향을 미친다. 정책과 과학이 어긋나는 상황은 당신이 떠올릴 수 있는 대부분의 나라에서 일어난다. 영국에서 가장 유명한 예라면, 신경과학자이자 의사이고 런던 임페리얼 칼리지의 교수인 데이비드 너트를 들 수 있다. 데이비드 너트는 많은 과학자가 영감 혹은 샤덴프로이데schadenfreude(타인의 불행에서 느끼는 쾌감/역주)를 느낄 만한 유명한 사건을 경험했다. 너트는 과학적으로 합리적이며 정확한 연구를 했는데, 그 연구 때문에 정부에 의해 해고당했다.

2009년 데이비드 너트는 영국 정부의 약물 오남용 자문위원회 위원장이었다. 너트의 관점은 앞서 내가 설명한 대로, 약물이 개인과 타인에게 얼마나 해로운지 측정하여 법적으로 분류해야 한다는 것이다. 예를 들어 헤로인이 가장 위험한 약물이라면 엄격하게 규제해야 한다. 헤로인 소지 혹은 유통은 엄벌을 내려야 한다. 술이 거의 위험하지 않은 약물이라면, 다른 기분 전환용 약물에 비해 법적으로 접근권을 보장해야 한다. 이 같은 분류법은 무척 합리적으로 보이므로, 영국의 많은 사람이 아마도 현실이 이럴 줄 알 것 같다. 더 나아가 술이 가장 접근하기 쉬운 약물이기 때문에 술을 가장 안전한 약물이라고 추정할 것이다.

너트와 그의 연구진은 여러 논문에서 약물의 위험을 과학적으로 수량화하여 평가했다.[183, 184] 약물의 "위험"을 결정하는 편향되지 않은 방법을 찾기 위해서 그들은 각각의 약물에 점수를 매겼다. 사망률, 신체 건강에 입히는 손상(예를 들면 간경화증, 바이러스), 정신 기능의 손상 정도, 부상 가능성, 범죄행위, 가족의 곤경, 사회가 치르는 경제적 비용 등으로 항목을 구성했다(총 16가지의 항목이 있는데, 9가지는 사용자가 입는 위해이고 7가지는 타인이 입는 위해에 해당한다).[184] 이 위험들을 수학적으로 합친 다음, 각 약물을 다른 약물과 비교하여 상대적인 점수를 계산했다. 예를 들어 점수가 50점인 약물은 100점을 받은 약물에 비해 위험도가 절반이다. 위해의 경우 모든 유형이 똑같이 나쁜 것은 아니므로, 나쁨의 수준 또한 점수에 반영했다. 사망률, 즉 특정 약으로 인해 당신의 생명이 줄어들 가능성과 관련된 경우는 가장 위험한 위해로 수학적 가중치를 부여했다.

이 위험 척도에서 (사용자 위험 항목이나 타인 위험 항목 모두 포함하여) 전체적으로 가장 높은 점수를 받은 약물이 바로 술이었다. 술은 상대적 위해 점수가 70점 이상이었다. 사용자에게 가장 위험한 약물 셋은 헤로인, 크랙 코카인, 메스암페타민이었지만 술은 타인에게 가장 위험할 수 있는 약물이었다(그리고 사용자에게도 상대적으로 해를 끼칠 위험이 높다). 여섯 번째 자리를 차지한 담배는 술과 헤로인과 코카인에 비해 덜 해로웠다.

환각버섯과 같은 기분 전환용 약물의 경우 위해와 거의 관련이 없었다. 사실, 엑스터시와 LSD, 환각버섯은 타인에 대한 위험을 매긴 항목의 경우 0에 가까운 점수를 얻어 순위표에서 거의 하위권이었다(환각버섯의 경우 실제로 0점이었다). 사용자에 대한 위험 점수 또한 10점 미만이었다. 대마초는 버섯보다 더 해로웠으나, 술보다는 훨씬 덜 해롭고 담배보다는 약간 덜 해로웠다.

이 척도는 2007년의 연구에서 처음 개발된 이후 술을 비롯한 약물을 평가하는 데에 쓰였다.[183] 2년 뒤에 너트는 「정신약리학 저널*Journal of Psychopharmacology*」의 사설란에 승마의 위험성이 엑스터시 복용의 위험성을 뛰어넘는다는 주장을 펼쳤다. 이 글에 따르면, 승마는 약 350번을 "체험할" 때 중대한 이상 사례가 1번 발생할 가능성이 있는 한편, 엑스터시는 약 1만 번의 "체험"당 중대한 이상 사례가 1번 발생할 가능성이 있다(이 글의 제목은 "엑쿠아시Equasy[equine addiction syndrome, 승마중독 증후군을 뜻한다/역주] : 약물의 위해에 관한 현재의 논쟁에서 간과된 중독과 그 함의"이다). 그해 말 너트는 술이 여러 불법 약물보다 더 위험하다고 발언했고, 이로 인해 자문위원장의 자리를 내놓게 되었다.[185] 너트의 발언과 "엑쿠아시" 글은 분명 도발적이었으나, 정확히 해야 할 일이었다. 과학적 증거를 기반으로 기분 전환용 약물의 상대적 위험에 대해서 국가 정책에 조언하는 일 말이다.

아마도 당신 또한 당시 내무장관처럼 너트의 도발적 주장에 여전히 좀 회의적일 것이다. 나는 승마를 하거나 엑스터시를 복용하는, 혹은 둘 다 하는(동시에 하지는 않아도) 많은 사람을 만났다. 나의 개인적이고 편향된 자료는 데이비드가 증거를 통해서 도출한 결론과 쉽게 일치한다. 나는 아직 엑스터시 복용으로 심한 위해를 입은(혹은 그런 위해를 입은 사람을 개인적으로 아는) 사람을 만난 적이 없다(워낙 희귀하다 보니 놀랍지는 않다). 반면 내가 만난 승마를 하는 모든 사람이 흔히 심각한 위해를 경험했거나, 그런 일을 당한 사람을 개인적으로 알고 있다고 해도 과장이 아니다. 사실, 내가 제1장에서 설명한 만성통증은 흔한 "엑쿠아시" 이후에 발생했다. 2005년 발에 입은 심한 골절상으로 인해 수술을 비롯하여 여러 가지 의학적 치료를 받아야 했다.

그렇지만 합법 약물과 불법 약물의 상대적 위해를 비교한 자료들은 정부 정책으로 거의 흡수되지 못했다. 영국에서 대마초 소지는 최고 5년 형을 선고받을 수 있다. LSD, 환각버섯, MDMA는 최고 7년 형이다(술의 경우 전혀 없다). 이제는 영국 법에서 "향정신성 물질"을 딱 집어 금지하고 있는데, 그 정의는 다음과 같다.

향정신성 물질 : 환각과 졸음을 유발하고, 각성 수준 및 시공간 지각, 기분, 타인에 대한 공감에 변화를 가져오는 모든 것.

이 정의를 보면, 초콜릿도 포함될까? 초콜릿 소비는 각성 수준의 변화를 가져올 수 있다. 담배? 당연히 그렇다. 이 책의 다른 장에서 확실히 밝혔듯이, “향정신성 물질”은 우리가 몸으로 받아들이는 모든 것을 포함한다(음식, 물, 카페인 등). 이런 사실을 해결하려면, 영국에서는 음식과 알코올 등의 “합법적 물질”에 대한 면제 특별법이 있어야 한다. 이 법에 따라 자동으로 금지되지 않으려면 말이다.

그런데 이 법은 2000년대에 “합법적 약물”이 법으로 금지된 소위 기분 전환용 약물을 대체하는 인기 좋은 약물이 되는 바람에 생겼다. 이 같은 대체가 꼭 나쁜 것만은 아니었다. 메페드론의 경우(제4장에서 언급한 “야옹야옹”) 코카인이나 암페타민 대신 소비되었는데, 덕분에 코카인이나 암페타민으로 인한 사망을 300명까지 막았다고 본다.[186] 메페드론을 금지한 후, 코카인으로 인한 사망자는 이전의 최고치까지 증가했다.[186] 그러므로 안전한 약을 불법으로 규정하면 전반적으로 **더 큰** 피해를 유발할 수 있다.

많은 나라에서 그렇듯이, 특정 약물의 소비에 대한 나라의 형벌은 사회의 여러 구성원에게 평등하게 주어지지 않는다. 영국에서 경찰에게 붙들려 마약 소지를 수색당할 가능성은 흑인이 백인보다 6배나 높다고 한다. 불법 약물을 쓰는 비율이 정작 백인의 절반밖에 되지 않는데도 말이다.[187] 약물 소지가 발각되는 경우 백인은 그냥 주의만 받고 넘어갈 가능성이 2배 이상이라고 한다. 데이비드 너트의 위험도 연구에 따르면, 가장 안전한 약물인 환각제조차도 오늘날 여전히 불법이다. 이 같은 금지를 강화하면 금전적으로나 사회적으로 큰 비용을 지불해야 한다.

모든 곳에서 이런 법률이 적용되지는 않는다. 여러 나라 가운데 미국의 경우 대마초가 점차 비범죄화 혹은 합법화의 길을 가고 있다. 다양한 금전적, 사회적 이득에 더하여 대마초가 일반적으로 웰빙을 증진시키고 전반적으로 정신 건강에 도움을 주는 사람들에게는 긍정적인 변화이다. 나아가 대마초는 알코올의 대안이 될 수 있다. 위해의 감소 측면에서 유용한 셈이다. 물론 대마초 합법화는 너트의 연구에서 시사하듯 알코올보다는 덜하다고는 해도 역시 잠재적 위해가 존재한다. 대마초는 그 구성 물질이 사람 뇌의 엔도카나비노이드 수용체에 결합하여 작용한다. 우리 뇌의 타고난 쾌감 반응과 관련된 화학물질이나 쾌락 "열점"(제1장 참고)처럼 말이다. 알코올이 그렇듯 대마초 또한 어떤 사람의 경우 정신 건강에 장단기적으로 해로울 수 있다.[188] 가장 눈에 띄는 점은, 대마초를 더 자주 소비할수록 정신증이 발생할 위험도 커진다는 것이다.[189] 이런 관계가 존재하는 원인은 복잡하며, 위험성은 용량에 따라 다른 것으로 보인다. 한 메타 분석(여러 연구에서 나온 증거들을 통합하는 방식의 연구)에 따르면, 대마초를 평생 사용해도 정신증 발생의 위험과는 관계가 없다. 단, 대마초 의존 혹은 남용의 기준을 충족하는 사람들은 예외이다.[190] 또다른 연구들도, 인생의 어느 시점에 대마초를 소비한 적이 있다고 해서 정신증이 발생할 위험이 더 크지는 않으나 대마초 사용 장애가 있는 경우는 해당하지 않는다는 결론을 내렸다.[191] 정신증 소인을 가진 사람의 경우 대마초를 사용할 가능성이 더 크다는 연구 또한 주목할 만하다. 소위 "역인과관계" 설명으로, 조현병의 유전적 위험이 큰 경우 대마초 사용 장애의 유전적 위험도 커진다는 유전학적 연구들이 뒷받침한다. 그리고 양쪽 다 인과관계가 성립하더라도, 인과관계가 더 강하게 성립하는 방향은 "조현병의 위험"이 있으면 그 결과 "대마초 사용" 문제가 생기는 쪽이지 그 반대는 아니다.[192] 그렇지만 "역인과관계" 설명이 조현병과 대마초 사용의 연관성을 어느 정도 설명한다고 해도, 그 이유는 무엇이고 또 어떤 유형의 사람에게 해당하는지 알아야 약을 제대로 평가할 수 있다. 그러면 법적으로 허용해도 안전하다고 볼 수 있다.

전 세계적으로 대마초는 대체로 불법이며, 아주 최근까지 그러했다. 그래서 대마초의 구성 성분은 제대로 규제되지 않거나, 심지어 거의 알려지지도 않았다. 당신은 마시는 와인 병의 옆 부분을 보기만 해도 알코올 성분은 얼마인지, 어느 지역의 포도인지 알 수 있다. 그렇지만 대마초의 경우, 소비하는 대마초의 성분이 어떤지 일반적으로 알지 못한다. 대마초의 구성 성분이 중요하다는 증거가 늘어나고 있기 때문에 이런 정보의 부재는 공중보건에 위험하다. 대마초는 그 성분과 비율에 따라 정신건강에 미치는 영향이 아주 상이하다. 정신질환의 회복에 도움이 될 때도 있지만, 중독이나 정신증적 경험을 통해서 정신 건강을 심각하게 해칠 때도 있다.

대마초의 성분 변화는 오랫동안 거리에서 유통되는 대마초의 강도를 연구한 과학자들이 처음 발견했다. 대마초에는 140가지가 넘는 "칸나비노이드" 물질이 포함되어 있는데, 각각의 칸나비노이드는 대마초의 종류에 따라 구성 비율이 다르다. 가장 유명한 칸나비노이드는 델타9-테트라하이드로칸나비놀로 보통 THC라고 부른다. 바로 마약 효과를 내는 성분이다. 그렇지만 오늘날에는 대마초의 두 번째 구성 물질인 칸나비디올 또는 CBD도 그에 상응할 정도로 유명해졌다. 당신은 칸나비디올 보충제를 온라인이나 상점에서 구입할 수 있다. 어떤 도시에서는 말 그대로 어디서나 살 수 있다. 칸나비디올에 대한 근거 없는 주장들이 많다. 어떤 사람은 이 물질을 신체질환과 정신질환에 다 통하는 만병통치약으로 판매하기도 한다. 나는 칸나비디올의 특정 속성을 다룰 텐데, 정신 건강에 THC와 반대되는 효과를 낼 수 있다는 것이다. THC가 정신증 유사 상태(망상, 편집증 등)를 유발하는 한편, 칸나비디올은 **항정신증적** 속성을 지니고 있다.[193] 칸나비디올의 비율이 높으면 THC가 유발하는 정신증적 경험을 완화한다.[194] 장기적으로도 그렇다. 어느 연구에서는 약물 복용력이 다양한 사람 140명을 대상으로 머리카락 샘플을 모았다. 그 결과, 머리카락에 THC의 농도가 높은 집단은(THC를 많이 함유한 대마초를 사용한 것이다) 머리카락에 THC와 칸나비디올의 농도가 높은 집단 및 THC와 칸나비디올 어느 쪽도 없는 집단보다 정신증 유사 증상(환각과 망상)의 수준이 높았다.[193] 이는 THC 소비가 정신증적 경험과 이어질 수 있으며, 칸나비디올에 정신증적 경험을 막아주는 속성이 있음을 시사한다.[193]

시간이 지남에 따라 거리에서 유통되는 대마초의 성분이 달라졌다. 오늘날 사람들이 피우는 대마초는 이전 세대가 피우던 것과 매우 다르다. 수십 년 전, 거리 대마초는 칸나비디올이 우세한 계열이었다. 오늘날에는 고농도 THC 계열이 주를 이룬다. 정신증 유사 경험의 관점이나 대마초 의존의 관점에서 보면, 대마초 소비자들의 정신 건강에 영향을 미칠 수 있다는 의미이다. 유니버시티 칼리지 런던의 톰 프리먼과 발 커런은 최근 임상시험에서 대마초에 의존하는 사람들에게 칸나비디올을 제공하여 대마초 의존성을 감소시켰다.[195] 칸나비디올은 THC가 유도한 정신증적 경험을 막아주는 데 효과적일 뿐 아니라, THC 자체에 대한 의존성 완화에도 도움이 될 수 있다.

그렇다고 칸나비디올에 대한 여러 가지 긍정적인 주장에 실체가 있다는 뜻은 아니다. 많은 경우 처방전이 없는 혼합제제에 사용되는 칸나비디올은 톰 프리먼과 발 커런의 실험과 비교하면 함량이 상당히 적다. 이렇게 농도가 매우 낮으면 건강에 꼭 이득이 되지는 않는다. 그래도 한 가지 약의 구성 성분끼리 정신 건강에 서로 반대되는 효과를 낼 수 있다니, 약물과 정신 건강 사이에 어떤 식의 확실한 관계가 있든 그 관계의 복잡성을 입증해준다.

대마초와 알코올은 공통점이 많다. 어떤 사람에게는 단기간의 쾌감을 선사한다. 심지어 둘 다 장기적으로 정신 건강에 도움이 될 수 있다. 그렇지만 중대한 위험이 될 수도 있다. 알코올의 경우, 수십 년 동안 합법적으로 소비된 까닭에 안전한 음주량과 위험한 음주량이 어느 정도인지, 또 소비 패턴이며 제품 성분은 어떤지 세심한 정보가 존재한다. 대마초 연구는 이런 면에서 아직 갈 길이 멀다. 정신증적 경험에 대해서 서로 반대되는 효과를 내는 THC와 칸나비디올의 속성도 그렇고, 대마초 의존성도 그렇고, 대마초와 정신 건강 사이의 복잡한 관계도 아직 제대로 알려지지 않았다. 때로 하나의 물질(대마초)에 정신 건강 저하의 원인 성분과 치료제 성분이 같이 포함될 수 있다. 마약 정책의 경우, 약물의 작용 및 그 위해를 세심하게 살피는 작업이 공중보건을 위해서 반드시 필요하다.

환각제의 신경과학

환각제는 데이비드 너트의 약물 위험 순위에서 아래쪽을 차지하고 있다. 이 약들은 사용자나 타인에게 거의 위험하지 않거나 전혀 위험하지 않다. 환각제는 대중적인 기분 전환용 약물로 코카인이나 오피오이드처럼 중독 혹은 과용의 위험도 없다. 당신은 환각제 약물을 상습적으로 복용하는 습관을 들일 수 없는데, 단기간에 여러 번 이 약들을 소비하면 그 효과가 극적으로 줄어들기 때문이다. 몇 번 하고 나면 아무 느낌이 없다. 그러니 중독될 것도 없다. "환각제psychedelic"라는 용어는 1956년 영국의 정신의학자 험프리 오즈먼드가 만들었다(그리스어 ψυχη은 "영혼", "마음"이라는 뜻이고, δηλειν는 "드러내다"라는 뜻이다). 먼 과거로 거슬러 올라가보면, 약 8,000년 전에도 세계 곳곳에서 종교 및 문화 의식에서 환각제를 사용했다. 알제리 남동부 사하라 사막의 동굴 벽화에는 그 지역의 환각 유발 버섯이 그려져 있다.[196]

나는 환각제를 경험한 적이 있다. 환각제 실로시빈으로, "환각버섯"에 함유된 약물이다. 당시에는 법적으로 허가된 약물이었고, 지금도 합법인 곳이 많다. 실로시빈은 세로토닌 수용체에 결합하는 약으로, 대부분의 항우울제와 화학적 체계가 같다. 그렇지만 실로시빈은 SSRI와는 다른 계열의 세로토닌 수용체를 활성화하는데, 효과가 아주 뚜렷하다. 정서적 편향을 미세하게 조정하는 항우울제의 효과와 전혀 유사하지 않다. 어떤 사람이든 환각제를 복용하면 비슷한 보고를 남긴다. 자연과 연결된 느낌, 세상과 합일한 경험, 자기 자신에 대한 더 완전한 이해. 그러니 경험자이기는 해도 독창적이지 않은 내 경험을 소개함으로써 독자들을 지루하게 할 생각은 없다. 딱 평균적 경험으로, 앞서 서술한 특징들을 몇 시간 동안 모두 다 느꼈다.

저용량의 환각제로는 대부분의 사람들이 환각을 체험하지 않으며, 마음에서 빠져나왔다는 특이한 느낌도 받지 못한다. 밤에 술을 마시러 나간 보통의 대학생보다 자기 통제도 더 잘한다. 내 경우, 환각제에서 가장 흥미로웠던 부분은 당시 일어난 일이 아니라(일부 환각제 마니아들은 약물이 유도한 다양한 깨달음으로 사람들을 즐겁게 해주면서 그 상태를 유지한다), 오히려 나중에 일어난 일이었다. 실로시빈은 딱 한 차례 시도했으나, 이후 몇 달 동안 나는 그 경험의 소소한 부분을 다시 겪었다. 마약을 할 때의 고양감이 찾아온 것은 아니었고, 특정 감정이 미묘하게 강해졌다. 그 감정은 경외감으로, 특히 하늘이 빚어내는 경외감이 그러했다(나는 하늘을 보며 늘 경외감을 조금 느꼈다). 실로시빈을 계기로, 하늘을 보고 있으면 내 안에서 경외감이 아주 풍부하게 자라났다. 이 느낌은 6개월 동안 완전히 지속되었다. 일을 마친 후 자전거를 타고 집으로 돌아오면서 드넓은 북런던 하늘을 바라보고 있노라면 자주 경외감을 느꼈다. 전에도 느껴본 적이 있는데, 화학작용으로 하늘과 더 단단하게 이어졌다는 심오한 감정의 단편이었다. 작은 변화이기는 했다. 그래도 이 느낌은 매일 되살아나, 구름 낀 하늘 아래를 오가는 통근길의 울적함을 덜 수 있었다. 멋진 일이지만 당황스럽기도 했다. 실로시빈에 대한 한 번의 경험으로 그토록 오랫동안 본 하늘이 달라 보이다니, 어떻게 된 일일까? 어떤 과정을 거쳐 이런 일이 일어나는 걸까? 그리고 결국엔 효과가 사라지는 이유는 무엇일까?

최근 정신 건강 분야는 환각제에 주목했는데, 이런 흐름은 두 가지로 나누어볼 수 있다. 먼저, 환각제는 우울증을 비롯한 정신질환 치료제로서 가능성이 있다고 높은 평가를 받았다. 이 부분은 저널리스트들이나 대중 과학서에서 폭넓게 다루어왔는데, 종종 확실한 연구 결과보다 기대가 앞서나간다(때로는 임상적 위험을 무시한다). 또다른 흐름은, 환각제를 치료제 연구에 간접적으로 활용하는 것이다. 환각제는 다른 정신 건강 치료제와 공통점도 있지만, 많은 부분에서 여느 (약물) 치료법과는 확실히 다르다. 이런 이유로, 환각제 연구를 통해서 정신 건강을 개선하는 또다른 경로를 찾아낼 수 있다.

얼마 전까지만 해도 신경과학 관련 회의에서 환각제에 대한 연구 발표는 아주 드물었다. 정신질환에 환각제를 사용하는 일은 (제약 회사가 만드는 약물과 비교해서) 회의적이었다. 그렇지만 환각제 연구의 어려움이 계속되는 상황에서도, 지난 10년 동안 신경과학은 환각제 연구 분야에서 두 번째 연구 혁명을 맞이했다.

내가 "두 번째"라는 표현을 쓴 것은, 한참 전에 첫 번째 연구 혁명이 일어났기 때문이다. 1950년대에서 1960년대에는 환각제 연구가 넘쳐났다. 그 연구들은 약의 작용과 그 기전, 인지적 효과, 위해, 잠재적 이득에 관해서 알아냈다. 혁명은 약 10년 동안 지속되었으나 1970년대에 이르러 교착상태에 빠졌다. 환각제에 대한 과학계나 대중사회의 여론이 점점 부정적인 방향으로 바뀐 것이다. 제약 회사들의 열정(그리고 지원)도 시들해졌고, 임상시험도 (탈리도마이드 부작용 사건 이후로) 점차 규제가 심해져 실행하기 어려워졌다. 그리고 환각제는 불법으로 규정되었다.[197] 사회가 환각제를 기피하기 시작하자, 과학자들도 다른 약으로 연구 방향을 돌렸다(여기에 더해, 환각제 연구에 필요한 약을 구하는 일이 아주 어려워졌다. 심지어 오늘날에도 정부로부터 환각제 연구 허가를 받기란 진저리가 날 정도로 힘들다).

2000년대에 들어와 몇 가지 연구가 환각제에 관한 오랜 관심에 다시 불을 지폈다. 이런 종류의 약물에 너무 빨리 손을 놓아버린 것은 아닐까 생각하게 된 것이다(모든 과학자가 이렇게 생각하지는 않는다는 점에 주목하자. 일부 과학자는 환각제 연구를 멈춘 그럴 만한 이유가 있다고 본다. 초기 임상시험에서는 과학자들이 기대하는 만큼 결과가 긍정적이지 않았다).[197] 21세기에 부활한 환각제 연구를 살펴보니, 환각제는 사람들의 예측보다 안전한 것 같았다. 동시에 그 연구들은 환각제가 정신 건강을 개선할 잠재력을 지니고 있다는 결과도 보여주었다. 지금은 정신 건강이야말로 전 세계적인 주요 건강 문제이다. 오늘날에는 환각제를 연구하는 과학자들이 적지 않다. 신경과학의 여러 분야 전문가로(컴퓨터 신경과학, 뇌 영상, 임상시험), 그 분야의 기술을 이용하여 환각제가 어떤 작용을 하며, 특정 정신장애에 어떤 효과가 있을지 밝혀낸다. 히피 약물에 신나는 시간이 왔다.

이 같은 연구를 처음 시작한 연구실 가운데 한 곳이 존스 홉킨스 대학교에 있다. 환각제를 한 번도 경험한 적이 없는 대규모 집단이 편안한 환경에서 실로시빈을 복용했다. 음악을 들으며 "내면으로 떠났다." 1년 후 참가자에게 첫아이의 탄생처럼 가장 개인적이고 영적으로 의미 있는 경험 중 5가지를 꼽으라고 하자, 절반 이상이 이 경험을 들었다.[198, 199] 이 정도로도 이미 놀라운 결과이다. 수년 동안 나는 다양한 약물을 사용한 수백 명을 접했고(비록 환각제는 아니지만), 뇌 자극 및 심리치료를 받은 사람들도 만났다. 안타깝게도, 내 실험을 체험한 일이 삶에서 가장 의미가 충만한 경험이라고 평가한 사람은 없었다. 10가지를 꼽으라고 해도 포함하지 않았다.

심지어 더욱 놀라운 점은, 실험 참가자들에게서 그 느낌이 사라지지 않았다는 것이다. 참가자들은 14개월 후에 영적 느낌의 정도에 관해 평가했는데 그리 줄어들지 않았으며, 다수는 자신의 웰빙이나 삶의 만족감(에우다이모니아)이 어느 정도 혹은 아주 많이 증가했다고 했다. 하루 동안 겪은 단 한 번의 경험이었지만, 참가자에게는 1년이 넘도록 장기간에 걸쳐 정신 건강에 영향을 미친 중요한 사건이었다.

그러지 않아도 일상의 휴식이 필요했을 텐데 쉬면서 내면을 살피다니, 그 경험만으로도 충분했을 것이다. 분명 약물 없는 휴식도 정신 건강에 장기간 긍정적인 영향을 미친다. 혹은 이 같은 긍정적인 효과는 강한 쾌감 효과를 가진 어떤 약물이든 복용하면 나타날 수 있다. 그래서 비교 조건으로, 참가자들은 리탈린이라고도 알려진 흥분제 메틸페니데이트를 복용하며 쉬었다. 또한 그 경험이 얼마나 의미가 있는지 평가했다. 실험한 날은 즐거운 분위기였고, 참가자들은 여전히 의미 있는 경험이었다고 말했다. 그렇지만 인생에서 가장 영적인 혹은 의미가 충만한 경험 5가지를 꼽을 때, 메틸페니데이트의 경험을 꼽은 사람은 아무도 없었다.[198, 199] 리탈린은 실로시빈처럼 장기간 유지되는 효과를 낼 수 없다.

많은 기분 전환용 약물은 단기간에 웰빙을 증진시킬 수 있다. 그래서 사람들은 이 약물들을 복용한다. 기분 전환용 약물의 즉각적인 효과는 여느 항우울제와는 다르다. 앞에서 논의했듯이, 항우울제가 웰빙에 영향을 미치려면 오랜 시간이 걸린다. 그리고 여느 기분 전환용 약물이 보이는 즉각적인 고양감과는 달리, 실로시빈이 제공하는 "의미가 충만한 경험"은 이 약이 일반적인 긴장 완화 및 단기간의 즐거운 감정을 제공할 뿐만 아니라 정신 건강에 추가적인 영향을 미칠 수 있음을 의미한다. 물론 정말 그렇다고 해도, 이 흥미로운 특성 때문에 실로시빈이 정신 건강 치료에 반드시 유용하다는 뜻은 아니다. 실로시빈의 효과는 정신 건강의 증상을 평가하는 임상시험에서 검증할 필요가 있다. 이제 전 세계적으로 많은 임상시험이 이루어졌거나 현재 진행 중이다.

2014년 신경과학자 로빈 칼하트해리스는 런던에서 열린 지역 임상 그룹 회의에서 자신의 연구 주제를 소개했다. 로빈은 우울증 환자를 대상으로 임상시험을 시행하기 전에 임상가와 연구자의 의견을 듣고 싶어했다. 그곳은 유니버시티 칼리지 런던의 커다랗고 오래된 회의실이었다. 아마도 오전 8시쯤이었을 것이다. 모두가 게슴츠레한 눈으로 커피를 홀

짝이며 얼른 미니 크루아상이 제공되길 기다렸다. 로빈은 발표를 시작했다. 어느새 다들 귀를 쫑긋 세우고 듣기 시작했다. 흔한 임상시험이 아니었다.

로빈과 그의 동료들은 소수의 우울증 환자를 대상으로 실로시빈을 투여할 계획이었다. 팀에는 데이비드 너트도 있었는데, 이 임상시험을 진행하는 연구소의 소장이었다. 환자들은 상대적으로 우울증이 심했고, 다른 표준 치료는 받은 적이 없었다. 실로시빈을 대상으로 이렇게 비교군을 설정하고 결과를 분석하는 방식의 시험은 한 번도 이루어진 적이 없었다. 회의장은 기대감으로 들떴다(조금은 회의적인 의견으로 시끌벅적했으리라). 환자 12명이 7일 간격으로, 용량이 다른 실로시빈을 투여받을 예정이었다. 연구자들은 이후 3개월 동안 환자의 기분을 추적하게 된다. 이 시험이 이루어진 환경은 과학 연구로서는 아주 드문 조건이었다. 조도가 낮고 품질이 좋은 스테레오 스피커와 이어폰까지 갖춘 방이 제공된 것이다. 몇 년 후—참을성이 없다면 과학자가 되지 말라—나는 운 좋게도 결과를 발표하는 자리에 가게 되었다. 12명의 환자 모두 1주일 만에 우울증 증상이 완화되었으며, 대부분 3개월 동안 효과가 지속되었다. 심지어 3개월이 지난 후에도 5명의 환자는 완전 관해寬解 상태로, 즉 우울증 증상이 감지되지 않았다.[200] 초기 임상시험의 결과일 뿐이지만, 이후 더 큰 규모로 무작위 배정 시험을 한 결과 실로시빈은 유명한 SSRI 계열의 항우울제 에스시탈로프람만큼 효과적이라는 결과가 나왔다.[201]

내 생각에, 실로시빈이 정신 건강을 개선하는 정확한 경로는 여전히 불확실하다. 연구자들은 실로시빈을 투여한 때의 뇌 활동과 그렇지 않은 때의 뇌 활동을 PET 촬영으로 살폈는데, 실로시빈은 전체적으로 뇌의 활동을 늘리는 것 같았다.[202] 실로시빈이 뇌에 미치는 영향은, 오랜 시간 이 단순한 이론으로 설명되었다(뇌의 활동이 전체적으로 증가한다는 것이 어떤 의미인지 나로서는 잘 모르겠다). 더 혼란스러운 점은, fMRI로 실로시빈의 효과를 측정한 최근 연구에 따르면 실로시빈으로 인해 뇌의 활동이 감소되는데, 보통 뇌가 쉬는 상태에서 활발히 활동하는 부위가 특히 그렇다는 것이다.[203] 똑같은 약인데도 측정하는 방법에 따라서 뇌의 활동이 달라진다니 언뜻 보기에는 모순적이다. 그렇지만 이런 활동의 증가와 감소는 뇌세포의 점화를 직접 측정해서 얻은 결과가 아니라, 간접적으로 측정한 결과이다. PET와 fMRI는 측정하는 대상이 다르므로, 이론상 모순적인 결과가 나올 수 있다. 둘의 차이 가운데 하나가 시간 단위이다. PET는 장기간에 걸쳐 글루코스 대사 작용을 측정하는 한편, fMRI는 짧은 시간 동안의 변화를 본다. 즉 실로시빈의 효과가 날 때 바로 측정한다. 그러므로 둘 다 결과가 사실일 수 있다. 실로시빈은 보통 휴식할 때 활발하게 활동하는 뇌 부위의 활동을 일시적으로 감소시키지만, 길게 보면 뇌 전반의 활동을 증가시키는 것이다.[203] 그렇지만 이런 결과 또한 뇌 활동이 전체적으로 변할 때 어떤 효과가 있는지 여전히 알려주지 않는다. 예를 들면 실로시빈이 감정, 보상, 기억을 처리하는 뇌의 방식에 변화를 줄까? 만일 그렇다면 어떻게 줄까? 얼마나 오랫동안 줄까? 이를 살펴보기 위해서 새로운 작업이 이루어지고 있으나,[204] 아직 해답을 찾지 못한 질문이 많다. 즉 실로시빈이 왜 효과를 보이는지(효과가 있다고 추정한다면) 우리는 아직도 완전히 이해하지 못하고 있으며, 실로시빈의 작용 메커니즘이 기존의 치료법과 얼마나 비슷한지 혹은 다른지도 알지 못한다.

실로시빈이 정신 건강에 미치는 큰 효과를 밝혀낸 연구를 신뢰한다면, 즉 우울증 같은 정신질환을 앓는 사람들의 삶을 개선하기 위해서 실로시빈을 쓸 만한 가치가 있다고 본다면, 그것의 작용 방식을 알아내는 일이 급선무이다. 그런 다음 실로시빈이 언제, 어떤 사람을 대상으로 효과가 있는지도 알아야 한다. 이런 연구는 특히 항우울제에 반응을 보이지 않고, 가능성이 있는 새 대안적 치료법을 찾는 많은 사람에게 유용할 것이다. 그들 중 일부에게는 그럴 수 있다. 실로시빈의 심리적 효과는 여타 항우울제와는 무척 다르다. 한 연구에 따르면, 실로시빈은 정서적 자극에 대한 편도체의 반응을 늘린다고 하는데, 이는 일반적인 항우울제 치료에서 기대하는 바와 정반대이다.[204]

마법의 단점

미래의 정신과 약물로 실로시빈을 지지하는 사람들(혹은 일반적인 환각제나, LSD 혹은 엑스터시까지)에 관해서 들어본 적이 있을지 모르겠다. 보통의 정신과 약물에 대해서 걱정하는 부작용이 이런 환각제에는 전혀 없다고 주장하는 사람들도 있다. 안타깝게도 이런 주장은 사실이 아니다. 2014년 소규모 집단을 대상으로 시행한 로빈 칼하트해리스의 우울증 시험에서조차, 실로시빈은 전체적으로 긍정적인 경험이 아니었다. 모든 환자는 불안, 두통, 졸림 같은 부작용을 일시적으로 경험했다. 이후 내가 만난 한 임상심리학자는, 실로시빈 때문에 괴롭거나 다른 정신의학적 증상을 겪게 되었다는 사람들을 치료한 바 있다. 이 시험 자체의 중요성이 사라지는 것은 아니지만(혹은 여타 합법적 기분 전환용 약물과 비교해볼 때 상대적 위험성을 부인하는 것도 아니지만), 실로시빈이 무해한 약은 아니며 그 위험에 관해서 임상 연구자들이 진지하게 고려할 필요가 있다는 뜻이다. 나는 환각제가 어떤 부작용도 없어야만 치료제로 쓸 수 있다고 생각하지는 않는다. 거의 모든 치료법에는 부작용이 있고, 때로는 아주 심각하다. 그래도 학계가 환각제의 "단점"을 체계적으로 고찰한 연구에 대해서 다시금 절실하게 관심을 기울일 필요가 있지 않을까 싶다. 일부 환자가 보고한 장기간의 위해 또한 "단점"에 포함된다. 공공의 관점에서 우리는 환각제에 품은 기대감을 실험의 증거들과 맞춰가며 누그러뜨릴 필요가 있을 것이다. 환각제는 만병통치약이 아니다. 훗날, 잠재적 위해에 관해 더 잘 알게 되면 연구자와 임상가들은 접근방식을 수정할 수 있고, 아마도 어떤 집단의 경우에는 환각제 치료를 피해야 한다고 권고할 수 있을 것이다.

정신 건강 분야의 환각제 혁명에 대해 경고 하나만 더 하겠다. 많은 환각제 연구는 "개방형" 연구이다. 눈가림 방식, 즉 연구자도 참가자도 어떤 치료가 배정되는지 모르게 하는 방식이 아니라는 뜻이다. 환자들은 실로시빈을 투여받는다는 사실을 안다. 정신 건강에서 위약이 발휘하는 강한 효과를 생각하면 문제가 된다. 환각제 약물의 경우 위약 효과가 별것 아니라는 생각이 들 수도 있다. 환각제 약물의 영향을 받는지 그렇지 않은지 당사자가 알 테니까. 임상시험에서는 보통 그런 편이고, 가장 좋은 통제집단은 암페타민처럼 희열을 유도하는 다른 약물을 쓰게 될 것이다. 그렇지만 전형적인 위약이라도 소용이 없지는 않다. 비활성 위약 또한 일부에게는 환각제 효과를 유도할 수 있다. 이 주제에 관한 한 연구 논문 제목은 무려 "아무것도 아닌 약에 취하기"였다.[205] 그 연구에 따르면, 실험 참가자 33명이 약을 먹었는데 실로시빈 느낌이 나는 약이라는 설명을 들었다. 그리고 그들에게는 환각적 체험을 강화할 환경이 준비되었다(음악, 그림, 알록달록한 조명). 연구진은 행복, 내가 내 몸 밖으로 나간 느낌, 세상과 하나 된 느낌 등의 항목으로 환각제 효과를 측정했다. 참가자들은 그림 그리기처럼 환각제 연구에서 흔히 등장하는 활동도 했다. 위약 효과를 더 강화하기 위해서 과학자들은 오래전의 아드레날린 실험처럼 "바람잡이"도 등장시켰다. 연구의 목적을 아는 사람들이 환각제의 효과가 있는 것처럼 행동했다.

혹시 당신은 이 연구를 읽으며 이러한 속임수에 절대 걸려들지 않으리라고 생각하는가? 그런 생각은 대체로 빗나간다. 참가자의 39퍼센트는 위약 환각제가 전혀 효과가 없었다고 보고했다. 다수(61퍼센트)는 효과가 있었다고 보고했다. 참가자 중 일부는 환각버섯을 상당량 복용한 것처럼 큰 효과를 보기도 했다. "약"의 효과에 대해서 이렇게 보고한 사람도 있다.

"그림을 그릴 때까지는 아무 느낌도 들지 않았다. 그러다 모든 것이 좀 내려가는 듯했고, 두통도 좀 있었던 것 같다……기운이 없고……뭔가 가라앉는 느낌이 들었다. 마치 중력이 더 강해져서 나나 뭔가를 붙잡는 것 같은……내 머리가 대체로 그랬다. 특히 내 머리 뒤쪽이."

또다른 경험은 이렇다.

"이 그림을 보기 전까지는 아무 느낌도 없었다. 마음을 움직이는 그림이었다. 색은 그냥 변하는 것이 아니었다. 움직이는 그림이었다. 스스로 모양을 바꾸었다."

다른 경험담을 보면 긴장이 풀리고, 약의 "물결"이 다가온 느낌을 받았고, 감각이 더 강화되어 소리며 색이 더 강렬해지고, 실험 내내 구역질이 나고, 약간의 두통이 있거나 시간에 대한 지각이 변했다고 한다. 약에 환각제 성분이 없다는 이야기를 듣고서도 "환각제"를 복용했다는 느낌을 "확실히" 받았다며, 위약을 또 얻을 수는 없느냐고 물어본 참가자도 있었다.

이 같은 결과는 위약 조건이 아주 중요하다는 사실을 가리킨다. 위약 조건이 없는 실험에서, 흔히 약물 효과를 끌어올리는 다른 장치(조명, 음악, 그림)까지 다 있으면 실로시빈이 정신 건강에 미치는 효과 가운데 위약 효과가 얼마나 되는지 절대 알 수 없다. 규모가 더 큰 시험이 이루어져 어떤 사람이 이득을 보는지(그리고 위해를 당하는지) 더 잘 알게 되는 상황이라면, 실로시빈이 특정 집단을 위한 새로운 계열의 정신 건강 치료제가 되리라고 낙관적으로 전망할 수 있다. 그 특정 집단이 어떤 사람들인지 알아내기만 하면 될 것이다.

***

실로시빈이 많은 우울증 환자에게 효과적인 치료제인지, 혹은 다른 정신질환에 유용한 치료제인지는 여전히 논란의 여지가 있다. 규모가 작은 연구 결과를 보면 전망이 밝아 보이지만, 통제 조건이 있는 대규모 연구가 부족하다. 그런데 임상 효과가 확실하다고 해도, 실로시빈은 항우울제와 비교하면 중대한 차이가 있다(똑같이 뇌의 전반적인 화학 체계를 겨냥한다고 해도 방식이 아주 다르다). 실로시빈의 존재는 세상에 대한 믿음 및 미래를 향한 예측에 미묘한 변화를 주는 항우울제의 방식과는 다른 경로로 치료가 가능하다는 점을 시사한다.

실로시빈은(그리고 LSD 같은 다른 환각제도 가능성이 있다) 우리가 세상에 품는 기대에 아주 큰 교란을 일으킬 수 있다. 이에 비하면 SSRI 계열은 우리의 기본적인 지각 정보를 조절한다. 몇몇 연구에 따르면, 환각제는 "감각 과부하"를 유발할 수 있다.[206, 207] 예측되지 않는 외부의 감각 정보가 증가하는 동시에, 세상에 관한 사람들의 생각을 제한하는 조건들이 완화된다는 것이 칼하트해리스와 칼 프리스턴의 모형이다.[208] 즉 주어진 환경에 부적응적으로 변해버린 신념을 완화할 수 있다는 뜻이다. 예를 들어 우울증 환자는 세상이 실망스러운 장소라는 흔들림 없는 확신을 품고 있는데, 이를 약화시키는 것이다. 환각제의 메커니즘은 항우울제 치료제가 유도하는 지각의 작은 변화와 다르다. 그런데 이런 메커니즘은 정신 건강 치료에서 특이하지는 않다. 사실 나는 이 메커니즘이 심리치료와 공통점이 있으리라고 본다. 심리치료 또한 환자가 세상에 관해 품은 강고하고 경직된 신념을 흔들려고 애쓴다(이런 믿음이 개인에게 도움이 되지 않을 때 그렇다). 최근 연구에 따르면, 실로시빈은 "인지적 유연성"을 강화할 수 있다고 한다. "인지적 유연성"은 변화하는 환경에 적응시키는 힘으로, 약효는 4주일 동안 지속된다고 한다.[209] 아마 그렇기에 최근에는 많은 환각제 연구가 치료 차원에서 이루어지는 것이리라. 완고하고 무용한 믿음을 흔드는 치료는 세상의 새로운 정보에 더 민감해지고, 변화하는 상황에 더 유연하게 대처하도록 만들어주는 약의 도움을 받을 수 있다.

심리치료를 연구하는 과학자와 약물치료를 연구하는 과학자는 흔히 별개의 집단이다. 그들은 심리치료와 약물치료 모두 정신질환에서 회복하기 위한 비결이지만 서로 다르다고 생각한다. 심지어 어떤 과학자들은 두 접근방식이 서로 배울 것이 거의 없다고 본다. 그렇지만 이는 그릇된 이분법이다. 약물과 심리치료는 서로 다를지 몰라도 많은 공통점이 있으며, 동시에 효과를 낼 수 있다. 정신질환을 치료할 때 서로 구별되면서도 겹치는 방식으로 뇌에 영향을 미친다. 환각제의 극적인 효과는 낯설고 새로워 보이지만, 사실 몇몇 심리치료와 비슷한 과정을 통해서 정신 건강을 증진할 수 있다. 심리치료 또한 세상을 향한 믿음과 기대에 변화를 주는 방법으로 효과적이다.

8

심리치료는 뇌에 어떤 변화를 가져올까

"호흡에 집중하세요." 선생님이 말했다. 우리는 조각상처럼 가만히 앉아 있었다. 30분 동안 근육 하나 움직이지 않으려고 애썼다. 이곳은 맨체스터에서 사흘 동안 진행되는 요가 워크숍 현장이다.

때가 되면 선생님은 도움이 되는 말을 해준다. "생각을 떠나보내세요." 거의 동시에, 내 마음속에서 터지기 직전의 커다란 방울처럼 둥실 떠오르는 생각들. 멀리 사이렌 소리며 자동차가 달리는 소리, 그리고 내 옆에 앉은 변호사의 긴장 어린 호흡 소리를 들을 수 있다. 느낌상 변호사는 샤워하러 갈 시간이 될 때까지 카운트다운을 하는 것 같았다.

당신은 움직이지 않으려고 애쓴 적이 있는가? 열심히 노력해봐도 잘 안 될 것이다. 발과 발목을 풀 수 없으니 아플 테고, 목이 쑤시는 느낌도 받을 것이며(머리를 움직일 수 있다면 뭐든 내어줄 것이다), 완벽한 침묵을 유지하느라 불편할 것이다. 15분쯤 지나면 몸의 여러 부분에서 감각이 사라질 텐데, 그게 낫다. 결국 당신은 당신의 팔이 전체 공간의 어디쯤에 위치하는지 그 느낌을 잃게 된다(소위 "자기수용감각"을 잃은 것인데, "자기수용감각"은 우리 몸이 공간의 어디쯤에 위치하는지 느끼는 감각이다. 술을 마셔도 이 감각을 잃을 수 있다). 30분이 지나면 당신은 더없이 행복한 텅 빈 감정과 1초도 더는 지속할 수 없으리라는 불행한 감정 사이를 주기적으로 오가게 된다. 적어도 나는 그랬다.

당신이 자주 명상을 한다면 지금쯤 눈치챘을 것이다. 나는 평범한 명상가였다. 무척 노력했지만 그랬다(좋지 않은 징조이다). 2021년에 열린 이 맨체스터 워크숍에서는 심지어 평소보다 더 좋지 않았는데, 자꾸 호흡에 대해 생각하게 되었기 때문이다. 호흡은 보통 집중을 위해 긴장을 푸는 차원에서 하는 일인데, 이번에는 이 붐비는 스튜디오에서 나나 다른 누군가에게 코로나19 바이러스가 있지 않을까 자꾸만 걱정되었다.

(나를 포함한) 많은 사람이 정신 건강을 증진하기 위해서 주기적으로 명상을 하지만, 명상은 상대적으로 긴장이 풀리기 시작할 때 훨씬 잘된다. 명상이 가장 필요할 때 당신이 치명적인 전염병에 대해서 생각하기 시작한다면 정말 힘들어진다.

나는 10년이 넘도록 거의 매일 요가를 해왔다. 나는 한쪽 다리로 균형을 잡는 일도, 이상한 자세를 취하는 일도, 힘든 자세에 집중하며 내 인생의 다른 부분에 관해 잊어버리는 일도 좋았다. 그렇지만 노력을 해도 명상은 엉망이었다. 이제까지의 경험을 통해서 알게 된 것은, 나는 몸의 기운이 다 빠졌을 때만 제대로 명상을 할 수 있는 사람이라는 사실이었다. 그렇지 않으면 힘이 너무 많이 들어가서 명상을 할 수가 없었다.

마음을 바꾸는 방법

전 세계 사람들은 마음의 상태를 끌어 올리는 법을 연습한다. 이런 방식의 구체적인 목표는 개인의 번뇌에서 해방되는 것(불교신자의 열반)부터 일을 더 효율적이고 집중해서 해내는 것(자본주의자의 열반)까지 다양하다. 인지행동치료cognitive behavioural therapy, CBT 같은 기술은 삶을 구하는 치료법이 될 수 있다(예를 들어 이전에 자살성 사고나 자살 시도를 한 적이 있는 군인을 상대로 자살 시도를 60퍼센트까지 줄였다).[210] 마음챙김에 기반한 인지 치료mindfulness-based cognitive therapy, MBCT의 경우, 대략 요가와 불교식 명상에서 유래한 치료법으로 미래의 우울 삽화 예방에 특히 도움이 될 수 있다.

오늘날 대부분의 사람은 임상이나 의료적 배경이 아니라 정신적 웰빙 증진을 꾀하는 다양한 대중적인 방식을 통해서 심리치료를 접한다. 책부터 자조self-help 앱까지 다양한데, 치료의 질이나 효능이 아주 다를 수 있다. 디지털 정신 건강 앱은 2만 가지가 넘는데, 실제로 효과가 있는지 여부를 평가하는 임상시험을 엄격하게 시행한 앱은 거의 없다. 그렇지만 이 앱들은 스스로 더 행복해지고 싶은 인간의 지속적인 노력을 활용한다.

임상 심리치료, 그리고 명상과 요가는 상대적으로 잘 알려져 있다. 심리치료는 여러 대화 치료를 포괄하는 용어로, 내담자 혼자 할 수 있고 그룹을 짜서 할 수도 있으며, 어떤 경우에는 커플로 치료를 받을 수도 있다. 어떤 형식이든, 정신 건강의 저하에 일조할 수 있는 생각과 행동 패턴을 돌아보고 고쳐서 전체적 기능을 향상하는 것이 목표이다. 제5장에서 살펴보았듯, 어떤 치료든(약물이든 심리치료든) 간에 치료가 효과적일 것이라는 기대를 품으면 효과가 더 커진다. 바로 위약 효과이다. 그렇지만 심리치료 시험에서 위약 효과를 확인하기란 불가능하다. 치료제의 임상시험에서 쓰는 위약과는 달리, 심리치료에는 위약에 해당하는 것이 없다. 이런 상황에 대처하기 위해서 임상 환경에는 "증거 기반" 치료를 따르는 오래된 전통이 있다. 예를 들어 대기 명단에 이름을 올리거나(제 5장 참고), 혹은 (더 나은 위약으로) 심리교육 시간을 가지는 것보다 효과적이라고 증명된 치료가 "증거 기반" 치료이다. 여러 종류의 증거 기반 치료 가운데 인지행동치료가 최고의 자리를 고수하고 있는데, 특히 우울증 치료에서 그렇다. 인지행동치료는 가장 많이 연구되고, 여러 곳에서 가장 많이 전달되고 있다. 몇 가지 직접 비교연구에 따르면 정신 건강 문제, 특히 우울증과 불안 문제에서 가장 효과적인 심리적 개입이라고 한다[211](그렇지만 이런 결과들은 그 효과를 수량화하여 다른 심리치료 기술들과 비교한 연구들에 의해서 반박된다).[212, 213]

인지행동치료의 뿌리는 두 갈래로 나누어진다. 마음이 작동하는 방식에 관한 두 이론, "행동주의"와 "인지주의"이다. 둘은 처음에는 서로 대립적인 이론으로 여겨졌다. 행동주의자에 따르면, 우리의 행동은 이전 경험에 따라 조건이 형성된다. 만일 당신이 긍정적인 결과나 보상을 얻는 어떤 일을 했다면, 그 일을 다시 할 것이다. 반대로 불쾌한 결과가 나오는 일을 했다면, 훗날 그 행동을 피하려고 최선을 다할 것이다. 이 같은 조건화는 분명 행동에 큰 영향을 미친다. 많은 어린아이가 어느 순간 조리대 위의 뜨거운 냄비를 만지고 나면 다시는 건드리지 않는다. 노로바이러스에 감염되면 아프기 전에 먹은 음식은 무엇이든 피하게 된다. 행동주의로 정신 건강 문제를 설명해보자면, 예를 들어 사교 모임을 극도로 피하는 환자는 이전에 비슷한 사회적 환경에서 부정적인 경험을 했기 때문에 그렇다고 볼 수 있다. 행동주의는 정신 건강을 연구하는 신경과학에 상당한 영향을 미쳤다. 당신도 이 책 전체에서 행동주의 이론의 여러 요소를 찾을 수 있을 것이다. 동물 대상의 실험이나 인간 대상의 실험 둘 다 정신 건강과 관련하여 행동을 측정한다(그리고 뇌는 행동과 상관관계이다). 그래서 그에 대한 설명도 자연스럽게 행동 관련 과정을 참조한다. 우리는 제4장에서 이런 방식이 지닌 장점을 살펴보았다. 행동은 객관적 수치로, 현재 및 과거의 정신 상태에 관해서 유용한 정보를 줄 수 있다. 그렇지만 정신 상태를 추론할 때는 행동으로 충분하지 않을 때가 있다.

진정한 행동주의는 정신 상태처럼 관찰할 수 없는 대상의 중요성을 받아들이지 않는다. 행동주의의 관점에서 특정 정신 상태로 인한 행동을 측정할 수 있다고 해도, 행동주의 자체는 그런 행동으로 밀고 가는 생각을 도외시한다는 것이다. 이 같은 외면은 문제가 되는데, 똑같은 행동이라도 그 바탕이 되는 인지적 과정은 아주 다를 수 있기 때문이다. 사람의 행동만으로 인지 상태를 추측할 수는 없다. 반면에 인지주의는 인지적 과정이 서로 달라도 같은 행동을 끌어낼 수 있음을 인정하며, 우리의 정신적 경험을 만들어내고 행동에 영향을 미치는 다양한 인지과정(지각, 기억, 감정 등)을 설명하고 이해하고자 한다. 누군가 사교 모임을 피할 때, 행동주의자라면 그 사람이 과거의 사교 활동에서 스트레스를 받는 불쾌한 경험을 겪었고, 그 때문에 모임을 피하도록 조건화되었다고 추정할 수 있다. 그렇지만 그 개인의 입장에서 보면, 미래에 어떤 나쁜 일이 일어날지도 모른다는 불안 때문에 사교 모임을 피하게 되었을 수도 있다. 그런 일은 절대 일어난 적이 없다고 해도 말이다(혹은 다른 사람에게서 병이 옮을까 봐 겁이 나거나, 집을 비운 채 떠나도 되는지 걱정되거나, 아니면 완전히 다른 맥락으로 똑같은 행동을 하게 되었을 수 있다). 인지주의자로서 어떤 인지과정이 회피행동으로 이어졌는지 이해한다면 원인이 될 만한 여러 요인을 구분할 수 있다. 그 개인에게 도움이 되지 않는 회피행동을 완화할 방법을 찾아내는 비결을 얻을 수 있다.

행동주의와 인지주의는 마음을 상당히 다른 방식으로 정의하지만, 그래도 둘은 서로 연결되어 있다. 경험으로 이루어진 조건화된 학습이 인지적 과정에 영향을 미쳐 우리의 정신 상태에도 영향을 주는 것이다. 주의와 정서적 상태 같은 인지적 과정 또한 우리가 세상에서 학습하는 내용에 영향을 미치고, 그럼으로써 행동의 변화를 가져온다.

인지행동치료에서 치료사는 내담자에게 도움이 되지 않는 행동 패턴(사교 모임 회피 등) 및 사고(모든 사람이 자기 자신을 흉본다고 생각하는 것 등)를 깨닫게 해줄 것이다. 인지행동은 두 과정 모두 목표로 삼아 치료를 진행하는데, 어느 시점에 내담자가 소소한 사교 모임에 참여하도록 북돋워준다(행동주의적 접근의 노출 치료). 그리고 대부분의 사람들이 내담자를 비판적으로 바라보지 않는다는 증거를 찾게 하여, 이전의 사고에 맞선다(인지적 접근). 인지행동치료를 변주한 여러 가지 치료들이 식이장애, 강박장애, 우울증, 불안장애 등 온갖 정신 건강 문제에 쓰인다. 이 같은 접근은 생각과 행동의 패턴을 바꿀 수 있어, 결국 많은 사람이 기분을 개선하고 스트레스를 줄이며 전반적으로 더 수월한 삶을 살게 된다.

심리치료는 어떻게 효과를 낼까?

이 질문을 뛰어난 과학자이자 임상심리학자로 심리치료를 개선하는 방법을 연구하는 내 친구 케이틀린 히치콕에게 던져보았다. 친구가 보기에, 인지행동치료는 세상에 대한 당신의 모형을 새롭게 바꾸고자 한다. 당신이 삶에서 (경험의 확장을 통해서) 예측하는 내용을 갱신하는 것이다. 예를 들어 우울하고 무심하고 삶에 흥미를 잃은 사람이 있다면, 타인과 연결되는 활동이나 중요한 가치와 이어지는 활동을 조금씩 해보라고 권할 것이다. 숙달할 수 있는 취미도 좋은 예가 된다. 이런 식으로 어떤 행동을 시험적으로 해보면, 사람들은 예측 오류를 경험한다. 제3장에 나온 원숭이들처럼 기대보다 좋은 결과를 맞이하는 것이다. 예측 오류는 학습으로 이어지므로, 사람들은 미래가 생각만큼 그렇게 울적하지는 않다고 학습하기 시작한다. 결국 이 같은 재학습을 계기로 환자들은 세상에 대한 예측을 조금 더 보편적인 방향으로 조정할 수 있다.

그런데 심리치료가 바로 효과를 보이지는 않는다. 예측 오류는 하나씩 쌓아 올리는 과정이 필요하다. 인지행동치료는 온라인으로 단 한 번 전달된 경우라도 내담자가 모호한 상황이 주어진 질문지에서 조금 더 긍정적인 해석을 고르게 만든다는 증거가 있다.[214] 그렇기는 해도 심리치료 또한 효과를 내려면 시간이 필요하다. 이런 특성들은 항우울제와 비슷하나, 심리치료가 목표에 도달하는 방식은 항우울제와 아주 다를 수 있다.

항우울제의 작동 방식에 관한 인지 이론에서(제6장 참고), 항우울제는 정서적 사건에 대한 자동적 해석, 지각 과정, 습관적이고 무의식적으로 정서적 정보를 처리하는 방식에 변화를 준다. 반면에 인지행동치료는 사고방식에 관심을 기울이고 편견과 맞서도록 하는 수고스럽고 의식적인 과정이다. 이렇게 경로가 다른 둘에는 각각의 장단점이 있다. 인지행동치료의 장점은 당신이 치료사를 그만 찾아도 효과가 끝나지 않는다는 것이다. 치료 과정에서 케이틀린은 사람들에게 "사고 오류"를 인식하도록 안내한다. "사고 오류"는 내담자의 생각이 지나치게 부정적일 때, 하나의 불행한 사건에서 삶 전체가 비참하다는 일반적 지각으로 즉시 옮겨갈 때를 가리킨다. 내담자는 생각을 조정하여 이전과는 다른 믿음을 품게 된다. 치료가 종결되어도, 케이틀린이 예전에 맡은 일부 환자는 "그것은 사고 오류입니다", "나는 다른 방식으로 생각할 수 있습니다"라고 하는 케이틀린의 말이 머릿속에서 떠올랐다고 전한다. 많은 사람이 인지행동치료가 끝난 후 한참 지나도 훗날 우울 삽화를 경험할 가능성이 적다고 한다.[215]

우울증을 예방하는 이 같은 인지행동치료의 힘은 믿음을 의식적으로 재평가하는 과정에 따라 뇌에 변화를 가져오게 하는 것으로, 일종의 후속 효과이다. 우리의 뇌는 우리의 경험에 의해 결정된다(제3장 참고). 즉 우리가 (예측 오류를 통해서) 학습하는 것들, 그리고 우리가 세상에 기대하고 믿게 되는 것들에 의해 결정된다는 뜻이다. 심리치료는 이를 표적으로 삼아 뇌에 변화를 가져온다. 인지행동치료를 비롯하여 모든 심리치료는 사실상 본디 생물학적이며, 뇌의 변화를 통해서 효과를 발휘한다.

나는 항우울제 치료 이후의 뇌 변화 추이를 심리치료 이후의 변화 패턴과 직접 비교하는 연구를 진행한 바 있다.[216] 항우울제와 심리치료는 (우울증뿐만 아니라) 많은 정신 건강 문제에 사용되므로, 이런 치료를 받은 다양한 질환의 환자도 연구 대상에 포함했다. 강박장애, 양극성장애, 사회불안장애, 외상 후 스트레스 장애가 그 예이다. 이 모든 장애에서 항우울제 치료제가 변화를 가져오는 공통의 뇌 부위는 편도체이다. 편도체는 정서를 경험하고 지각하는 과정과 관련된 부위이다. 한편, 심리치료의 경우 내측 전전두피질에서 일어나는 대부분의 활동에 변화를 가져온다. 내측 전전두피질은 주의 및 정서 상태의 인식과 관련된 부위이다.[217] 두 부위는 해부학적으로 분리되어 있으나 서로 관련이 있다. 뇌에서 두 부위는 정서와 기분의 경험을 다루는 연결망에 속한다. 그러므로 심리치료와 항우울제 치료는 각각 정서 처리의 두 측면, 예를 들면 지각(항우울제가 해당된다)과 인식(심리치료가 해당된다)에 변화를 가져와 효과를 발휘할 수 있다.

심리치료와 약물치료가 서로 다른 경로를 통해서 정신 건강을 증진할 수 있다면, 각각 다른 사람에게 효과를 낼 수 있다는 것도 말이 된다. 어떤 사람에게는 약물을 통해서 정서의 지각을 직접 목표로 삼는 것이 정신 건강을 증진하는 데 효과적이다. 또 어떤 사람에게는 심리치료를 통해서 배운 기술을 활용하는 방법을 학습하는 것이 효과적이다. 두 치료 중 어느 하나가 효과를 보이는 사람이 있는가 하면, 어느 쪽도 그다지 효과가 없는 사람도 있다.

인지행동치료의 경우, 예측 오류가 세상에 관한 내담자의 모형을 갱신할 만큼 크지 않을 때도 있다. 예를 들어 우울 삽화 동안, 부정적인 믿음과 기대가 너무나 뿌리 깊고 조금의 오차도 없어(수학적 용어로는 "정밀하여precise") 어떤 새로운 정보로도 예측 오류를 통해서 세상에 대한 모형을 바꾸기 어려울 수 있다. 이렇게 모형에 변화가 없는 경우, 치료사는 그런 뿌리 깊은 기대를 뒷받침하는 것에 관해 알아내는 시간을 더 가질 수 있다. 기대를 약화시키고, 새로운 정보를 더 잘 감지하고 받아들이는 태도를 가지게 하기 위해서이다(제7장에서 살펴본 칼하트해리스와 칼 프리스턴의 환각제 작용 이론과 매우 비슷하다).

어느 날 예상치 못한 좋은 일이 일어났다고 하자. 이를 계기로 그날 하루는 예상보다 더 좋은 일이 일어나리라고 생각할 수 있다. 혹은 그냥 운이 좋다고 생각할 수도 있다. 만일 우울증을 앓고 있다면, 부정적인 예측이 너무나 단단하여 뜻밖에 좋은 일이 일어나도, 즉 예측 오류가 있어도 이를 무시할 수 있다. 그 좋은 사건이, 당신이 속한 세계의 평소 풍경과는 아무 상관이 없다고 여기는 것이다. 이런 경우 심리치료 과정에서 부정적인 결과가 예측되는 어떤 일을 시도해보라는 권고를 받을 수 있다. 그렇게 시도한 결과, 예상 밖에 좋은 일이 일어났다고 해보자. 그러면 당신은 그 조금의 오차도 없는 예측 방식으로, 이 긍정적인 결과를 무작위로 굴러가는 세상에서 벌어진 뜻밖의 재미난 사건이라고 해석할 수 있다. 혹은 당신이 애초에 품은 기대가 너무 부정적이었기 때문에 예측 오류가 생긴 것이 아니라, 다른 원인 때문에 생겼다고 받아들일 수도 있다.

당신이 뜻밖의 사건을 어떻게 해석하는가에 따라, 확실한 예측 오류라도 당신이 품은 모형을 하나도 바꾸지 못할 수 있다. 심지어 부정적인 모형을 더 부정적인 방향으로 몰고 갈 수도 있다. 신경과학자이자 정신의학자인 미카엘 무투시스와 레이 돌런은 치료가 실패할 수 있는 상황에 관해 우아하게 설명했다. 좋은 일이 생겨도 새로운 믿음을 형성하는 방향이 아니라("삶은 내가 생각했던 것보다 좋아"), 기존의 부정적인 믿음에 새로운 사건을 끼워 맞춰버린다면("오늘은 좋은 날이었는데, 그건 치료사가 훌륭한 사람이었기 때문이지 내가 그런 건 아니야"라는 식) 성공할 수 없다.[218]

당신에게 군중에 대한 공포증이 있다고 하자. 군중 속에 있으면 뭔가 끔찍한 일이 일어날 것 같다. 너무나 확신이 강한 나머지, 현실에서 어떤 사건이 일어나든 뭔가 끔찍한 일이 벌어지리라는 믿음을 강화한다. 군중 속에 있으면 신체의 생리적 반응이 이런 믿음을 강화한다. 심장이 빠르게 뛰고 호흡이 가빠지고 어지러운데, 군중 속에 있는 상태가 끔찍하게 느껴지기 때문이다. 그렇게 군중과 뭔가 불쾌한 사건의 관계가 실제로 강해진다. 심지어 어떤 경우는 그리 나쁘지 않은 경험이었다고 해도 치료사와 같이 있어서라고 생각할 뿐, 다른 사람들과 있어도 그리 나쁘지는 않을 것이라고 일반화하지 않는다. 당신은 한 가지 감각을 과잉 일반화할 수 있고(사람들이 많이 모여 있으면 끔찍한 느낌이 들기 때문에 위험하다), 다른 감각을 과소 일반화할 수 있다(어떤 무리는 그리 나쁘지 않을 수 있지만, 그렇다고 군중에 대한 일반적인 느낌이 달라지지는 않는다).

심리치료 기술이 효과가 있을 때는 학습을 증진하여 믿음과 기대에 변화를 가져온다. 내 연구실의 두 연구자, 쿠엔틴 더컨과 세라 메르호프의 연구에 따르면 심리치료는 부정적인 피드백을 처리하는 방식의 개선을 치료의 목표로 삼을 수 있다.[219] 이 연구에서는 약 900명의 실험 참가자(정신질환이 있는 집단과 없는 집단)가 인지적 거리 두기라는 기술을 연습했다. 인지적 거리 두기란, 인지행동치료와[220] 마음챙김 치료를 전달하는 심리치료사들이 흔히 쓰는 기술이다. 참가자들은 기술 습득 후 컴퓨터로 보상이 주어지는 과제를 풀었고(이 과제는 주어진 상징 가운데 어느 것이 보상적 결과와 이어지는지 학습하는 내용이다), 그동안 연구진은 그들의 행동과 감정에 어떤 변화가 있는지 측정했다. 인지적 거리 두기는 사건에 대해서 즉각적인 감정적 반응이 일어나면 "한 걸음 뒤로 물러나는" 기술이다. 어떤 감정적 반응이든 거리를 둔다. 참가자들이 보상 과제를 수행하면서 동시에 인지적 거리 두기를 연습했을 때는 수행 점수가 놀라울 만큼 더 좋았다. 이 같은 증진은 인지적 거리 두기를 연습하지 않은 집단과 비교해볼 때, 부정적인 결과를 잘 처리하게 되었기 때문에 가능했다. 즉 인지적 거리 두기가 부정적인 예측 오류를, 세상에 대한 개인의 기대 혹은 모형과 잘 통합할 수 있는 것이다. 이는 인지행동치료 같은 인지치료법이 정신 건강을 증진하는 방식이다. 사람들이 부정적인 사건에 그냥 반응하는 것이 아니라 그 사건을 적응적으로 이용하는 법을 훈련하기 때문이다.

***

케이틀린 히치콕은 인지행동치료를 받고 정신 건강이 개선되는 사람과 그렇지 않은 사람을 나누는 흥미로운 기준을 발견했다. 어떤 사람은 마음속으로 독백한다. 내면의 독백이란, 살아가면서 자기 자신이 어떤 상황인지 깨닫고 이야기를 이어나가는 감각을 뜻한다. (나를 포함하여) 많은 경우 이 같은 독백은 말로 구성된다. 심지어 내적 목소리로 마음속에서 "들리기도" 한다. 케이틀린은 내적 독백이 강한 사람에게 인지행동치료 시간 전후로 무슨 생각을 했는지, 군중을 왜 피했는지, 군중 속에 있으면 머릿속에 어떤 생각이 떠오르는지 등을 설명해보라고 했다. 그러면 그들은 내적 독백에 담긴 정보를 찾아 대답했다. "무슨 생각을 하고 있었나요?"라는 질문은 그들이 대답할 수 있는 합리적인 질문이다. 그런데 소수이기는 하나 상당수의 사람이 이런 내적 독백을 하지 않는다. 장애가 아니라, 그냥 다른 것이다. 이들의 생각은 쉽게 말로 표현되지 않으며, 명확한 이야기를 구성하지 않는다. 이들의 내면적 세계에서 이미지가 더 우세할 수 있다. 케이틀린이 같은 종류의 질문을 던져도 내적 독백이 없는 사람은 무슨 생각을 했는지 대답하느라 애를 먹는다. "당시 머릿속에 어떤 생각이 떠올랐나요?" "난 정말 몰라요." 원래부터 내적 독백이 없는 사람들은 부적응적인 생각의 유형을 확인하는 일이 훨씬 더 힘들다. 이런 확인 과정이, 도움이 되지 않는 생각과 행동을 개선하기 위한 핵심적인 첫걸음이다.

위에서 살펴본 임상적 통찰과는 별도로, 다른 정신 건강 치료법과 더불어 우리는 개인에게 어떤 치료가 가장 효과적인지 신뢰할 만한 예측을 할 수 없다. 심지어 어떤 치료제 혹은 심리치료가 더 효과적일까와 같은 기본적인 질문에도 답하기 어렵다. 이런 결점 때문에, 당신은 적당한 임시 해결책으로 두 치료법을 그냥 합치면 어떨까, 두 가지 신경 경로를 동시에 표적으로 삼으면 어떨까 생각해볼 수 있다. 연구자들은 어떤 치료가 더 나은지 자주 논쟁하지만(어느 학파 출신인가에 따라 다르다), 실생활에서 대부분의 사람들은 두 치료법을 통합한 병용 치료를 받는다. 이 같은 실용적 해결책은 이득이 있을 수 있다. 최근 중등도에서 중증까지 우울증을 앓는 환자 1만1,000명의 자료를 메타 분석한 연구에 따르면, 병용 치료는 단독 치료에 비해 더 효과적이다.[221] 아마도 항우울제와 심리치료의 신경 표적이 서로 달라도 관련이 있어서 함께하면 효과가 증진될 수 있을 것이다. 그렇지 않다고 해도, 어떤 치료가 더 효과적일지 모르는 상황일 때 두 치료를 함께 시작하면 더 좋아질 가능성이 있다(어떤 치료 때문에 효과를 보았는지, 아니면 둘의 결합으로 효과를 보았는지 절대 알 수 없지만).

인지행동치료와 항우울제는 공통점이 많다. 둘 다 생각과 행동에 작은 변화를 주는 힘이 있는데, 이런 작은 변화가 쌓여 시간이 흐르면 기분과 같은 더 큰 대상에 영향을 미칠 수 있다. 항우울제의 경우, 지각의 작은 변화를 끌어낸다. 세상에 존재하는 것들을 즉각 해석하는 과정 말이다. 인지행동치료의 경우, 생각과 환경을 해석하는 방식을 바꾸기 위한 보다 의식적이고 힘을 기울이는 과정이다. 두 치료 모두 세상에 대한 믿음과 기대를 근본적으로 바꾸므로, 위약이 효과를 내는 방식과도 공통점이 있다. 인지행동치료가 성공하면 세상에 대한 당신의 모형이 달라진다. 즉 언제나 부정적인 결과를 기대하는 태도에서(일반적으로 부정적인 태도, 군중 속에서 부정적인 경험 기대 등) 조금 더 균형적이고 유연한 예측 모형으로 옮겨간다. 긍정적인 사건과 부정적인 사건 모두 일어날 가능성이 있다고 수용하며, 사건이 일어난 구체적 맥락을 보게 된다.

심리치료와 신체 건강

이 세상은 정신 건강에 효과가 있을 법한 치료(항우울제, 심리치료 등)와 신체 건강에 효과가 있을 법한 치료(수술, 물리치료, 소염제 등)를 명확히 구분한다. 그렇지만 현실에서는 둘의 경계가 그리 명확하지 않다. 소염제는 일부 우울증 환자에게 효과적인 치료제가 될 수 있다. 위약 수술은 흔히 관절염 같은 신체질환을 고칠 수도 있다. 심리치료 또한 이 경계를 지운다. 위약이 뇌의 기대 체계를 통해서 신체 건강에 변화를 주는 놀라운 힘을 갖추고 있듯, 심리치료 또한 정신 건강 개선에 좋다고 널리 알려져 있지만, 많은 경우 신체 건강도 개선할 수 있다. 인지행동치료가 우리의 믿음과 기대를 바꾸기 때문이리라. 외부 세계 대신 신체 **내부** 세계에 대한 믿음과 기대가 달라지는 것이다.

보통 우울증, 불안, 강박장애 같은 정신질환에만 심리치료를 떠올릴 수 있다. 그렇지만 심리치료가 효과적인 이유는 이 세상 속의 우리 자신을 바라보는 방식을 바꿀 능력이 있기 때문이다. 우리의 뇌가 경험을 해석하고 기대를 형성하는 방식 말이다. 신체질환에 대한 감각 또한 우리의 뇌에서, 경험과 해석과 기대에서 유래하기 때문에(제3장 참고) 심리치료 또한 신체적 자아를 바꿀 힘이 있다. 이 능력은 아주 유용한데, 여러 심리적 질환이 사실상 아주 신체적인 병으로 느껴지기 때문이다. 예를 들어 공황장애의 경우, 주요 증상 대부분이 신체 증상이다(과호흡, 실신, 어지럼증 등).

신체 건강과 정신 건강의 경계에 놓인 질환에 대해 생각해보자. 경계에 있는 질환 가운데 하나는, 환자들이 이유도 모르게 갑자기 넘어지는 증상을 겪는 것이다. 이를 놓침발작drop attack이라고도 한다. 이 같은 넘어짐은 사람을 쇠약하게 하고, 심각한 부상으로 이어질 수도 있다. 그런데 기능성 신경학적 장애처럼 이 질환 또한 전형적인 질병 혹은 퇴행이 아니다. 이유 없는 넘어짐에 대한 최근의 한 연구에 따르면, 의학적 혹은 역학적 이유로 넘어진 후 정신적 외상이 생기면 이 질환이 나타날 수 있다고 한다.[222] 연구자들은 환자가 최초의 넘어짐(어떤 생물학적 요인과 사회적 요인의 결합이 원인)을 계기로 과도한 관심을 쏟게 되고, 넘어짐을 걱정하게 된다고 보았다(이 과정은 전적으로 무의식적이며, 신체 신호를 처리하는 뇌의 자동 과정이 담당한다). 그렇게 넘어지는 사건은 가능한 한 피해야 한다는 믿음이 생기고, 넘어질 만한 환경이나 상황을 피하면서 행동적으로 강화된다.[222] 처음에 넘어짐을 유도한 계기가 나타난 상황이면 넘어짐에 대한 뇌의 표상이 재활성화되고, 놓침발작이 나타날 수 있다. 그렇게 악순환이 이어진다. 신체적 증상에 대한 경험과 공포가, 바로 당사자가 피해야 할 신체적 증상을 영구히 유발하는 것이다.

그렇지만 이 같은 증상이 경험적 요인과 심리적 요인의 결합으로 인해 발생한다고 해서, 임의로 혹은 가짜로 나타나는 증상은 아니다. 기능성 신경학적 장애처럼 놓침발작은 인지과정으로 인한 신체 증상이다. 그리고 이런 인지과정의 기저에는 뇌의 생물학적 변화가 있다. 여느 뇌질환이나 퇴행과는 다른 유형이므로, 특히 심리치료가 통할 수 있다. 흔히 이 같은 신체적 증상은 이미 앓고 있는 뇌나 몸의 질병 위에 포개진다. 다발성경화증, 뇌졸중, 관절염 등이 그 예이다(제2장 참고). 특정 질환의 경험이 있는 사람의 신체 증상은, 그 증상에 대한 지각 및 기대의 변화를 통해 나타날 수 있으며 악화될 수도 있다.

이처럼 도움이 되지 않는 생각과 행동이 신체적 증상으로 이어지는 악순환은 인지행동치료로 치료할 수 있다. 심리적 증상이 아니라 신체적 증상이라도 가능하다. 치료 시간에 케이틀린은 환자가 신체적 증상을 평가하는 방법을 바꾸도록 할 수 있다. 신체적 통증이나 불편을 재앙이 아니라, 덜 위협적인 존재로 바라보게 하는 것이다. 이는 공황발작을 겪는 동안 할 수 있는 가장 유용한 일이기도 하다. 지금 겪는 증상이 심근경색이 아니며, 죽는 것도 아니라고 인식하는 것이다. 심리치료는 세상에 대한 믿음을 바꿀 수 있다. 우리의 세상은 외부 환경뿐만 아니라 몸이라는 신체적 세계 또한 포함된다.

긴 시간 동안 신체질환들을(원인이 무엇이든) 앓은 사람들의 경우, 증상에 대해서 균형 잡힌 접근을 하면(증상을 인지하고 수용하되 지나친 관심은 주지 말기) 병의 가짓수나 심각성을 줄일 수 있다. 인지치료가 특히 도움이 되는 이유는, 신체적 경험이 정신적 과정을 통해서 온다는 것을 인식하는 일이 무척 어려워서이다. 이는 모든 직관과 반대되는 일이다. 우리는 신체를 의식적으로 통제하고 있으며, 고유한 행동과 반응을 인식하고 있다고 생각하고 싶어한다. 심지어 나만 해도 이 주제를 연구하며 계속 생각하는데도 통증과 메스꺼움, 두통 등을 겪을 때면 내가 통제하고 있다는 식의 직관이 흔들리지 않는다. 그래도 다른 설명을 생각할 수 있어야 한다. 인지적 원인으로 신체적 증상을 겪는 사람이라면 누구나 정신적 과정이 신체적 증상을 유발할 수 있음을 인식해야 회복할 수 있다. 기능성 신경학적 장애 환자를 대상으로 한 인지행동치료의 결과를 살핀 대규모 연구에서, 건강이 개선될 수 있는 환자를 예측한 유일한 항목이 증상에 대한 심리적 설명을 수용하는가였다.[223] 정신적 과정이 여러 신체적 통증, 피로, 불편감을 유발하거나 강화할 수 있다니, 직관에 어긋나는 설명이다. 이것만이 유일한 원인은 아니라고 강조하고 싶다. 질병이나 퇴행의 원인이 무엇인지 밝혀내는 작업이 가장 중요하다. 그렇지만 외부의 원인이 명백하더라도 인지적 요인이 증상에 일조할 수 있음을 수용하는 과정이 신체 건강의 비결이다.

마음을 챙기는 뇌

인지행동치료로 건강이 개선되지 않는 사람은 어떤 유형일까? 인지행동치료는 정신질환 및 몇몇 신체질환에 효과적이지만, 마음에 변화를 줄 수 있는 유일한 방법은 아니다. 마음챙김 기반의 치료는 다른 방식으로 접근한다. 최근에 이와 같은 방식이 (다양한 형식으로) 일반인에게나 임상 환경에서나 웰빙을 위한 개입으로 인기를 끌고 있다.

마음챙김은 현재의 경험에 관심을 기울이는 연습이다(즉 내가 요가 수업에서 잘하지 못했던 그 일이다). 이 연습을 통해 우리는 매 순간 사람의 감각과 생각을 판단 없이 수용하는 사고방식을 훈련하며, 생각과 그에 수반되는 감정적 혹은 신체적 반응 사이의 연결 고리를 줄이고자 한다. 마음챙김은 마구 날뛰는 생각을 가라앉히고, 머릿속에서 일어나는 일의 속도를 늦추는 데 도움이 된다. 알코올이나 대마초에 의지해서 이렇게 하는 사람들도 있다. 최근의 이론에 따르면, 순간의 지각 및 감각에 관심을 집중하면 더 구체적이거나 정밀한 감각이 가능하다고 한다. 이렇게 관심을 다르게 가지면 세상에 대한 확고한 믿음이 감소한다. 예를 들어 매 순간의 감각에 관심을 기울이면 이 세상에서 일어나는 사건 대부분을 내가 통제할 수 없음을 깨달을 수 있다. 때로 사건은 그냥 일어난다.[224] 이 과정은 인지행동치료와는 아주 다르다는 점에 주목하자. 마음챙김 훈련을 통해서 당신은 세상에 대한 당신의 믿음에 **적극적으로**

맞서는 연습을 한다. 이런 이유로, 어떤 개인에게는 더 유용할 수 있다. 케이틀린 히치콕에 따르면, 몇몇 사람들의 경우 본인의 생각이 그 자체로 틀렸다는 발상보다 본인의 생각이 중요하지 않다는 발상을 잘 수용한다고 한다. 누군가 그들을 가리켜 실패자라고 한다면, 마음챙김 요법에서는 이렇게 대답할 것이다. 그래서? 설령 실패했다고 하더라도 그것으로 삶을 규정해야 하나? 이 실패가 정체성을 모두 대변할 수 있을까?

마음챙김은 우울증에서 회복한 사람의 재발을 막을 때 특히 유용하다. 마음챙김 기반의 인지 치료MBCT는 과거 우울증을 앓았으나 현재는 아닌 사람들의 재발 방지 프로그램으로 흔히 쓰인다. 때로 마음챙김 기반의 인지 치료가 단기간 내에 내담자의 기대를 바꾸는 작업에 성공했다고 해도, 새로운 상황을 맞이하듯 작은 변화가 일어나면 그로 인해 예전의 부적응적 모형이 다시 우세해질 수 있다. 마음챙김은 자기 연민과 수용을 이용하여,[225] 혹은 적어도 긍정적인 무념무상 상태를 이용하여 이 같은 부정적인 생각의 연결망을 깨는 법을 가르친다. 새로운 상황을 대단하지 않게 여기면서, 마음속의 괴로운 생각을 다정하고 연민 어린 태도로 대하는 방식은 원래의 부적응적 모형을 약화시킬 수 있다.

세상에 대한 모형이 도움이 되지 않을 때 이를 약화시키면 뇌가 정서적 경험을 해석하고 통제하는 방식에도 변화를 줄 수 있다. 스캐너 안에서 마음챙김을 연습한 사람들의 경우, 화면에 부정적인 이미지가 나타나리라고 기대하면 참가자들의 전두엽 부위(정서 조절 및 의사결정과 관련된다)가 활성화되었다.[226] 이는 마음챙김 훈련을 통해서 부정적인 정보에 의식적으로 대응하는 법을 연습하여, 부정적인 사건을 예측해도 수용과 연민의 태도로 "뭐 어때?"라고 생각할 수 있게 되었다는 의미일 수 있다. 또 참가자들이 마음챙김을 연습하면서 동시에 부정적인 이미지를 볼 때, 편도체처럼 정서를 처리하는 뇌 부위의 활동이 감소되었다.[226] 마음챙김의 즉각적 효과를 보여주는 결과이다. 부정적인 이미지를 눌러주면서, 혹은 그 중요성을 눌러주면서 당신이 품고 있는 세상의 모형에 영향을 덜 미치게 하는 것이다.

그렇지만 모든 사람이 마음챙김을 똑같이 잘하지는 않는다. 많이 훈련해도 그러한데, 내가 대표적인 예이다. 몇몇 사람은 마음챙김을 잘하도록 타고났다.* 그들은 그렇지 않은 사람에 비해, 부정적인 이미지를 예상할 때 전두엽이 덜 활성화된다.[226] 이는 마음챙김을 타고난 사람은 같은 수준으로 집중을 해도 뇌 자원을 그만큼 필요로 하지 않는다는 뜻일 수 있다(이 연구에서는 전두엽 활성화 정도로 확인했다). 즉 부정적인 이미지를 향한 정서적 반응에 힘을 빼는, 상대적으로 어려운 과제를 하는 것이다. 매 순간의 생각과 감각에 관심을 기울이면서도 정서적 반응과 분리하는 일은 대부분의 사람들이 적극적으로 노력해야 해낼 수 있다. 그런데 더 노력해야 하는 사람들의 경우, 마음챙김 훈련이 특히 중요할 수 있다. 그것은 살면서 어려움에 놓일 때 균형을 잡도록 도와줄 수 있고, 정신 건강 유지에도 도움이 되며, 세상에 대한 부정적인 모형을 약화시키는 데 도움이 될 수도 있다.

마음챙김은 **겉보기에** 근사하다. 적어도 내게는 그랬다. 최악의 상황이라도 위험해 보이지는 않는다. 당신은 약물에만 부작용이 있다고 생각할지 모르겠다. 분명 항우울제나 다른 정신과 치료제에는 부작용의 가능성을 정리한 긴 목록이 붙어 있다. 일부 부작용은 위험하며, 환자들이

---

* 이는 "마음챙김 주의 인식 척도" 문항을 통해서 측정했다. 다음과 같은 문장을 보고 답하도록 하는 척도이다. "나는 현재 일어나고 있는 일에 집중하는 것이 어렵다" 혹은 "나는 주의를 기울이지 않고 어떤 일을 한다."[227]

많은 부작용으로 약을 바꾸거나 복용을 중단한다. 그렇지만 모든 치료에는 위험이 수반되며, 마음챙김 또한 예외는 아니다. 심리치료도 부작용의 가능성이 있다는 사실은 흔히 주목받지 못하는데, 보통 주의 사항 목록에 있지 않은 종류의 부작용이다.

예를 들어 사람들이 마음챙김 요법을 받는 동안이나 그후에 아주 드물지 않게 분노와 고통을 경험한다. 정신적 외상성 경험이 있는 사람들에게 마음챙김 요법은 해리 같은 심각한 증상을 유도하기도 한다.[228] 해리는 심각한 심리적 고통으로 인해 자기 신체와 유리되는 경험을 겪는 증상을 뜻하는데, 자기 몸 밖에서 자기 자신을 바라보는 느낌과 비슷하다. 당연히 이런 경험은 무섭고 괴로울 수 있다. 환자가 부작용을 경험하는지 아닌지 여부를 밝힌 연구는 많지 않은데, 환자의 약 15퍼센트가 해리 증상을 겪는다고 한다.[228] 그렇지만 이 수치에 주의해야 한다. 마음챙김 집단에 비해 대기 목록에 이름을 올린 통제집단에 해로운 "부작용"이 실제로 더 크게 나타날 수 있다는 연구도 일부 존재한다.[229] 한편, 부작용을 체계적으로 측정한 연구가 너무 적어 해리가 실제로 얼마나 발생하는지는 알기 어렵다. 설상가상으로 부작용을 경험한 사람들이 후속 시험에 참여하지 않고 그냥 그만둘 수도 있으므로, 부작용은 더욱 모호한 문제가 되어버린다.[230]

해리 증상 같은 부작용이 상대적으로 아주 드물다고 해도, 어떻게 이 단순한 심리학적 기술이 어떤 사람에게는 삶을 긍정하는 놀라운 효과를 내지만 또 어떤 사람에게는 괴로운 부작용을 낼 수 있을까?

이것은 심리치료와 약물치료의 또다른 공통점 때문이다. 같은 치료를 받더라도 사람들의 경험은 뇌 회로의 상태에 따라 아주 다를 수 있다. (제6장에서 살펴보았듯이) 이러한 회로의 차이로 인해 사람들이 좋아질 가능성이 달라지는 것이다.

치료 반응을 결정하는 뇌의 차이는 때로 행동 차원에서 관찰할 수 있다. 특정 임상적 증후군을 겪고 있는 사람의 경우(정신적 외상, 강박 증상) 마음챙김 동안 해리 증상을 보일 수 있다. 뇌 촬영을 통해도 사람들이 치료마다 다른 반응을 보이는 이유를 알 수 있다. 이 작업은 여전히 현재 진행 중인데, 슬膝 전대상피질(굽은 모양의 대상피질에서 중간을 차지하고 있어 "무릎[膝]"이라고 부른다)이 특히 활성화된 환자의 경우 항우울제 치료를 하면 부정적인 정보 처리가 개선되는 한편, 심리치료를 하면 오히려 나빠진다는 연구 결과가 있다. 반면에 같은 부위가 덜 활성화된 환자의 경우 항우울제에는 잘 반응하지 않으나 심리치료에는 잘 반응한다고 한다.[162]

당신의 유전자와 삶의 경험은 뇌 회로의 기본 상태에 영향을 미칠 것이고, 치료에 대한 반응에도 영향을 줄 것이다. 뇌의 회로망에 변화를 주는 사건마다 개인의 반응이 다르다. 와인 한 잔이든, 환각버섯 1회분이든, 호흡에 온 힘을 담아 집중하는 일이든 그렇다. 그리고 이 기본 상태는 정해져 있지 않다. 삶의 어느 시점마다 변할 수 있는데, 치료 직전에도 변할 수 있다. 이런 부분은 현대의 병합 치료에서 이용할 수 있다. 심리치료 전에 "촉진제"를 준비하여 내담자의 반응을 증진시키는 것이다.

치료 촉진

"최근 우울했던 때를 설명해보세요." 우울증 치료의 시작을 알릴 수 있는 흔한 문항이다. 많은 치료가 과거를 되새긴다. 기억에 의존하여 그날 느낌이 어떠했는지 묘사하고 설명하는 것이다. 문제는 사람들이 기억에서 구체적인 예를 제시해야 한다는 것이다. 그리고 우울증이나 외상 후 스트레스 장애 같은 정신 건강 문제를 겪으면 기억 자체가 달라진다. 기억이 부정적인 사건 쪽으로 편향되는가 하면, 일반화되면서 덜 구체적인 모습도 보인다. 그래서 다음과 같은 반응을 끌어낼 수 있다. "글쎄요, 내 인생은 전체적으로 망했어요." 인지행동치료에서는 치료사가 내담자에게 예전에 해본 생각을 말해보라고 한다. 많은 사람이 애먹으며 이렇게 말할 것이다. "계속 그런 거라서 예를 들 수가 없군요." 이 같은 사고의 일반화로 인해 내담자가 그런 방식으로 느끼는 이유를 파고드는 작업, 그리고 개선 가능성이 있으나 현재는 도움이 되지 않는 생각과 행동의 유형을 파악하는 작업은 아주 노련한 치료사라고 해도 매우 어렵다.

케이틀린을 비롯한 많은 연구자가 치료 반응 개선을 위해서 어떻게 기억력을 향상시킬지 방법을 찾고 있다. 인지행동치료를 시작하기 전, 도움이 될 만한 사고방식을 활성화하기 위해서 치료자가 쓸 수 있는 단순한 작업이 몇 가지 있다. 구체적인 기억을 찾아내는 능력을 촉진하는 작업이다. 그 가운데 하나는, 환자가 자서전적 기억을 훈련하는 것이다. 환자는 이 훈련을 통해서 과거에 일어난 구체적인 사건을 찾아낼 수 있다. 심지어 그 구체적인 사건이 부정적인 내용일지라도, 일반화된 문장보다는 구체적인 사례 한 가지가 치료에서 쓸 만하다. 이상적으로 보면, 기억 구체성 훈련은 환자들이 긍정적인 기억을 되살리는 작업에도 도움이 된다. 인지 치료를 받으며 세상에 대한 일반화된 부정적인 믿음에 맞서야 할 때, 이런 긍정적인 기억에 의지할 수 있다. 기억 촉진은 치료의 행동주의적 요소에도 도움이 되는데, 기억이 지나치게 일반화된 상태에서는 미래에 대한 계획도 세우기 어렵기 때문이다. 그러므로 기억 훈련을 하면 사람들은 계획을 짜고, 계획에 방해가 될 수 있는 사례들을 명확히 제시하고, 계획의 구체적 측면들을 실행하는 데 도움을 받을 수 있다. 기억 훈련은 내담자가 치료에 잘 반응하는 사고방식을 가지도록, 본질적으로 보다 수용적인 뇌 상태가 되도록 도움을 줄 수 있다.

기억 훈련과 같은 심리적 촉진법은 사람의 뇌 상태가 치료에 더 잘 반응하게끔 하는 **간접적** 방법이다. 화학적, 전기적 조절처럼 직접 영향을 미치는 것이 아니라, 외부 정보 입력(대화, 실제 연습)을 통해서 뇌에 영향을 미친다. 이와 비슷하게, 노출요법의 효능을 증진하는 리듬성 안구운동rhythemic eye movement이 있다(리듬성 안구운동은 흔히 "안구운동 민감소실 및 재처리 요법EMDR"이라고 불린다. 안타깝게도 거미 공포증 환자를 대상으로 한 최근 시험에서 이 촉진법을 더한 결과, 일반적인 노출치료보다 결과가 더 좋지는 않았다).[231] 그렇지만 뇌 상태에 변화를 주면서 치료에 더 참여하도록 이끄는 직접적인 방식도 있다. 약물이 이에 해당한다. 심리치료 과정을 밟으면서 항우울제를 복용하는 보통의 경우처럼 장기간 쓸 필요는 없다. 그 대신 특정 약물과 심리치료 과정의 특정 내용 혹은 목표를 병합하여 치료의 효과를 향상시킬 수 있다. 예를 들어 치료사는 환자가 새로운 경험에 노출되면 이득을 얻겠다고 판단할 수 있다. 특히 사회공포증 치료에서 자주 있는 일이다. 이렇게 노출을 시도할 때, 뇌에서 경험을 처리하는 과정을 증진하는 약물을 같이 쓸 수 있다. 특정 치료 과제에만 치료제를 쓰도록 제한하면 뇌에 단기간의 이득을 주는 한편, 치료제를 오래 쓰면 생길 수 있는 위험을 피하게 될 것이다. 치료사의 지도에 따라 새로운 학습 상황을 접하면서 도파민 활성화 약물을 단기간 함께 쓰면 학습과 예측 체계를 향상시킬 수 있다. 결과적으로 세상에 대한 일련의 긍정적인 기대를 구축할 수 있다.

환각제나 이와 유사한 약물도 치료를 증진하는 약물로 쓸 수 있다. 이 약물들은 당신이 세상에 대해 품은 모형에 극적인 변화를 일으킬 수 있기 때문이다. 대부분의 실로시빈 시험에서, 실로시빈이 단독으로 쓰이지 않았다는 점을 기억하자. 실로시빈은 지지요법의 맥락에서 제공되었다. 아마도 일부 시험의 결과가 전망이 좋은 이유는 약물의 단독 효과 뿐만 아니라 약물이 심리치료를 향상시키는 능력 때문일 것이다.

심지어 이런 약물들은 치료의 성공에 아주 중요한 인지과정을 표적으로 삼아 기억 증진에도 비슷한 효과를 낼 수 있다. 예를 들어 외상 후 스트레스 장애 환자는 기본적인 외상 중심의 치료가 매우 힘들고, 심지어 과거의 기억에 억눌리는 경우가 있다. 특히 심각한 외상에 시달리는 환자라면 그런 끔찍한 사건을 숙고하고 수용하는 치료가 아주 어려울 것이다. 어느 대규모 무작위 통제 시험에서는 중증 외상 후 스트레스 장애 환자에게 그들이 심리치료를 받기 전에 엑스터시 1회분을 주었다. 세 번의 치료마다 이렇게 했다. 연구자들은 엑스터시가 치료에 일종의 촉매로 작용하여 환자들이 외상 경험에 억눌리지 않으면서 치료에 참여하기를 희망했다.[232] 결과는 연구진의 기대보다 훨씬 더 좋았다. 엑스터시와 심리치료의 병합은 위약을 쓴 집단에 비해 환자의 고통을 거의 2배나 감소시켰다.

이것은 아주 유망한 결과이다. 그렇지만 모든 사람이 엑스터시 증진 치료를 간절히 바라지는 않을 것이다. 다행히 더 미묘하게 작동하는 촉진제들이 운 좋게도 현재 시험 중이다. 치료 전에 바로 쓰는 약부터 당사자의 생체 리듬에 맞추어 특정 시간에 제공되는 약까지 있다. 심지어 카페인이나 니코틴을 비롯한 다른 합법적 약물 또한 치료 참여 촉진에 도움이 될 수 있다. 개인에게 맞는 최적의 치료를 찾으려면, 현재의 치료

방식을 점검해야 할 것이다. 특히 심리적 치료에 대한 접근방식과 생물학적 치료에 대한 접근방식 사이의 넓은 격차를 살펴야 한다. 약물의 심리학적 효과와 심리치료의 생물학적 효과를 이해하는 것이 이 격차를 해소하는 길이 될 것이다.

***

때때로 생리학적 문제는 간접적으로 해결할 수 있다. 누구나 아는 사실인데 부상에 가장 효과적인 치료법 가운데 하나는 물리치료로, 단독으로 하거나 혹은 수술 같은 치료와 병용한다. 뇌의 경우, 가장 효과적인 간접적 치료는 심리치료이다. 이는 간접적이기는 해도 정신 건강에 중요한 뇌 과정을 목표로 한다. 바로 기대와 학습에 변화를 가져오는 것이다. 물리치료가 신체의 습관과 역량을 바꾸듯, 심리치료는 현재 도움이 되지 않는 정신 과정에 맞서면서 뇌를 학습 경험에 노출시킴으로써 뇌를 변화시킨다. 이를 통해서 어려운 문제를 다루는 새롭고 유용한 전략을 만들어나갈 수 있다. 세상에 대한 당신의 예측이 일상의 기능을 망치고 방해했을 때, 다른 정신 건강 치료법과 마찬가지로 심리치료는 예측을 바꿀 수 있다. 또다른 치료법이 그렇듯, 심리치료에도 심각한 부작용이 있다. 해리 증상도 그렇고, 어떤 조건에서는 불안이나 우울, 정신적 외상 관련 증상을 악화시킬 수 있다. 부정적인 삶의 변화에 대한 보고 또한 존재하는데(예를 들면 실직), 이 모든 것이 "부작용"이라는 폭넓은 범주에 속한다.[233] 그런데 신경과학 연구가 이루어진 기나긴 시간 동안, 과학자들은 심리치료 외에 약을 쓰지 않고 뇌의 회로를 직접적으로 조절할 방법을 개발했을까? 머뭇거리는 투로 "그렇다"라는 대답이 나오리라. "뇌 자극" 치료법이 그렇다. 어떻게 보면 뇌 자극은 정신질환의 고장 난 회로를 고칠 가장 직접적인 방법이다. 소위 "뉴로해커"는 더 나은 삶을 위해서 직접 뇌를 자극하는데, 뇌를 개선할 수 있다고 믿기 때문이다. 나는 수년간 이 기술을 실험에서 사용해왔다. 사실 지금도 뇌 자극은 정신 건강과 뇌가 어떤 관계를 맺고 있는지에 대해서 많은 해답을 제공하는 만큼 많은 문제점도 제기한다.

9

전기적 감정들

"가끔은 너무 화가 나서 바닥에 그냥 던져버리고 싶어요!" 피터는 이렇게 말하며, 머리 위에 붙어 있는 전기 자극 장치를 가리켰다. 우리는 몇 주 동안 임상시험 중이었고, 이번이 아마도 피터가 우울증 치료를 위해서 30분 뇌 자극을 받는 여섯 번째 시간일 것이다. 그는 처음으로 치료에 강력한 의견을 표명했다. 어떤 일이든 간에 이렇게 화를 내는 모습이라니, 처음이었다. 그는 그저 다정한 성격에 심한 슬픔에 젖어 있고, 기나긴 우울증에서 탈출할 새로운 치료법을 간절히 바랄 뿐이었다. "정말 계속하고 싶나요?" 내가 물었다. "지금 당장이라도 그만둘 수 있어요." "아뇨, 정말 계속 받고 싶어요." 피터가 말했다. "결국에는 좋아지리라 생각해요. 그렇지만 당장 이 순간에는 이게 너무 싫다는 사실을 당신이 알아주었으면 하는 것뿐이에요. 연구에 도움이 된다면 말이죠."

나는 고개를 끄덕이고 적절한 때에 피터의 말을 부작용 일지에 기록했다. 내 실험을 통틀어 환자가 뇌 자극을 혐오하다니, 처음이었다. 전기 자극 장치는 모양도 그렇고, 희한하게 보일 수 있는 신기술이다. 우울증 치료에 효과가 있으리라고 여긴 과학자들도 있지만, 비교적 작은 규모의 연구가 몇 번 이루어졌을 뿐이다. 그래서 뇌 자극이 어떤 효과가 있을지 알 수 없었다(그래서 내가 시험하는 것이었다). 가끔 실험 참가자의 불만을 들은 적이 있다. 지루하고, 짜증이 나고, 무용하다는 것인데, 이들은 나중에 상태가 상당히 개선되었다고 했다. 그렇지만 혐오 반응은 처음이었다.

몇 년 후 이 치료법이 세계적으로 더 자주 쓰일 무렵 「뉴 사이언티스트 *New Scientist*」에 글을 기고한다는 한 저널리스트의 전화를 받았다. 그때 피터가 떠올랐다. 타이완의 정신병원에서 두 명의 환자를 대상으로 한 사례 보고를 발표했는데, 분노 또한 우울증 전기 자극 치료의 드문 부작용일 수 있다고 했다. "우울증 치료용 뇌 자극의 부작용 때문에 분노를 느낀 사람을 본 적이 있나요?" 그 저널리스트가 물었다. "한 명 있어요." 나는 피터의 일시적 분노를 떠올리며 대답했다.

피터가 그랬듯이, 타이완의 그 연구에서도 전기 자극이 끝나자 분노가 사라졌다. 시작한 지 20분 만에 일어난 일이었다. 그렇지만 분노를 경험한 환자의 우울증이 이후 상당히 완화되었다며, 보고서는 그 과정을 자세히 설명했다. 머리뼈를 통해서 전달된 작은 전기적 흐름이 사람을 화나게 하거나 우울을 덜 느끼게 할 수 있다니, 어떻게 가능한 일일까? 그저 위약 효과에 불과한 것일까? 아니면 뇌 자극에는 우리가 잘 모르는 위험이나 실제 이득이 있을까?

전기적 뇌

바로 이 순간, 당신 뇌의 모든 세포는 점화라는 특수한 능력을 발휘한다. 점화는 뇌세포가 서로 메시지를 보내는 방법이다. 전기적 신호는 뇌세포를 따라 흘러가며, 뇌세포에서 다른 뇌세포의 화학물질 분비를 유발해 다음 신경세포로의 전기적 신호를 촉발하거나 억제한다. 당신의 뇌세포 중 일부는 이미 점화 중이고, 일부는 점화가 막 끝났으며, 다른 많은 세포는 중간 준비 단계로 점화 신호를 기다리고 있다.

이렇게 점화는 전기적 신호로 이루어지므로, 전기를 공급하면 인위적으로 변화를 줄 수 있다. 과학자가 세포에 직접 전기충격을 전달하면 신경세포 하나를 점화할 수 있다. 혹은 약간의 전기만 전달하면 세포가 점화될 가능성이 높아진다. 인간을 대상으로 한 많은 실험에 따르면, 이 같은 신경세포의 타고난 전기적 활동은 다른 유형의 뇌 자극을 사용해서 바꿀 수 있다. 또다른 전기적 신체 기관인 심장에 전기 자극을 주어 전기적 신호를 바꾸거나 재시동을 거는 방식과 개념적으로 유사하다. 물론 정신질환의 모든 치료(약물치료, 심리치료, 운동)는 실제로 뇌세포의 점화에 변화를 가져온다. 세포의 점화 가능성을 바꿀 방법은 전기뿐만이 아니다. 뇌세포에 주어지는 화학적 혹은 기계적 변화 또한 비슷한 효과를 낼 수 있다. 그렇지만 치료제나 심리치료가 해낼 수 없는 뇌 자극만의 효과가 있다. 바로, 특정 뇌 부위 혹은 회로를 직접 치료의 목표로 삼을 수 있다는 것이다. 이는 뇌 자극이 가해지는 세포의 전기화학적 행동을 바꿀 수 있기 때문이다. 과학자의 경우, 뇌의 어떤 부분이 특정 증상에 중요하다는 가설을 가지고 있다면, 해당 부위의 활동에 변화를 줄 때 증상이 개선되는지 뇌 자극을 통해서 확인할 수 있다. 정신질환을 앓는 환자의 경우, 다른 치료법이 전부 효과가 없다고 판명이 날 때 뇌 자극을 선택할 수 있다.

뇌 자극은 보통 당신이 상상한 것보다 훨씬 더 평범하다. 덜 평범한 경우를 소개하자면, 심박조율기를 닮은 뇌 자극 기기가 있다. 뇌에 시술로 삽입하는 이 장치는, 비정상적인 신호를 바로잡기 위해서 뇌의 작은 부위에 정확한 전기적 신호를 장기간 전달한다. 환자들은 이 신호를 조절할 수 있으며, 리모컨을 사용해서 켜거나 끌 수 있다. 외과적 접근방식을 우회할 수도 있다. 아주 작은 뇌전류를 "경두개" 방식으로 전달하는 것이다(피터의 경우처럼 머리뼈를 통해서 전달한다). 혹은 제세동기처럼 더 센 충격을 가할 수도 있다.

당신이 가장 많이 들어본 방식은 전기경련요법electroconvulsive therapy, ECT일 것이다. 전기경련요법은 다른 방식에 비해 아주 많은 양의 전기를 전달한다. 약 100볼트인데, 이 정도면 짧은 발작을 유발할 수 있다. 악명에도 불구하고 전기경련요법은 그 어떤 치료법보다 중증 우울증에 효과적이다. 항우울제나[234] 경두개 자기 자극술[235](또다른 효과적 뇌 자극 치료법으로 이후 소개하겠다)보다도 효과가 훨씬 더 크다. 심지어 가짜(플라세보) 전기경련요법보다도 효과적이다. 우울증 환자는 항우울제보다 전기경련요법으로 개선될 가능성이 4배나 된다.[234] 그렇지만 여러 가지 이유로 전기경련요법은 드물게 쓰이며, 오늘날 사용 빈도도 계속 감소하고 있다.

실제 임상에서 아주 유용하더라도, 대중의 관점은 아주 다른 경우가 전기경련요법 외에 또 있을까. 전기경련요법은 1975년 영화 「뻐꾸기 둥지 위로 날아간 새」로 악명을 얻었다. 이 영화를 계기로 전기경련요법이 위험하고 비인간적이며 과도하게 사용되었다는 믿음이 널리 퍼졌다. 원작 책과 영화가 나온 이래로, 전기경련요법을 안전하게(그리고 안전 못지않게 중요한 부분인데, 윤리적으로도 문제가 없도록) 수정한 경우가 많았다. 그런데 오늘날 전기경련요법에 대한 가장 주류적 의견은 치료의 위해가 치료를 통해서 얻을 이득보다 크지 않다는 것이다.

전기경련요법의 위해로는 주로 두 가지가 꼽힌다. 하나는 구조적 뇌 손상이고, 다른 하나는 기억상실이다. 첫 번째는 쉽게 기각할 수 있다. 지난 70년 동안 과학자들은 전기경련요법 후 뇌 손상의 증거를 찾고 또 찾았다. 세포 단위부터 더 큰 단위로 뇌 기능의 변화를 측정했으나 아무것도 찾지 못했다.[236] "전기경련요법에 대한 과학적 논쟁은 수십 년 동안 끝이 난 상태였다"라고 정신의학자 사미르 자우하르와 데클런 매클로플린이 「영국 의학 저널*British Medical Journal*」에 썼다.[236] 그렇다고 공적 논쟁이 끝났다는 뜻은 아니다. 논쟁은 계속 이어지고 있으며, 전기경련요법이 끔찍했던 임상가와 환자의 신념이 여기에 힘을 실어주고 있다.[236] 과학적 논쟁이 끝난 이유는 그 끔찍한 경험을 뒷받침하는 믿을 만한 신경과학적 증거가 없어서이다. 과학자를 설득하려면 전기경련요법이 통제집단과 비교하여 특히 뇌 손상을 유발한다는 증거가 있어야 한다. 뇌세포의 죽음은 자연적으로 일어날 수 있다. (이 책에서 논했듯이) 뇌의 변화 또한 다양한 환경에서 일어날 수 있으며, 손상의 증거가 아니다. 나아가 전기경련요법이 뇌의 미시적 변화와 관계가 있다면, 전기경련요법을 받은 사람들이 뇌졸중[237] 혹은 치매를[238] 겪을 가능성이 커졌다고 볼 수 있다. 그렇지만 현실은 그렇지 않다. 동물의 경우, 전기경련요법은 실제로 새로운 뇌세포의 생성(신경 발생)을 촉진하는데, 특히 해마 부위가 그렇다. 인간을 대상으로 한 연구를 살펴보아도, 해마 부위는 전기경련요법을 받고 나면 크기가 상당히 커진다. 이 또한 새로운 뇌세포 생성의 증거가 될 수 있다.[239] 모든 연구를 고려하면, 전기경련요법은 뇌사가 아니라 오히려 뇌세포의 탄생을 유도할 가능성이 더 크다.

두 번째로 꼽는 위해 가능성은 사실 훨씬 더 현실적이다. 전기경련요법 치료 과정을 받은 후에는 기억 손상을 경험할 수 있는데, 이는 심각한 부작용이다. 신뢰할 수 있는 확실한 증거도 있다. 그렇지만 기억 손상은 대부분 아주 짧게 지속된다. 24개의 기억 및 인지 변수를 추적한 84가지의 연구를 분석해보니, 전기경련요법 이후 사흘 동안에는 인지 수행 능력이 감소하지만 나흘째부터 24개 변수 가운데 23개가 치료 이전과 비교해서 다르지 않거나 오히려 개선되었다고 한다. 2주가 지나면 어떤 변수에서도 인지 수행 능력이 부족하지 않았으며, 기억을 포함한 대부분의 능력이 치료 이전에 비해 개선되었다.[240]

그런데 이 경우는 대규모 집단을 대상으로 나온 결과이고(환자 2,981명을 대상으로 했다), 과학적으로 아주 고무적이지만, 여느 치료가 그렇듯(약물치료, 심리치료, 실로시빈) 개별 환자들은 부작용을 경험한다. 많은 경우, 여전히 장기 기억상실이 있다고 한다. 이런 사람들의 경험도 그렇고, 안전하다고 믿은 치료에서 부작용을 경험한 사람들도 놓치지 않는 것이 필수적이다. 개인적인 기억상실은 우울증 그 자체 때문일 수도 있다. 우울증은 심각한 기억 손상을 유발한다고 알려져 있다.[241] 그렇지만 소수의 환자에게 중요한 부작용이 나타났으며, 대규모 연구에서는 그저 눈에 띄지 않았다고 볼 수도 있다. 기억 손상을 경험한 사람이 어떤 유형이고 그 이유는 무엇인지를 밝혀낸 심층 연구가 있다면, 의사들이 치료 전에 잠재적 위험 요인을 확인하고 전기경련요법의 위험과 이득에 관해 환자들에게 알려줄 수 있을 것이다. 안타깝게도 이런 연구도, 전기경련요법의 효과를 밝힌 과학적 증거의 힘도 대중의 관점을 바꿀 수 있을 것 같지 않다. 어느 정신의학자가 회의에서 하는 말을 우연히 들은 적이 있다. "우리는 전기경련요법을 놓고 대중과 벌인 전투에서 졌습니다. 어떤 증거가 나와도 사람들을 설득할 수 없을 것 같네요. 그냥 다른 뇌 자극 치료법을 연구하는 편이 낫습니다."

이런 이유로, 2000년대 초부터 다양한 뇌 자극술이 미국과 영국을 비롯한 여러 나라의 규제 기관에 의해 의학적 치료법으로 승인되었다. 이 치료법은 우울증 등의 중증 정신질환 및 신경질환에 효과를 발휘하고 있다. 예를 들어 뇌졸중 및 질병을 겪거나 척수를 다친 후 신경계를 검사하기 위해서 경두개 자기 자극술을 쓸 수 있다.

이런 방법이 미래의 치료법으로 보일 수 있어도, 사실 머릿속을 바꾸기 위해서 머리 바깥에서 전기를 가하는 방식은 아주 오래된 발상이다. 19세기 초에 이탈리아의 물리학자이자 의사인 조반니 알디니는 적당한 전기를 가하면 정신의학적 장애를 치료할 수 있다고 주장했다. 이 주장에 추진력을 얻어, 19세기 후반에는 전기요법을 쓰는 진료소가 유럽 전역에 나타났다. 이런 곳들은 보통 해변 스파와 리조트에 자리 잡아 치료를 제공했다.[242] 그렇지만 곧, 전기요법의 효과는 정신약학계의 혁명 동안 등장한 항우울제 및 다른 치료제와 비교되어 빛이 바랬다. 이후 치료 혹은 웰빙 증진을 위해서 전기를 쓰는 방식은 대체로 기세가 꺾였고, 약물이 주류를 차지했다.

오늘날, 뇌 자극은 다시 관심을 얻고 있다. 오늘날의 치료법은 예전 형식과는 많은 측면에서 다르다. 기술적 진보 덕분에 뇌 부위를 더 정밀하게 표적으로 삼을 수 있게 되었고(종종 특정 장애를 다루는 신경과학 연구에서 제시된다), 엄격한 규제를 통과하고 안전성을 검사한 치료 과정을 따른다. 약물이나 심리치료처럼 흔하지는 않아도, 오늘날 여러 병원에서 정신장애 치료법으로 뇌 자극을 사용한다. 주로 우울증에 쓰이며, 강박장애와 만성통증 같은 여러 질환에도 적용된다. 초기에 뇌 자극을 다룬 중요한 신경과학 연구는 내가 실시한 바 있는 피터가 참여한 임상시험을 비롯해 수천 가지의 과학적 치료 연구에 영감을 주었다.

19세기의 전기치료 병원이 설립되기 한참 전부터 의사와 과학자는 의료적 이득을 얻기 위해서 이런저런 증상에 전기를 사용했다. 기원후 47년 로마의 궁정 의사 스크리보니우스 라르구스가 편두통을 비롯한 통증 질환을 치료하려고 전기를 사용한 사례를 그 시작으로 꼽기도 한다. 라르구스는 전기뱀장어를 환자의 피부에 가져다대기도 하고, 전기뱀장어가 든 수조 안에 환자가 팔다리를 집어넣도록 지시하기도 했다.[243] 18세기 중반에는 방식이 약간 더 복잡해져서, 이탈리아와 독일의 과학자들은 아픈 부위를 전기로 감전시키면 마비와 중풍을 치료할 수 있는지 알아내려고 초기 형태의 전지를 이용했다.[244] 초기 결과는 전망이 밝아 보였다. 중풍이며 허약한 상태가 치료되었고, 이는 심지어 수년간 고통받은 환자들도 마찬가지였다.

전기치료가 주는 이득이 전도유망해 보이자, 이 치료법은 미국 식민지로 재빠르게 진출했다. 펜실베이니아의 경우, 그 시대 가장 중요한 인물 가운데 한 명인 벤저민 프랭클린이 전화를 받기 시작했다. 듣자 하니 물리학 전문가니까, "감전시켜서"[245] 여러 질병을 고쳐달라는 부탁이었다. 프랭클린은 자원자들을 감전시켜보았으나, 마비나 뇌졸중 이후의 증상이 일시적으로 개선될 뿐이었다. 프랭클린은 이런 결과가 적어도 위약 효과 때문이라고 보았다(결국 뇌졸중으로 심한 손상을 입었거나 마비 증세가 있는 경우, 전기치료로 장기간에 걸쳐 이득을 보는 환자는 극소수라는 사실이 널리 받아들여지고 있다). 그렇지만 프랭클린을 비롯하여 많은 사람은 전기가 병을 치료할 수 있다는 긍정적인 관점을 계속 유지했다. 일부는 성공을 거두기도 했다. 기능성(비간질성) 발작 가능성이 있는 한 여성 또한 치료에 성공했다.[245]

한편, 영국에서는 비슷한 질환이 있는 다수가 전기치료에 성공했다. 7년 동안 목발을 짚었던 어느 환자는 충격 치료 한 번에 걸을 수 있게 되었다.[244] 또다른 환자는 거의 전신마비 상태였으나 회복했다.[244] 프랭클린의 경우 치료에 성공한 환자는 소수이고 대부분은 장기간에 걸쳐 긍정적인 결과를 얻지 못했으니, 이는 아귀가 맞지 않는다. 이 같은 차이를 현대식으로 설명하자면, 전기치료는 기능성 신경학적 장애를 앓는 환자들을 대상으로 성공을 거둔 것 같다. 이들은 뇌졸중이나 다른 마비 환자보다 전기치료로 회복될 가능성이 컸다.

프랭클린의 경우, 환자 대부분이 일시적으로 개선되자 전기치료의 효과는 그저 위약 효과일 뿐이라고 여겼다. 런던의 신경학자 윌프레드 해리스가 한 말이 떠오른다. 그는 "더 나은 효과는 흔히 더 큰 장비로 얻을 수 있는데, 작은 장비보다는 큰 장비가 더 큰 인상을 주기 때문이다"라고 썼다.[246] 제5장에서 살펴보았듯이, 위약 효과는 강력하다. 장비와 전기 자극 그 자체가 환자의 기대를 바꾸었다. 한 가지 설득력이 있는 가설은 다음과 같다. 뇌 혹은 말초를 자극하여 허약한 혹은 마비된 팔다리가 잠시 움직일 수 있게 되자, 신체에 대한 기존의 기대가 변했다는 것이다. 그렇게 새로운 학습이 가능해지고 증상이 줄어드는 결과로 이어졌다.[244] 주로 학습과 기대 관련 문제로 장애가 생긴 환자의 경우 이런 치료법이 완치로 이어질 수도 있다.

오늘날의 전기 자극

나는 내 뇌를 여러 번 자극해본 적이 있다. 기니피그 되기는 신경과학자로 사는 일의 핵심이다. 어느 날 친구가 새로운 실험 장치를 시험해야 한다면 피험자가 되어준다. 다음 날에는 내가 직접 내 실험에 기꺼이 나서는 자원자가 된다.

피터가 받은 경두개 전기 자극술은 보통 따끔거리는 느낌이 나며, 조금 더 세게 느껴질 때도 있다. 작은 바늘이 두피를 꼭꼭 찌르는 것 같다. 이 장치를 쓸 때는 작은 전극(몇 제곱센티미터)을 참가자의 머리에 부착한다. 전극에서 두피로 전류가 잘 흐르게 하려고 젤을 발라두거나 안쪽에 스펀지를 둔다. 때로 전극 아래 머리의 일부가 따뜻한 느낌이 들거나 가려울 수 있지만, 어떤 극적인 사건도 일어나지 않는다. 근육이 경련할 일도 없고, 갑자기 명석해질 일도 없다(그래서 처음에는 다들 실망한다). 이런 유형의 자극술은 전기를 조금씩 써서(머리 바깥쪽에서 대략 2밀리볼트) 뇌세포에는 가벼운 효과를 줄 뿐이다. 자극 근처 뇌세포 집단이 점화할 가능성이 커지며 신경가소성과 관련된 변화를 뇌세포에 유도할 수 있다. 그렇지만 다른 뇌 자극술과는 달리 뇌세포 점화 자체를 유발하지는 않는다.

경두개 자기 자극술은 뇌 자극술 가운데 두 번째로 유명한데, 더 큰 효과를 얻기 위해서 자기장을 이용한다. 따끔거리는 경두개 전기 자극술과는 달리 더 센 느낌이고, 때로는 짜증스럽게 똑똑똑 두드리는 것처럼 느껴진다. 이 방법은 8자 모양의 커다랗고 무거운 코일을 머리에 정확히 갖다대어 자기장을 발생시킴으로써 특정 뇌 부위의 세포 점화를 유도한다. 재미있는 신경과학 증명도 해볼 수 있다. 코일을 뇌의 운동피질 위쪽에 두자. 운동피질은 부위별로 담당하는 신체 영역이 다르다. 코일이 정확히 손가락 움직임을 담당하는 피질 영역 위에 있으면 손가락이 자기도 모르게 경련한다. 놀랍기는 하지만, 전혀 아프지는 않다. 심지어 인접 영역을 자극하면 손가락에 순서대로 경련이 오게 할 수 있다. 아주 안전하다. 단지 뇌세포의 점화가 일시적으로 달라진 것뿐이다. 자극의 결과는 눈에 보이는 만큼 나타나자마자 바로 사라진다. 뇌는 원래 상태로 되돌아가며, 손가락은 다시 본인의 것이 된다.

뇌 자극의 효과는 일시적이고 원래대로 돌아갈 수 있기 때문에, 변화가 오래 지속되길 바란다면 뇌를 더 오래 자극해야 한다. 즉 자극을 반복하라는 뜻이다. 시간이 지나면 가벼운 자극의 반복이 뇌의 전기적 흥분성에 변화를 줄 수 있다. 자극이 끝나도 유지되는 변화이다.[247] 자극을 여러 차례 반복하면 뇌의 변화가 훨씬 더 길게 이어질 수 있다. 이를 전제로, 우울증을 비롯한 정신질환의 치료에 뇌 자극을 사용한다.

현대의 많은 연구에 따르면, 장기간에 걸쳐 뇌 자극을 반복하는 경우 기분이 개선된다. 정신 건강 치료 시험에서 경두개 자기 및 전기 자극술은 관자놀이 바로 위에 있는 뇌 부위를 흔히 표적으로 삼는다. 배외측 전전두피질이라는 이 부위는 우울증일 때 저활동성을 보인다. 주의 집중 및 단기 기억에 관여하고, 의사 결정을 담당하는 회로망에 속한다.

우울증이면 흔히 집중이 어렵고 결정을 내리지 못한다. 많은 사람이 때때로 집중에 어려움을 경험한다(어떤 사람은 다른 사람에 비해 더 힘들다). 그렇지만 우울증의 경우 집중 자체를 할 수가 없고 마비된 듯한 느낌을 받으며 머뭇거리는데, 가장 치명적인 우울증 증상 가운데 하나로 꼽을 수 있을 것이다. 뇌 자극은 배외측 전전두피질의 활동을 일시적으로 증가시킴으로써(우울증을 앓는 가운데 집중처럼 어려운 일을 하느라 보통 활동이 감소된 상태)[248] 우울증 환자가 생각에 집중하고 감정을 통제하도록 돕는다.

똑똑 두드리는 느낌의 경두개 자기 자극술 임상시험에서, 주요 우울증 환자는 보통 1주일에 다섯 번 정도 진료소에 가서 뇌 자극을 받는다. 40분으로 구성된 경두개 자기 자극술 치료를 20회쯤 받으면, 많은 경우 우울증 증상이 감소한다.[249] 뇌 자극 이후 증상이 개선될 가능성은 가짜(위약) 뇌 자극과 비교하면 2배 이상이다.[250] 짧은 시간 동안 집중적으로 자극을 주는 새로운 방식도 있다. 최근 연구에 따르면, 5일 연속으로 하루에 10회씩 치료를 제공한 결과 환자의 90퍼센트 이상이나 증상이 크게 감소했다고 한다.[251] 보통 임상시험이나 병원에서 뇌 자극을 쓸 때는 항우울제나 심리치료 같은 치료에 반응하지 않는 환자를 대상으로 한다.[252] 그래서 이런 결과가 더욱 인상적이다. 물론 다른 치료가 그렇듯, 경두개 자기 자극술 또한 모든 환자에게 통하지는 않는다. 그래도 효과가 있어서 이제는 많은 병원에서 경두개 자기 자극술을 제공하고 있으며, 많은 환자가 상당한 혜택을 보고 있다. 그렇지만 약물이나 심리치료와 비교할 때 현실적인 단점은, 장비가 매우 비싸고 크며 숙련된 기사가 필요하다는 것이다. 따라서 대부분의 병원이 쉽게 제공할 수 있는 치료는 아니다.

피터가 환자로 참여한 그 연구에서, 우리는 배외측 전전두피질의 활동성을 증가시키기 위해서 효과가 덜 확실하기는 해도 휴대하기 쉽고 실용적인 경두개 전기 자극술을 선택했다. 경두개 전기 자극술을 이용한 현대의 임상시험은 처음에는 전망이 아주 밝아 보였다. 이 방식을 택한 최초의 연구 가운데 하나에 따르면, 병원에 다섯 차례 방문하여 20분 동안 전기 자극술로 가벼운 자극을 받은 우울증 환자들은 증상이 극적으로 감소했다.[253] 전기 자극이 단독 치료로서뿐만 아니라 보완적 치료로서도 효과가 있어, 환자가 심리치료 같은 다른 효과적 치료에도 반응할 가능성이 커진다는 설명은 그럴듯해 보였다.

이 설명을 바탕으로, 나는 박사과정 동안 런던의 우울증 전문 병원 이곳저곳을 다니며 피터와 같은 환자에게 뇌 자극을 제공했다. 전전두피질의 활동성을 증진하면 환자가 인지행동치료를 받은 후 회복할 가능성이 높을 것으로 보고, 실험에 많은 시간을 들였다. 우리의 가설은 우울증 환자가 뇌 자극을 받으면 심리치료에 잘 참여할 수 있다는 것이었다. 환자는 심리치료가 힘들 수 있는데, 주의를 기울여야 하고 어려운 의사결정을 내려야 하기 때문이다. 바로 우울증 환자가 아주 힘들어하는 일이다.

실험은[254] 수년이 걸렸다. 나와 지도교수 존 로이저, 가까운 동료, 정신의학자 차미스 할라하쿤, 그리고 과학자와 임상 전문가 수십 명이 엄청나게 많은 작업을 했다. 간단히 말하자면, 우리의 가설은 틀렸다. 전기 자극과 심리치료를 병합한 치료를 8주 동안 받아서 좋아진 환자의 수를, 가짜 자극(위약)을 받아서 좋아진 환자의 수와 비교해보니(통제집단도 심리치료는 받았다) 뇌 자극은 실질적인 효과가 없다는 결론이 나왔다. 위약 집단에 비해 뇌 자극을 받은 환자의 20퍼센트 이상이 좋아지기는 했다. 그렇지만 그 수가 유의미하게 다르지는 않았으므로, 이 치료법이 위약보다 낫다고 단정할 수 없었다. 몇 가지 이유가 있다. 그중 가장 확실한 이유는, 전체적으로 우리가 쓴 방법이 위약보다 더 효과적이지 않다는 것이다(위약은 효과가 좋은 데다 모두가 받은 심리치료 또한 효과가 아주 좋다). 때로 정교하게 다듬은 가설이라고 해도 틀린다. 또다른 이유는, 효과가 조금 있다고 해도 측정이 되려면 실험의 규모를 더 키울 필요가 있다는 것이다(통계적인 이유로, 작은 효과를 측정하려면 참가자를 더 모아야 한다). 이 두 가지 가능성 중에 내 예감은 그냥 효과가 없었다는 쪽으로 향했다. 적어도 우리가 생각한 방식으로는 작동하지 않은 것 같았다.

그래도 상태가 좋아지리라고 생각도 하지 않은 몇 명의 환자가 병합 치료 이후 증상이 완화되었는다는 이야기는 전해야겠다. 에릭이라는 환자는 이렇게 말했다. "전에는 심리치료가 절대 효과가 없었고, 항우울제도 통하지 않았습니다. 그렇지만 매주 뇌 자극을 받으니, 심리치료가 쓸모없다는 생각이 덜하더군요. 실제로 도움이 되었습니다."

에릭처럼 뇌 자극으로 특히 이득을 본 환자가 몇 명 있다. 환자의 뇌 영상을 모두 살펴보니 이유를 확인할 수 있었다. 뇌 자극으로 좋아진 사람은 치료를 받기 전부터 배외측 전전두피질이 정상에 가까운 높은 활동성을 보였다. 사실 전전두 피질의 활동성이 클수록 상태가 좋아질 가능성도 크다. 가짜 자극을 받은 환자의 경우는 그렇지 않았다. 이들의 전전두 활동성과 위약을 통한 개선 사이에는 상관관계가 없었다.

뇌 자극은 자극을 가하는 부위의 활동이 이미 상대적으로 활발한 뇌에 효과가 있었다. 실험에서는 모든 환자에게 똑같은 양의 자극을 가했으므로, 나는 의문이 생겼다. 증상이 개선된 사람의 경우 뇌의 활성화에 많은 자극이 필요하지 않다면, 자극을 그렇게 높은 수준으로 혹은 오랜 시간 제공할 필요가 없지 않았을까. 알 수 없다. 그래도 뇌 자극이 어떤 사람에게는 효과가 있고 다른 사람에게는 효과가 없는지 설명하는 생물학적 이유가 될 수 있다. 내 가설이 참이라면, 환자 뇌의 원래 상태에 따라 뇌 자극의 양을 다르게 제공할 수 있다. 정상에 가까운 활동성을 보인 환자에게는 적게, 정상보다 낮은 활동성을 보인 환자에게는 많이 제공하는 것이다.

뇌 자극은 뇌의 여러 부위를 표적으로 삼을 수 있다는 장점이 있다. 그렇다면 사람마다 다른 부위를 표적으로 삼을 수 있을 것이다. 이런 부분에서 경두개 뇌 자극은 제한적인데, 머리 바깥쪽에서 자극을 주다 보니 머리뼈와 상대적으로 가까운 뇌 부위에만 실제로 전달될 수 있다. 배외측 전전두피질 같은 부위의 반응을 끌어올리는 작업은 특정 질환의 회복에 유용할 것이다. 그렇지만 뇌의 다른 중요 부위는 접근하기가 어렵다. 편도체(그리고 이제껏 논의한 정신질환과 관련된 뇌의 여러 심부 영역) 같은 부위는 머리 바깥쪽에서 가하는 일반적인 뇌 자극으로는 그 부위만 특정해서 안전하게 자극할 수 없다. 그래서 어떤 기술은 경두개 방식 말고 뇌 안쪽으로 들어간다. 뇌심부 자극술은 외과적 치료법으로, 특정 뇌 부위에 전극을 이식하고 뇌세포에 전류를 직접 흘려보낸다. 제4장에서 설명한 방식의 세련된 형태로 볼 수 있다.

뇌심부 자극술

현대의 뇌심부 자극술은 원래 진행성 파킨슨병 치료를 위해서 개발되었다. 뇌의 도파민을 늘리는 한 가지 방법은 레보도파 같은 약물을 투여하는 것이다. 그러나 이 약물이 언제나 효과를 보이는 것은 아니며, 고용량이면 심한 부작용이 생길 수 있다. 수십 년 전, 과학자들은 외과적 수술을 통해서 뇌의 심부에 전극을 심으면 몸을 움직일 때 도파민이 담당하는 역할을 거의 대체할 수 있다는 사실을 발견했다. 보통 도파민에 의해 억제되거나 흥분하는 뇌 부위에 작은 전극을 심으면 뇌의 고장 난 회로를 아주 정상에 가까운 수준으로 돌려놓을 수 있다. 과학소설처럼 들리겠지만, 이 치료법은 전 세계 수백만 명의 환자에게 성공적이었다. 중증 파킨슨병 환자가 보다 쉽게 다시 걷고 말하고 움직일 수 있게 해준 생명선이었다.

2000년대 초반, 신경학자 헬렌 메이버그를 필두로 일군의 과학자와 의사는 파킨슨병 치료의 성공에 착안하여 우울증 치료에 뇌심부 자극술을 써보았다.[255] 최초의 임상시험에 참여한 6명의 환자는 "치료가 아주 힘든" 우울증으로, 약물, 심리치료, 전기경련요법을 포함한 네 가지 치료를 받았으나 증상이 개선되지 않았다. 모두 소용이 없었다. 과학자 팀은 뇌 깊은 곳에 자리한 슬하 전대상피질에 전극을 이식했다. 메이버그는 이전에 슬하 전대상피질이 우울증을 야기하는 핵심 부위임을 밝혀낸 바 있다. 이 부위는 참가자들이 슬플 때면 활동이 증가했고, 우울증 치료가 잘 되면 활동이 감소했다.[256] 이 초기 연구를 기반 삼아, 메이버그와 그녀의 팀은 전기로 활동성에 변화를 주면 기분을 개선시킬 법한 부위를 선택할 수 있었다.

임상시험에 참여한 우울증 환자 6명 가운데 4명이 뇌심부 자극술을 통해서 "놀랍고도 지속적인" 완화 상태에 도달했다.[255] 모든 환자가 자극 그 자체로 기분에 변화를 느꼈다고 보고했다. 전극이 켜지면 "공허함이 사라지는" 느낌을 받았고, 주변의 사물이 더 날카롭게 혹은 색이 더 강렬하게 보였다고 보고했다. 이런 결과는 특히 주목할 만한데, 이전에 어떤 치료도 통하지 않는 환자들이었기 때문이다. 그리고 메이버그와 그녀의 팀이 전극을 심은 그 부위는 항우울제 효과에서도 아주 중요하다. 시험 참가자의 경우, 자극을 준 부위의 활동성이 늘면 더 좋아졌다. 뇌심부 자극술은 우울증을 개선했는데, 자극을 가한 뇌 부위의 활동 덕분에 뇌 활동성이 정상에 가깝게 돌아가서 효과를 발휘한 것이었다.

메이버그의 임상시험은 우울증을 비롯한 정신장애 치료법을 생각하는 방식을 혁명적으로 바꾸었다. 뇌의 특정 부위에 직접 변화를 주는 방식이 별안간 그럴듯하고 실현 가능한 중증 정신장애 치료법으로 보였다. 오늘날 뇌심부 자극술 방식은 전 세계적으로 쓰이고 있으며, 뇌의 해당 부위에 전극을 심는 방식으로 강박장애와[257] 투렛 증후군[258] 같은 신경정신의학적 장애의 치료도 성공을 거두었다(수술과 관련된 위험성 때문에 중증에 다른 모든 치료가 실패한 환자만을 대상으로 실시했다).

혁명적이기는 해도 뇌를 직접적인 표적으로 삼는 치료법은 가는 길이 순탄하지 않다. 메이버그의 최초 시험에서 뇌심부 자극술을 받은 몇몇 우울증 환자는 기적처럼 회복했고, 뇌 자극이 생명선처럼 느껴졌다. 그렇지만 이 연구 이후, 우울증 치료를 위한 뇌심부 자극술을 두고 논쟁이 벌어졌다. 2013년에 우울증 환자를 대상으로 대규모 뇌심부 자극술 시험이 이루어졌는데, 초기 결과가 기대만큼 좋지 않자 지원 업체 측에서 실험을 중단했다.[259] 시험 실패는 과학계 및 의학계에 억측을 불러일으켰다. 참여 환자가 일화적으로 겪은 부작용의 내용이 누설되었다. 신경과학자와 정신의학자들은 동료들로부터 뇌심부 자극술이 우울증에 전혀 효과가 없고, 유용하기는커녕 오히려 위험하다고 수군거리는 말을 들었다. 맨 처음 뇌 자극술이 등장한 시절의 어두운 분위기로 후퇴하는 신호였다. 많은 과학자가 이전의 기적 같은 회복이 그저 극단적으로 강한 위약 효과는 아니었는지 의심하기 시작했다. 공평하게 보자면, 위약 효과는 어떤 치료든 그 효과에 일조한다. 그렇지만 낯선 침습적 치료일수록 (장비가 더 클수록) 회복에 대한 사람의 기대도 커질 수 있다.

그렇지만 시험은 실패했어도 결과가 흥미로웠다. 시험 중단 후 뇌 심부에 전극을 이식한 환자는 아무도 없었으나, 이미 이식한 환자는 계속 자극을 받을 수 있었고 그렇게 몇 개월, 몇 년이 흘렀다. 시간이 지날수록 환자들은 회복되기 시작했다. 2년 후, 전체 집단의 절반이라는 엄청난 수의 환자의 우울증 증상이 크게 감소했다.[259]

이 사례는 임상시험을 시행하는 것이 얼마나 어려운지 보여준다. 너무 빨리 결론을 내려버리면 시험은 실패로 선언된다. 유용한 치료법이 영영 사라질 수 있다. 그런데 이 시험은 뇌심부 자극이라는 정신 건강 치료법이 어떤 집단에는 통하고 어떤 집단에는 통하지 않는다는 것을 보여주는 극단적인 사례이기도 했다. 부정적인 이야기는 일부분 사실이었다. 자극기를 이식한 몇몇 환자는 상태가 나빠지기도 하고, 전극 때문에 염증이 생기기도 했다. 또 몇몇은 자살로 사망했다. 이 같은 극단적 차이를 유발한 원인이 무엇인지, 그리고 부작용을 어떻게 줄일 것인지를 알아내는 일은 정말로 중요하다.

경두개 전기 자극술이 그렇듯 뇌심부 자극술 또한 뇌에 어떤 영향을 미치는지, 그리고 그 결과가 우울증 환자에게(혹은 다른 정신질환 증상이라도) 도움이 되는지 여부는 원래 환자의 뇌 상태에 달려 있다. 이 단순한 사실이 의료적 개입의 "효과" 여부를 결정할 주요 원인이 될 수 있다. 항우울제나 심리치료 같은 치료법도 마찬가지이다. 뇌 자극술은 이 문제를 잘 해결할 수 있는데, 자극의 양을 수정할 수 있기 때문이다. 그렇지만 개인별 맞춤형 뇌 자극술의 가장 큰 장애물 가운데 하나는, 개개인의 뇌 활동을 실시간으로 평가하는 일이 아주 힘들다는 것이다. 내 연구의 경우 치료를 시작하기 전 fMRI 촬영을 하여 뇌의 기본 상태를 측정했다. 그렇지만 사람의 뇌 활동은 매일매일 달라지고, 순간순간 바뀔 수 있다. 특정 순간의 뇌 활동이 어떠한지 알아야 그 상태에 따라 자극의 수준을 올리거나 낮출 수 있다.

최근 들어 뇌심부 자극술은 현실에서 맞춤 의학을 실현하고 있다. 특정 뇌세포의 활동을 관찰할 수 있고, 자극할 수도 있다. 아직 초기 단계이기는 하다. 어떤 치료에도 반응이 없는 한 우울증 환자가 현재의 뇌 상태에 "귀를 기울이는" 전극을 뇌에 심고, 그 상태에 맞게 전류의 양을 조절했다.[260] 환자의 뇌에 적절하고, 그날그날 뇌의 활동에 적절한 세심한 치료가 가능했다. 이 환자의 경우 의심의 여지없이 성공적이었다. 그러나 이것은 아주 힘든 작업이다. 수술도 해야 하고, 기록 과정도 많다. 그리고 실험을 더 큰 규모로 진행하면 결과가 어떨지 여전히 알 수 없다.

뇌심부 자극술은 다른 치료법이 없는 환자들에게 가능성을 제공한다. 다른 선택지가 통하지 않아 끝으로 밀려난 환자들 말이다. 다른 효과적인 정신 건강 치료처럼 뇌심부 자극술 또한 어떤 환자들에게는 위약과 비슷할지 모른다. 외과적 위험이 있는 치료의 경우 어떤 유형의 사람에게 효과가 있을지, 뇌를 어떻게 자극하는 것이 최적의 방식일지 알아내는 일이 내 연구 분야의 급선무이다.

내 바람은, 미래에는 "적절한" 환자가 이 고위험 치료를 받는 것이다. 이 치료가 일부 환자에게 효과를 보인다는 사실이 최고의 증거이다. 이들은 다른 치료 선택지가 없지만 이 치료로 희망을 찾을 수 있다. 이들 외에 다른 사람들은 비침습적 뇌 자극 치료를 받을 수 있다. 심부를 표적으로 삼지는 못하지만 위험도가 낮으니, 약물치료와 심리치료처럼 흔하게 쓸 수 있을 것이다. 중간급의 선택지도 연구 중인데, 현재 개발되고 있는 새로운 비침습적 뇌 자극 방식으로 수술 없이 편도체 같은 뇌의 심부를 겨냥하는 것이 목표이다.

보통의 뇌보다 더 좋게

뇌 자극이 정신질환 및 신경질환이 있는 사람의 뇌를 개선할 수 있다면,

건강한 뇌도 향상시킬 수 있을까? 보통의 뇌가 더 잘 기능하게 될까?

2010년대에, 많은 "뉴로해커neurohacker"가 전기 뇌 자극술 실험에 착안하여 집에서 자기 자신을 피험자 삼아 실험했다. 뉴로해커들은 인터넷에서 비의료적 장비를 사들이거나 9볼트 배터리를 이용하여 직접 장비를 만들었다. 이들은 평소의 기분을 개선하거나 더 명석해지기를 원했다. 심지어 비디오게임 실력을 끌어올리고 싶어했다. 똑똑해지는 약을 먹듯이, 타고난 능력을 촉진하는 방법으로 뇌 자극술을 선택한 것이다.

나는 처음으로 뇌 자극 연구를 시작할 무렵(2012년경) 뉴로해커들에 관한 자료를 읽으며 시간을 보냈다. 그들은 장비를 공유하면서, 하루에 한 번 혹은 몇 번씩 뇌의 여러 부위를 자극하라고 권했다. 일부는 검증되지 않았다. 뇌 자극 계획을 세우고 실행에 옮기는 과정이 다들 참으로 철저했다. 그들은 자극 계획이나 장비에 수정을 가할 때마다 꼼꼼히 기록했다. 그리고 성공했다. 온라인 게시판에 특정 비디오게임을 아주 잘하게 되었다고 썼다. 학교에서는 시험 성적이 C에서 A로 뛰어올랐다. 불안하고 울적해서 힘들었던 몇몇은 뇌 자극 이후 더 이상 애먹지 않았다.

독자 여러분이 무슨 생각을 하는지 나는 알고 있다. 다들 엄청난 위약효과를 경험한 것일 뿐이다! 많은 경우 그럴 것이다. 가벼운 뇌 자극이 어떤 식으로든 극적인 변화를 가져올 수 있는지 여부에 관해서는 증거가 엇갈린다. 게다가 어마어마한 기대를 품고 이마에 전기 자극제를 고정하는 경우라면 말이다. 통제집단을 둔 한 연구에 따르면, 인지 및 기분 영역에는 효과가 있는 것 같다. 처음 생각했던 것보다 조금 미세한 수준이거나 변화가 있기는 하지만 말이다. 그렇지만 연구실에서 확실히 판명이 났다고 해도 뉴로해커들이 사용한 방법은 그들이 모방했다고 주장하는 신경과학 연구와는 통하는 구석이 별로 없다. 그들은 매력 있는 일화에 기대는데, 그 일화들은 뇌 자극의 존재 자체로 인한 엄청난 위약 효과를 설명하지 못한다. 그들이 얻은 결과는 어떤 실험실에서 나온 결과든 능가하는 것처럼 보일 수 있다.

검증이 되지 않은 새로운 장치를 사용할 경우, 예상치 못한 부작용을 겪을 수도 있다. 뉴로해커의 경우, 두피 화상은 흔하다. 자극이 너무 세거나 전달 장치가 잘못 부착되면 겪는 일이다. 색채를 식별하는 감각을 잃어버렸다는 사람의 이야기도 읽은 적이 있다(그 장치로 가능한 일인지 나는 잘 모르겠다). 당사자는 그 장치 때문에 영원히 흑백 세상을 보게 되었다고 굳게 믿었다. 이런 부작용은 수많은 실험실 연구에서는 한 번도 보고된 바 없다. 그러니 자극과 관계가 없으며, 일종의 "노세보" 효과일 수 있다. 뉴로해커가 쓴 흔치 않은 자극기나 장비 때문에 생긴 부작용일 수도 있다.

노세보 효과든 아니든, 부정적인 부작용이 있다고 해서 뇌 자극 기술을 향한 열정가들의 열의가 꺾일 것 같지는 않다. 정신 건강을 위해서 뇌 회로를 직접 개선하려고 뇌 자극술에 파고들기 시작한 과학자들의 열의 또한 꺾이지 않을 것이다. 나 또한 죄책감을 느끼는데, 이 이야기가 매우 흥미로웠기 때문이다. 정신 건강 치료법에 변화를 가져올 뇌 자극술이 있는가 하면, 부질없다고 밝혀질 뇌 자극술도 있을 것이다. 솔직히 나는 어느 것이 어느 쪽인지 여전히 탐구 중이다. 지금 상황에서는 집에서 전기 자극기를 만들어 시험해보라고 권할 생각이 없다. 피험자가 될 마음이 있다면 근처 연구실 실험에 자원하자. 혹은 직접 해보는 쪽이 좋다면 다음의 두 장에서 소개할 내용을 실행하자. 훨씬 안전할 것이다. 소화기관부터 수면, 운동 일정까지 신체 체계에 변화를 주어 정신 건강을 개선하는 것으로, 오래되었지만 계속 인기가 좋은 방법이다.

10

정신 건강을 증진하는 생활양식이 있을까

전기경련요법을 고려할 만큼 심각한 우울증을 겪을 사람은 많지 않다. 그렇지만 거의 모든 사람은 정신 건강의 부침을 겪게 된다. 그래서 어떻게 하면 나 자신이 더 행복할 수 있을지 생각하게 되는 것이다. 사람들에게 이 질문을 던져보면, 대체로 "백만장자라면 더 행복할 텐데"와 같은 답이 술술 나오기 마련이다. 현실적으로 따져볼까. 평범한 사람이 복권에 당첨되면 일을 그만두고 전원으로 옮겨가 잠시나마 정신 건강이 좋아질 것이다. 그렇지만 결국에는 새 생활에 적응하고, 웰빙 또한 시작점으로 거의 돌아온다.

단지 백만장자가 아닌 사람들의 기분이 좋아지라고 하는 이야기가 아니다. 행복을 연구하는 과학자들이 사용하는 통계 및 수치에 따르면, 대부분의 연구는 소득이 낮은 수준에서 중간 수준으로 증가하면(이 수준은 나라마다 다르다) 행복의 수준도 높아지는 결과를 얻었다. 그렇지만 소득이 평균에 다다르면, 행복이 증가하는 정도도 줄어들어 그래프가 상당히 평평해진다. 적어도 특정 소득 수준에 "충분히 만족하는" 사람들이 있는 것이다. 사실 어떤 행복의 척도를 사용하느냐에 따라, 이 지점 이후에는 행복의 수준이 낮아지기도 한다. 예를 들어 서유럽의 경우, 매해 평균 14만5,000파운드를 버는 사람은 매해 7만3,000파운드를 버는 사람보다 덜 행복하다(다양한 통계에 따르면 그렇다).[4] 행복은 환경에 적응한다고 알려져 있다. 좋은 사건이든 나쁜 사건이든 아주 의미 있는 사건을 겪은 후에도 그렇다고 한다. 이 현상을 **쾌락 적응**이라고 한다. 쾌락 적응은 높은 소득에서 비롯된 행복을 감소시킬 수 있는 한편, 재앙 같은 상황과 정신적 외상을 주는 사건을 겪어도 계속 나아가도록 해준다.

생활양식을 바꾸어 행복을 더할 수 있다고 해도, 가난, 질병, 전쟁, 학대 같은 인생의 특정 상황은 그 효과를 앗아갈 수 있다. 정신적 외상에 계속 시달리는 사람의 경우, 정신 건강이 나쁜 것은 미스터리가 아니다. 끔찍한 일을 겪어도 다수가 정신적으로 건강한 상황이 훨씬 더 미스터리일 것이다.[261] 제3장에서 논했듯이, 이런 특성을 **회복탄력성**이라고 한다. 정신질환이 생길 위험 요인이 존재하듯(정신적 외상을 입은 내력처럼) 질환으로부터 사람을 보호하는 요인도 있다. 무수히 많은 어려움을 접한다고 해도 정신 건강을 지키게 해주는 힘이다.

회복탄력성은 정신 건강의 면역계라고 해도 어느 정도 의미가 통한다. 면역계를 증진하기 위한 일이 있듯이, 정신 면역을 더 튼튼하게 하는 요인들도 있다(이런 요인들 중 일부가 신체적 "면역"과 정신적 "면역"을 같이 담당하고 있다고 해도 놀랍지는 않을 것이다). 개인의 회복탄력성에는 유전 또한 영향을 미친다. 그래도 신체의 내부 환경까지 포함하여 환경을 통제할 수 있을 때, 회복탄력성을 키우기 위해서 할 수 있는 일은 무척 많다.

그렇기에 사람들은 다이어트, 운동, 수술, 심지어 분변 이식술 같은 보다 실험적인 방법까지 동원해 신체의 일부에 변화를 줌으로써 웰빙을 증진하고자 한다. 과학자와 비과학자 모두 정신 및 신체 건강을 지키는 방법은 운동과 다이어트라고 여겨왔다. 히포크라테스(기원전 460-370년경)는 "혼자 식사하는 행위는 사람을 건강하게 지켜주지 못할 것이다. 운동 또한 해야 한다"라고 썼다. 오늘날 일부 과학적 증거에 따르면, 운동과 다이어트는 정신질환(그리고 신체질환도)을 막는 효과 이상으로 정신적 웰빙을 지키고 증진할 수 있다.[263] 그런데 음식이나 운동이 어떻게 정신 건강에 영향을 미칠 수 있을까?

생활양식의 변화가 (일부 사람의 경우) 정신 건강을 어떻게 향상시킬 수 있는지 살펴보려면 제1장으로 돌아가보자. 정신 건강의 악화를 유발하는 신체 상태인 만성통증에 관해 논한 바 있다. 만성통증을 경험하면 통증 그 자체가 불편하다는 명백한 이유로 정신 건강이 나빠지고, 이러한 불편함으로 인해서 환자는 불행해진다. 그런데 통증은 단기간의 불편함을 훨씬 넘어선다. 만성통증은 정신 건강의 유지에 아주 중요한 역할을 하는 뇌 부위 및 연결망에 변화를 가져온다. 이 같은 변화로 인해서 정신 건강이 나빠질 수 있는 상황에 놓이면 환자는 대처하기 어려울 수 있다.

회복탄력성은 이 동전의 뒷면과도 같다. 단기간에 신체 상태를 개선하는 것들(휴식, 음식, 쉴 곳 등)은 정신 건강 또한 개선시키는데, 단지 피곤함과 배고픔과 추위가 사라지기 때문만이 아니다. 이런 요소들은 신체 및 정서의 항상성을 함께 담당하는 뇌 부위의 활동에 변화를 주어서 "정신적 면역"을 향상시킨다. 그렇기 때문에 운동이나 다이어트, 엄격한 수면 습관은 정신적 웰빙을 키우는 대중적인 방식이다. 이 행위들은 신체 상태를 개선하고, 때로는 정신 면역 또한 보호하거나 복원한다. 심지어 정신질환을 앓고 있지 않다고 해도, 우리 대부분은 살면서 마주할 어떤 어려움에 대비하기 위해서 정신적 면역력을 키운다면 효과를 볼 것이다.

생활양식을 바꾸는 행위는 무척 대중적이기 때문에 따로 설명할 필요 없이 "건강하고" "좋아" 보인다. 대부분의 사람들은 웰빙 증진을 목적으로 새로운 운동을 시작하기 전에 과학을 공부하지는 않는다. 그래도 과학은, 약물이나 심리치료처럼 확실한 의학적 치료법이 변화를 주는 그 회로망의 일부에 생활양식의 변화가 영향을 미칠 수 있다는 사실을 밝혀내기 시작했다. 생활양식 개입법은 당연히 너무나 좋은 일 같고, 누구에게나 효과적이며, 실제 부작용은 없는 듯하다. 그런데 꼭 그렇지 않을 수도 있다. 정신 건강을 개선하는 다른 경로들이 그렇듯, 생활양식의 변화가 여러 사람에게 효과적이지만 일부에게는 위험하다는 사실 또한 과학을 통해서 밝혀졌다. 이런 개입법의 진정한 잠재적 효과는 아직 드러나지 않았을 수도 있다. 과학은 생활양식의 변화가 언제 어떻게 정신 건강에 최고의 혜택을 주는지 여전히 연구 중이다.

몸에, 마음에 변화를 주어라

"운동은 그저 나를 기분 좋게 해주고, 힘을 주고, 행복하게 해주죠!"

헬스장 운동광이 말하는 이런 흔하고 짜증스러운 주장을 얼마나 많이 들어보았는가? 어떤 사람에게는 거짓말처럼 들릴 수 있다. 멍청하거나 불쾌해도 사회적 가치를 인정받는 행위를 스스로 정당화하기 위해서 운동광이 지어낸 말 같은 것이다. 그렇지만 상당수가 이런 식의 생각에 말없이 동의한다. 심지어 그런 자기만족적 방식에 따라 운동하지 않을 수 있고, 그런 방식을 공유하지 않을 수도 있는데도.

"먹고 마시고 운동하는 습관이 잘못되면 마음의 습관에 문제가 생긴다." 그리스의 의사이자 철학자인 갈레노스가 쓴 문장이다.[262] 갈레노스는 식습관과 운동이 신체 및 정신 건강에 어떤 역할을 하는지 폭넓게 다루었다. 그는 건강이란 공기, 음식, 음료, 수면, 운동, 소화, 배설, 감정 같은 여러 외부적 요인의 영향하에 있다고 보았다[263](오늘날에도 합리적인 목록이다).

갈레노스는 건강을 증진하는 모든 요인은 최적의 양이 정해져 있다고 보았다. 심지어 건강해도 관리가 필요하다고 믿었다. 적절한 양은 사람마다 다르다. 예를 들어 운동량과 강도는 개개인의 신체 건강을 기준으로 정해야 한다. 몸무게나 내약성(약물을 견딜 수 있는 정도/역주)을 고려하여 약물의 투여량을 정하는 일과 비슷하다. 갈레노스는 사람이 여러 활동을 하는 동안 얼마나 숨이 가빠지는지를 보고 양을 정했으며, 누군가에게는 운동인 행동이 다른 사람에게는 아닐 수도 있다고 지적했다. "……호흡에 변화를 주지 않는 이런 움직임을 운동이라고 할 수는 없다. 그러나 어떤 움직임이든 호흡이 가빠지거나 느려지면, 그 사람에게는 운동이 된다."[263] 운동에 대한 갈레노스의 관점은 수백 년 동안 영향을 미쳤다. 오늘날 운동을 정의하는 것과도 비슷하다. 어떤 행동이 운동인지 아닌지는 사람의 신체 건강 수준에 달려 있다는 개념 또한 마찬가지이다.

오늘날의 연구에 따르면 운동은(운동 하나만 하거나, 아니면 약물 같은 다른 치료와 병합해서 하거나) 몇 가지 정신질환에 도움이 될 수 있는데, 특히 우울증이 그렇다. 25가지 무작위 통제 시험을 분석한 메타 연구에 따르면 운동, 특히 "중간 강도와 고강도" 에어로빅 운동이 높은 항우울제 효과를 보였다.[263] 그렇지만 연구 결과의 편차가 크다. 상대적으로 규모가 작아서 모든 환자를 대표하기 어려운 연구가 많다. 연구마다 다루는 집단의 유형이 다르고(우울증이 없는 사람, 가벼운 우울증을 앓고 있는 사람, 주요 우울장애 진단을 받은 사람), 참가자에게 제공한 운동 계획 또한 매우 다르다. 한 대규모 임상 연구는 우울증 환자의 치료에 신체 활동을 추가해도 아무 효과가 없다는 결과가 나왔는데,[264] 참가자들이 대부분의 이전 임상시험 대상자보다 더 심하게 우울하면 이런 결과가 나올 수 있다(아마도 운동은 가벼운 우울증 환자에게 효과가 더 좋을 것이다). 아니면 다른 시험(결과가 긍정적으로 나온 시험)이 규모가 작고 원래 운동을 원한 참가자가 많아서 결과가 오염되었을 수도 있다. 심지어 결과가 부정적으로 나온 시험의 경우 제공한 운동이 규모가 작은 다른 시험에 비해 그 강도가 낮았을 수도 있다. 모두 종합해보면 "운동이 정신 건강을 증진한다"라는 가설은 보기와는 달리 그리 간단하지 않다. 운동과 정신질환을 각각 구체적으로 살펴봐야 한다.

그래도 운동광이 하는 말에는 일리가 있다. 약 120만 명을 대상으로 삼은 한 대규모 연구에 따르면, 운동한 사람은 정신 건강의 개선을 경험했다. 특히 규칙적으로 운동한 사람의 경우 정신 건강이 좋지 않은 날의 일수를 운동하지 않은 사람들과 비교했을 때 43퍼센트나 적게 보고했다(자기 평가 방식이다).[265] 운동과 정신 건강은 나이, 성별, 민족, 소득수준과는 상관없이 긍정적인 관계를 보였다. 또, 어떤 운동을 하든 정신 건강에는 언제나 도움이 되었다. 단체 경기, 자전거, 에어로빅, 체육관 운동 등이 특히 효과가 좋았다.

위의 연구는 운동한 사람이 정신 건강도 더 좋다는 사실을 보여주는 일련의 연구들 가운데 가장 최근 사례에 속한다. 물론 이런 결과는 상관관계일 뿐이고, 이전의 무작위 통제 시험 결과가 없다면 정신 건강이 좋은 사람이 운동할 가능성 또한 더 크다는 결론을 내리는 편이 합리적일 것이다. 사실 정신 건강이 좋기 때문에 운동하게 된다는 인과관계 또한 참이지만, 전체 상관관계를 설명할 가능성이 작을 뿐이다. 저자들은 분석을 진행하며 나이, 인종, 성별, 혼인 여부, 소득, 교육 수준, 체질량지수, 신체 건강, 이전 우울증 경험 같은 범주에서 생기는 어떤 차이라도 설명할 수 있도록 운동 집단과 비운동 집단의 균형을 통계적으로 세심하게 맞추었다. 그러므로 규칙적 운동과 정신 건강 사이의 강한 연관관계는 어느 정도 인과관계도 있다고 보는 것이 합리적인 해석일 것이다.

기분이 좋지 않은 날이 43퍼센트나 적다고 보고한 결과를 보면, 일수의 차이가 상당히 커 보인다. 그래도 당신이 운동을 멸시하는 사람이라면 위안을 얻을 방법이 있다. 큰 차이가 나는 것 같아도, 운동하는 사람이 운동하지 않는 사람에 비해 한 달에 1.5일 더 행복할 뿐이다. 꽤 작아 보인다. 한편, 하루 반의 시간 동안 더 행복하다니 웰빙 증진을 위한 다른 행위들보다 사실상 효과가 큰 셈이다. 다시 소득과 행복의 비교를 끌어오자면, 1만1,000파운드에서 3만8,000파운드로 소득이 증대해도(많이 증가했다) 이때 느끼는 행복은 시간으로 치면 하루치보다 적다. 즉 규칙적인 운동이 주는 행복을 시간으로 치환하면, 부유한 서구의 경우 저소득층에서 중산층으로 수입이 증대할 때의 행복보다 2배 이상이라는 뜻이다.

이 효과는 특정 집단의 경우 더 크다. 예를 들어 우울증 진단을 받은 적이 있는 사람들 가운데 운동한 사람은 운동하지 않은 사람에 비해 정신 건강이 좋다고 보고한 날이 매달 거의 4일 이상 많았다. 요가와 태극권 같은 운동의 경우, 걷기 같은 운동에 비해 정신 건강의 개선 효과가 훨씬 컸다(요가와 태극권 수행자는 운동을 전혀 하지 않는 사람에 비해

과거 한 달 동안 정신 건강이 좋지 않다고 보고한 일수가 23퍼센트 감소했다).[265]

이 책을 내려놓고 운동하러 가기 전에, 이전에는 얼마나 자주 운동했는지 확인하고 싶을 수도 있겠다. 이 연구는 운동이 주는 큰 이점을 전반적으로 밝히고 있지만, 이 이점은 사실 어느 정도까지만 참이다. 가장 좋은 습관은 1주일에 3–6회 정도, 45분 동안 중간 강도 혹은 고강도로 운동하는 것이다(혹은 70분 동안 가벼운 운동). 운동을 그보다 많이 한 사람들은(예를 들면 2시간 이상) 그보다 적게 한 사람에 비해 행복을 보고한 일수가 더 적었다. 사실, 운동을 너무 자주 한 집단의 경우 행복의 수준이 1주일에 3회 미만으로 운동한 집단과 유사해 보였다. 그러므로 더 많으면 더 좋다는 현대적 개념은 운동의 경우 사실이 아닐 수도 있다.

운동을 더 많이 하면 어느 시점까지는 정신 건강에 좋은데, 그 시점이 지나면 연관관계가 뒤집힐 수도 있다. 이런 연관관계의 뒤에 인과관계가 있다면, 이는 "예를 들어 몸에 운동이 부족할 때는 운동이 건강을 주고 휴식은 병을 준다. 몸에 휴식이 부족할 때는 휴식이 건강을 보장하고 운동은 병을 준다"라는 갈레노스의 경고와 이어지는 셈이다. 그의 해결책은? "몸이 아프기 시작하면 운동을 멈춰야 한다."

지나치게 잦은 운동과 정신 건강의 저하 사이에는 다른 정신 건강의 문제가 있을 수 있다. 어느 연구에나 통계적으로 설명할 수 없는 측정 불가능한 요인이 존재한다. 예를 들어 우울증이 아닌 다른 정신질환의 증상이 문제가 될 수 있다(우울증은 측정이 되므로 설명도 가능하다). 누군가 운동을 너무 자주 하는데, 알고 보니 우울증을 겪은 적은 없어도 섭식장애 증상이 있는 사람일 수 있는 것이다. 이런 경우 자료만 봐서는 정신 건강 상태를 설명할 수 없으나, 잦은 운동으로 정신 건강이 더 나빠질 수 있다. 강박적 운동 습관을 부르는 다른 정신적 문제 또한 있을 수 있다. 예를 들면 강박장애가 그렇다. 사실, 최고 수준으로 운동하는 그룹의 경우 많은 사람이 다른 정신적 부담 또한 지고 있으므로 행복의 수준을 낮게 평가할 수 있다.

이 연구가 처음 발표된 무렵, 나 또한 너무 자주 운동하는 범주에 속했다. 스트레스를 받는다 싶을 때 더 자주 운동하는 사람이 바로 나다. 코로나19가 유행하던 시절의 초반에, 나는 매일 하루에 두 번씩 운동했다(영국의 경우 집 밖으로 나갈 수 있는 몇 가지 사유에 운동이 해당했다). 수년 동안 나 같은 사람을 많이 만났다. 불안을 떨치려고, 확신을 얻으려고 운동한다. 힘든 시기에는 운동을 더 많이 한다. 이 같은 전략은 어느 정도까지는 당연히 유용할 수 있다.

많은 사람이 적당한 운동으로 정신 건강을 개선할 수 있다는 주장에는 현재 충분한 증거가 있다고 본다. 그렇지만 진짜 수수께끼는 이제부터이다. 왜 그럴까? 운동의 어떤 측면에 정신 건강을 바꾸는 힘이 있을까? 운동을 통한 신체의 변화 때문일까, 아니면 운동에 수반되는 정신 과정 때문일까? 예를 들면 신체적 성취감?

운동을 비롯한 전반적인 신체 활동은 뇌의 여러 기능에 다양한 영향을 미친다. 운동 중과 운동 후에는 많은 신경 화학물질과 호르몬이 분비된다. 하나는 이미 언급했다(제1장 참고). 쾌감과 관련된 천연 오피오이드가 그것으로, 운동으로 단기간에 헤도니아를 얻는 과정은 오피오이드가 일부 뒷받침한다. 또한 오피오이드로 인해 통증 내성 또한 증가한다.[32] 그런데 운동이 기분에 장기간 효과를 미치려면 뇌에 장기간 변화가 일어나야 한다. 한 가지 가능한 설명은 신경세포의 수 자체가 변한다는 것이다. 운동은 좌측 해마의 크기를 키우는데,[266] 해마는 기억에 중요한 부위이다. 또한 전전두피질과 전대상피질도 키우는데, 이 부위들은 의사결정 및 자기조절에 관여한다.[267] 반대로 우울증을 앓으면 이 부위들 모두 크기가 줄어든다고 한다.[268] 뇌 부위의 전체적 크기 변화에서 추측할 수 있는 내용은 제한적이지만, 동물을 대상으로 한 실험에 따르면 운동이 뇌세포의 성장 및 생존을 촉진하기 때문에 뇌 부위의 크기에 변화를 가져오는 것으로 보인다. 그러므로 운동이 뇌의 크기가 줄어들지 못하게 대응하거나 방어하여, 정신 건강에 장기간 영향을 미칠 수 있다는 이론도 가능하다.

그렇지만 인간의 경우 새로운 뇌세포가 얼마나 생성되었는지 측정할 수 없기 때문에 추정에 불과하다. 다른 생물학적 과정처럼 신경생성 또한 부피 혹은 혈류의 증가 같은 대리적 특성을 측정할 수 있을 뿐이다. 사실 이런 특성들은 많은 것을 의미할 수 있다. 그래도 운동을 하면 뇌와 해마에서 혈류가 늘어난다는 증거는 쥐의 실험 결과와도 이어진다. 운동하는 쥐 또한 혈류가 증가할 때 신경생성도 증가한다.[269] 게다가 운동이 정신 건강을 증진하는 방법은 직접적인 경로 외에 또 있다. 예를 들어 운동은 신체의 염증 또한 감소시키는데,[270] 제2장에서 논의한 대로 신체와 뇌가 영향을 주고받는 과정을 통해서 운동 자체로 정신 건강이 달라질 수 있다. 아주 간단하게 설명하자면, 운동에는 말초적 효과(신체)와 중추적 효과(뇌) 둘 다 존재하며, 이 효과는 다양한 생물학적 경로를 통해서 정신 건강에 영향을 미치는데, 아직 드러나지 않은 경로가 많다는 것이다.

운동이 정신 건강에 미치는 영향에 관해 생물학적으로 설명하지 않는 가설도 있다. 예를 들어 운동은 자존감과 "자기효능감" 같은 심리적 요인을 증진시킨다고 한다. 자기효능감이란 나 자신이 어떤 일을 해낼 수 있다는 믿음이다.[270, 271] 자존감과 자기효능감이 높을 때 우울증의 위험이 낮다.[270, 271] 둘 다 정신 건강에 도움이 되는 회복탄력성 요인이다. 자존감과 자기효능감의 증진은 정신 건강의 면역계를 증진할 수 있고, 우울증으로부터 보호할 수 있다. 이런 심리적 요인이 운동의 생물학적 효과(신경생성이나 염증 감소 등)와 상호작용하는 과정이나 영향을 받는 과정은 아직 알려져 있지 않다.

운동은 뇌와 신체의 여러 측면에 변화를 준다. 정신의 회복탄력성과 관련된 사고방식도 바꿀 수 있다. 그렇지만 운동이 정신 건강을 왜 증진시키는지는 확실하지 않다. 안타깝게도 인간을 대상으로 충분히 규모가 큰 종합 연구가 이루어지지 않았다. 운동으로 인한 변화가 왜 행복을 키우는지, 혹은 정신 건강의 증진과 관련된 다양한 정신 과정(추동, 학습 등)을 어떻게 바꾸는지를 살피는 연구가 필요하다. 과학적 증거에는 여전히 큰 여백이 남아 있다.

아마도 운동을 좋아하는 사람의 경우, 운동이 어떻게 효과를 내는지는 중요하지 않을 것이다. 운동은 효과가 있다. 그냥 그렇기 때문이다. 이런 관점에서 운동은 정신 건강을 증진하는 가장 매력적이면서도 가장 매력적이지 않은 방식 가운데 하나이다. "가장" 매력적인 이유는, 어쨌든 겉으로 보기에 운동은 상대적으로 쉽고 걱정스러운 부작용이 별로 없으며(당신이 이미 운동을 많이 하지 않은 한), 가격이 저렴한 데다 어떠한 약물이나 심리치료나 뇌 자극보다 접근하기가 쉽다. "가장" 매력적이지 않은 이유는, 운동은 노력을 들여야 하고 시간과 동기도 필요한데 모든 사람이 그렇지는 않다. 때로 우울증에 흔한 바로 그 증상이자 다른 정신 장애의 위험 요인이기도 한 무쾌감증, 피로, 미래에 대한 염세적 전망, 추동의 결핍 같은 특징이 있으면 운동이 더욱 힘들고, 노력을 기울일 만한 가치가 없다는 생각이 든다. 어떤 사람에게는 "그냥" 운동을 해보는 것이 우울증의 다른 치료법을 알아보는 일보다 진실로 어려울 수 있다. 혹은 다른 치료법이 효과를 발휘하여 운동을 어렵게 하는 바로 그 증상이 감소했을 때 비로소 운동이 가능할 수 있다.

다행히 정신 건강에 효과를 발휘하는 생활양식은 운동뿐만이 아니다. 운동을 싫어하는 사람도 두 번째로 소개하는 생활양식은 근사하다는 데 동의할 것이다. 일상에서 1순위로 가장 중요한 요소 가운데 하나이기도 하다. 바로 수면이다. 수면 상태가 좋으면 정신의 회복탄력성을 유지할 수 있다. 수면 상태가 나쁘면 정신 건강의 질적 악화를 부를 수 있다. 심지어 건강한 사람들조차 그렇다.

***

우리 모두는 밤에 잠을 제대로 자지 못하면 어떤 끔찍한 일이 벌어지는지 알고 있다. 기억력과 집중력이 떨어진다. 기분이 확 나빠진다. 심지어 통증 민감성도 악화된다. 너무나 명백한 일이라서, 그것을 확인하기 위해서 과학이 필요 없다고 생각할 수도 있다. 과학자들은 쉽게 굴하지 않고, 관대한 실험 참가자들을 대상으로 수면을 빼앗은 다음 정신 건강의 측면에서 어떤 증상, 즉 불안, 우울, 전반적 고통이 나타나는지 살폈다. 놀랍지 않게도, 심각한 수면 부족에 시달리는 사람들은 당장 어떤 정신 질환이 없어도 정신 건강이 확실히 나빠졌다.[272]

밤새도록 놀면 위에서 언급한 증상의 일부 혹은 전부를 경험할 수 있다(혹은 아기가 있는 상황이거나 불면증이거나). 드물지만 실제로는 없는 대상을 보거나 환청을 들을 수 있다. 내 경우, 열아홉 살 때 한 번 그런 일이 있었다. 학교 기숙사에 앉아 있는데, 누군가의 알아듣기 힘든 목소리 혹은 목소리들을 들었다. 내가 24시간 이상 깨어 있던 때였다. 현실이 아니라고, 목소리는 내 머릿속에서 나고 있다고 생각했으나 여전히 불안했다. 다음 날은 목소리가 다시 들리지 않아서 안도했다. 이는 정신증적 경험으로, 수면 부족 때문에 일어날 수 있다. "정신증적 경험"에는 망상, 환각(내가 경험한 환청 같은 경우도 그렇고, 환시를 비롯한 다른 감각들도 포함된다)이 있다.[273] 정신증적 경험은 보통 조현병과 관련이 있으나, 꼭 그런 것만은 아니다. 100명 중 5–6명은 살면서 어느 시점에 정신증적 경험을 하게 되는데,[274] 이 수는 조현병 같은 정신증적 장애를 겪는 사람들의 수에 비해 300배 이상 많다.

어느 연구에서는, 실험 참가자들이 1주일에 3일 동안 4시간만 잠을 자도록 한 다음 보통의 수면 조건과 비교했다. 수면 부족 집단은 편집증적 경험과 환각 같은 정신증적 경험을 보통의 수면 집단보다 훨씬 자주 경험했다.[273] 수면이 줄어들자 부정적인 기분과 걱정 또한 늘어났으며, 단기 기억도 나빠졌다. 가장 흥미로운 점은, 이 같은 여러 변화가 서로 독립되어 있지 않았다는 것이다. 수면 부족 이후 기분 상태가 나빠진 사람은 편집증과 환각을 경험할 가능성이 더 컸다. 이에 대한 한 가지 해석은, 수면 부족이나 수면 문제가 정신 건강의 저하 상태에서 나오는 증상들을 더 악화시켜 정신증적 증상을 유발한다는 것이다.

수면 문제는 정신장애에서도 아주 중요하다. 우울증 환자의 90퍼센트 이상이 수면의 질에 문제가 있다고 보고한다.[275] 이를 위험 모형으로 설명하기도 한다. 불면증은 정신 건강에 문제가 생길 수 있는 위험 요인이자, 최초의 회복 이후 재발을 부를 수 있는 위험 요인이라는 것이다. 반대로 잠을 잘 자면 정신 건강을 보호할 수 있으며, 회복탄력성 요인으로 정신 면역에 도움이 될 수 있다. 예를 들어 정신적 외상을 경험한 사람은 이 경험 이전에 수면 문제가 있었다면, 외상 후 스트레스 장애를 앓을 가능성이 더 크다.[276, 277] 많은 사람이 악순환을 겪을 수 있다. 나쁜 수면 패턴이 정신 건강 문제를 유발하고, 정신 건강 문제가 수면의 악화(기타 등등)를 또다시 유발하는 것이다.

수면과 정신 건강 패턴은 외상 후 스트레스 장애와 정신증 같은 한두 종류의 질환에만 국한되지 않는다. 수면 부족은 여러 정신질환에서 위험 요인으로 나타나며, 충분한 수면은 회복탄력성 요인이다. 1만5,000명이 넘는 인원을 군대 배치 전후로 조사한 결과, 배치 전에 불면증이 있으면 배치 후에 외상 후 스트레스 장애나 우울증, 불안장애를 겪을 가능성이 더 컸다.[276] 수면다원검사를 해보면, 수면 부족이 거의 모든 정신질환에 나타난다는 사실을 알 수 있다.[278] 우울증 환자의 92퍼센트가 수면에 문제가 있고 과수면증과 불면증 둘 다 흔하게 나타나며, 때로는 한 사람이 동시에 두 가지 증상을 겪는다.[279] 불안장애 환자의 4분의 3이 수면에 문제가 있다고 보고했다. 이 집단의 경우, 수면 문제가 5년 후 외상 후 스트레스 장애에서 회복 여부를 갈랐다. 수면에 문제가 없으면 환자의 56퍼센트가 회복하지만, 수면에 문제가 있으면 34퍼센트만이 회복했다.[280] 정신증 진단을 받은 환자의 80퍼센트가 적어도 한 가지 수면 장애를 겪고 있다.[281] 수면 문제와 정신장애가 동시에 존재한다는 것은, 수면의 질 저하가 정신 건강 문제의 일반적 특징일 수 있고, 때로는 "초진단적" 요인일 수도 있다는 뜻이다. "초진단적"이라는 말은, 하나가 아닌 여러 정신질환에 일조한다는 의미이다.

수면 문제는 보통 정신의 웰빙을 유지하는 뇌의 과정에 변화를 주어 정신 건강에 영향을 미친다. 이 책에서 계속 논의한 내용이다. 수면 부족은 인지과정, 즉 주의와 언어와 기억에 문제를 일으킨다.[282] 또한 통증 민감성이 높아지고, 만성통증 증후군도 심해진다.[283] 불쾌한 신체 감각을 경험하는 일 또한 늘어난다. 수면 부족으로 인해 사람들은 위통, 근육통, 이마 근육의 긴장을 더 많이 겪는다고 보고한다.[282]

질병이나 정신적 외상, 스트레스를 주는 사건처럼 수면을 방해하는 스트레스 요인을 겪는다고 해보자. 위의 연구에 따르면, 수면 문제가 있다면 그 자체로 정신 건강 문제에 생물학적으로 민감해질 수 있다. 수면이 기분과 인지, 피로, 신체 증상에 미치는 영향은 사람마다 차이가 있다. 그러므로 수면에 문제가 생겨 특히 정신 건강 문제에 민감해진 사람이 있을 것이다. 수면 문제가 있으면, 이 같은 취약함 때문에 뇌와 신체 체계 모두 영향을 받는 여러 가지 장애가 생길 수 있다. 예를 들어 수면 부족은 섬유근육통의 중요한 문제에 속한다. 섬유근육통은 흔히 신체적 혹은 심리적 스트레스 요인으로 생기는 만성통증이 특징이다.[282]

수면 부족은 뇌의 체계에 광범위한 영향을 끼친다. 수면 부족이 야기하는 정신 건강 문제도 다양하다. 따라서 불면증을 개선하면 당연히 정신 건강의 회복탄력성도 향상시킬 수 있다. 예를 들면 수면 부족이 정신증의 진짜 원인이라면, 수면 문제의 개선이 정신증 증상을 줄이는 한 가지 방법이라고 볼 수 있다. 몇 년 전, 대규모 무작위 통제 연구로 이 가설을 검정한 바 있다.[284] 3,700명 이상의 대학생을 불면증 심리치료 제공 집단(휴대전화를 통해서 인지 및 행동 치료와 마음챙김 기술을 제공했을 뿐 아니라, 숙면을 위한 생활 습관을 알려주고 수면 일기도 쓰게 했다)과 통제집단(아무것도 하지 않았다)에 무작위로 배치했다. 10주 후, 불면증 치료를 받은 집단은 불면증이 줄었을 뿐 아니라 편집증과 환각 증상도 완화되었다. 중요한 점은 수면 습관의 변화가 편집증과 환각 감소의 큰 이유였다는 것이다. 통계상으로 수면 상태가 좋아지자 편집증이 약 60퍼센트 감소했다. 불면증 치료는 우울증, 불안 등을 줄이고 웰빙을 증진하는 등 정신 건강의 다른 여러 요인에도 긍정적인 효과를 보였다. 수면 상태의 개선은 다른 치료의 효과를 촉진할 수 있고, 어떤 환자의 경우에는 처음부터 더 강한 치료를 받지 않아도 무방하다.

수면에 대해서 마지막으로 하고 싶은 말이 있다. 수면 부족은 심리적으로나 생리학적으로 여러 가지 부정적인 효과를 보이지만, 중요하고 신비로운 예외도 한 가지 존재한다. 수면 부족이 아주 (일시적이지만) 좋은 효과를 보일 때가 있다. 수십 년 동안 알려진 사실인데, 주요 우울장애의 경우 수면이 심하게 부족하면 기분이 갑자기 극적으로 나아진다. 이 효과는 크지만 오래 유지되지는 않는데, 2주 후면 사라진다.[285] 생체 리듬이 기분 변화를 유발하는 만큼, 이 리듬을 목표 삼아 우울증을 치료한다면 효과가 있을까. 이 가설은 "시간 치료chronotheraphy"라는 치료법이 입증한다. 보통 시간 치료에는 아침에 햇빛을 받으며 잠을 자지 않는 과정이 있다[286](그러나 급격한 수면 부족은 주요 우울증 환자의 45퍼센트에게만 효과를 보인다는 점에 유의하자). 수면 부족을 통해서 일시적으로 우울증이 물러간다면 매우 유용할 것이다. 나는 이 치료를 매우 환영하는 여러 환자를 만난 적이 있다. 중요한 점은, 이 같은 일시적 완화가 장기적 치료법이 효과를 보이도록 시동을 걸어줄 수 있다는 것이다.[287] 장기적 치료법이 약물이든 심리치료든 혹은 다른 것이든 간에 말이다. 때로 짧은 기간이라도 정신 건강이 좋아지면 치료에 도움이 된다. 소수 집단이기는 하나 상당수의 우울증 환자에게 단기간의 수면 부족은 그런 효과를 낼 수 있다.

수면은 항상성이 왜 필요한지 보여주는 한 가지 사례이다. 즉 우리 몸은 생존을 위해서 수면을 필요로 한다. 당신은 실험에 참여할 때나 우울증 치료를 받을 때, 일시적으로 수면을 줄일 수 있다. 그렇지만 결국 모든 사람은 잠을 자야 하고, 그렇지 않으면 죽는다. 수면과 정신 건강은 생존의 맥락에서 아주 확실하게 궤를 같이한다. 정신 건강을 유지하기 위한 뇌의 과정, 즉 쾌감과 통증과 학습, 내수용감각, 추동 같은 과정은 주변 세계와 우리 신체에 대해 정확하고 유용한 정신적 모형을 구축하도록 돕는다. 이 정신적 모형은 생존에 위험이 되는 일은 피하고(통증, 배고픔 등), 생존에 이득이 되는 것을 추구하도록 이끈다(쾌감, 수면 등). 세상에 대한 우리의 정신적 모형은 이런 생존의 요소가 어려움에 처하면 문제가 생긴다. 수면 부족과 통증은 우리의 생존을 돕는 뇌의 과정에 연쇄적 효과를 일으킨다. 비슷하게 호르몬(성호르몬, 스트레스 관련 호르몬, 그 외 신체 내부 상태를 전달하는 여러 호르몬)은 정신 건강의 악순환을 불러올 수 있다. 예를 들면 여성은 월경 전과 월경 시기에 우울증과 정신증의 증상이 늘어난다.[288] 긍정적으로 보면, 신체가 기본적인 생존 신호를 보낼 때 이에 개입하면 세상에 대한 정신적 모형이 변할 수 있다. 식사 행위가 "행거" 상태를 빠르게 바로잡는 상황이 그 예이다. 이 같은 생존 메커니즘으로는 수면, 감염에 대한 염증 반응, 위험에 대한 회피 반응, 식사를 조절하는 생물학적 과정 등이 있는데, 이 반응들에는 건강한 정신 상태를 알려주는 힘이 있다.

자연스럽게 세 번째이자 마지막 생활양식 요인으로 넘어가보겠다. 바로 음식과 다이어트이다. 다이어트가 정신 건강에 영향을 준다는 발상은 우리의 문화에 저절로 퍼져나갔다. 소셜 미디어나 웰빙에 관한 대화에서 이 주제는 거의 피할 수 없다. 이런 발상에는 일말의 진실이 있기는 하지만, 다이어트를 통해서 웰빙을 얻자는 부분은 그만큼 회의적인 시선으로 바라보아야 하고 조심해야 한다.

당신은 당신이 먹는 것으로 이루어진 존재입니까?

약물에 회의적인 "천연" 정신 건강 전문가에게 말을 걸어보면, 그들은 당장 건강한 정신의 원천이 음식이라며 당신에게 어떤 음식을 먹고 사는지 확인하라고 할 것이다. 핵심은 이렇다. 빈혈이나 심각한 비타민 결핍인 경우, 둘 다 피로 같은 증상을 유발할 수 있다. 배가 고픈 상태는 정서와 정신 건강에 큰 영향을 미칠 수 있다. 배고픔은 생존이 위험하다는 신호이기 때문이다. 그렇기는 해도 식생활로 정신 건강에 접근하는 관점 또한 심각한 한계가 있다. 내가 특히 다루고 싶은 부분은 두 가지이다. 극단적인 식사 불균형에서 벗어나 더 골고루 먹으면 정신적 웰빙을 증진할 수 있는지, 그리고 건강한 정신을 위해서 식생활을 바꾸는 일에 고유한 위험(부작용)이 있는지.

지금의 나는 퀴노아를 무척이나 즐겨 먹는다. 그래도 당신에게 식생활 관련 전략을 버리라고 설득할 생각은 없다. 참고로 말하자면, 고지방 식사가 정신적 웰빙에 나쁘다는 증거는 지극히 제한적이다. 쥐를 대상으로 한 실험에서, 쥐에게 고지방 사료를 주면 불안 및 우울 유사 행동이 유발된다(흥미로운 점은 스트레스 호르몬과 혈류 내 염증도 증가한다는 것인데, 이는 행동 변화의 원인이 될 수 있다).[289] 그렇지만 인간을 대상으로 "정크" 푸드와 건강하지 못한 정신 사이의 인과관계를 증명하는 믿을 만한 연구는 내가 아는 한 없었다. 건강하지 못한 정신과 "정크" 푸드를 잔뜩 먹는 식사 둘 다 유도하는 요인이 너무 많다(예를 들면 가난은 이 두 가지와 높은 상관관계가 있다). 즉 당신의 식생활이 정신 건강의 저하를 부를 수 있는지 여부가 아직 확실하지 않다는 뜻이다.

이와 반대되는 예비 증거는 일부 존재한다. 특정 음식이 정신 건강을 증진할 수 있다는 것인데, 정신 건강이 나빠질 때만 그럴 수 있다고 한다. 그 이유를 알려주는 연구가 많지는 않지만, 몇몇 연구에 따르면 건강한 식사, 특히 소위 지중해 식단 같은 식사가 우울증을 예방할 수 있다.[290] 우울증 "예방" 가능성이 있는 식단을 살펴보면 과일과 채소, 견과류가 풍부하고 가공육은 상대적으로 적다(술도 절제한다). 이 분야에서 이루어진 소규모 무작위 통제 시험에 따르면, 이 관계는 단순한 연관관계를 넘어선다.

이 같은 연구들 가운데 하나는 우울증을 보고한 152명을 무작위로 두 집단으로 나누었다. 한 집단은 3개월 동안 지중해 식단에 어울리는 음식들로 채운 바구니를 받았다. 또 6개월 동안 생선 기름 보충제도 받았다. 다른 집단은 6개월 동안 격주로 사교 활동에 참여했다(괜찮은 통제 방식으로, 사교 활동 또한 정신 건강에 도움이 되리라고 기대하기 때문이다. 물론 참가자들이 어떤 집단에 속해 있는지 확실히 알게 된다는 점에서 완벽한 통제 조건은 아니다).[291] 지중해 식단 바구니를 받은 집단의 경우 통제집단과 비교하여 우울증이 크게 감소되었고, 정신 건강도 좋아졌다. 저자들은 식단을 통해서 핵심 영양을 골고루 섭취하면 뇌 기능의 변화를 통해서 정신 건강 문제를 완화할 수 있다는 결론을 내렸다. 그렇지만 이 같은 추정은 증명하기 어렵다. 신경세포 사이의 정상적 신호 유지에서부터 뇌와 신체의 염증 감소에 이르기까지 식사의 영양분이 뇌의 여러 기능에 중요하다는 점에서 그럴듯하다.[291] 그렇지만 정말 그런지 확인할 수 있는 뇌 관련 수치가 없다. 그러므로 몇몇 사례에서 식생활이 정신 건강을 개선할 수 있다는 그럴듯한 증거가 있지만, 부족한 부분을 보충한 식단이 정신 건강을 왜 개선하는지 그 이유에 관한 확실한 답은 없다.

수면처럼 몇 가지 설명을 해볼 수는 있다. 정신 건강과 관련된 생물학적 과정에 식생활이 간접적으로 영향을 끼쳐 정신 건강이 좋아질 수 있다. 염증 같은 경우가 그렇다. 어쩌면(추측에 가까운데) 어떤 음식은 정신 건강에 중요한 뇌 기능과 직접적인 관계를 맺고 있을지도 모른다. 식사요법은 원래 균형 잡힌 식단을 더 균형적으로 잡아주는 쪽보다는 영양 결핍을 보충해줄 때 정신 건강의 개선 가능성이 훨씬 크다고 본다(모든 사람의 건강에 좋은 슈퍼 푸드가 효과를 보일 가능성은 사라진다).

당장 건강한 정신을 얻기 위해서 특히 인기 좋은 식생활은 장내 박테리아의 개선을 목표로 삼는 식단이다. 제2장에서 언급했듯이, 지난 몇 년 동안 동물의 장내 박테리아를 조절하면 정신 건강 관련 행동을 개선할 수 있다는 강력한 연구가 몇 가지 나왔다. 대중과 과학자, 많은 사람이 이 연구에 푹 빠져들었다. 한 연구에서는 생애 초기 스트레스에 노출된 쥐(태어난 지 얼마 안 된 상태에서 엄마와 며칠 동안 분리되었다)가 나중에 불안 유사 행동을 보였는데, 놀랍게도 쥐의 마이크로바이옴에 변화를 가져오는 프로바이오틱스를 투여하자 불안 유사 행동의 빈도가 감소했다.[292] 스트레스로 유발된 쥐의 불안 유사 행동이 식생활의 변화만으로 고쳐진 것이다. 항우울제가 필요하지 않았다. 쥐의 장내 마이크로바이옴은 불안을 예방하는 회복탄력성 요인이 되었다. 즉 정신적 면역성을 획득한 것이다(장에서 유래한 것이지만).

프로바이오틱스는 요구르트, 김치, 콤부차를 비롯한 여러 음식에 함유되어 있다(가게에서 프로바이오틱스 보충제를 살 수도 있다). 맨 처음 이 소식을 접했을 때, 프로바이오틱스가 인간에게 효과가 있다면 나도 시험에 참여하고 싶다고 생각했다(나는 발효음식을 좋아하는 사람이라 굳이 큰 희생을 할 필요가 없을 것이다).

프로바이오틱스 복용은 운동이나 불규칙적 수면 패턴을 고치는 일보다 분명 훨씬 쉬워 보인다. 하지만 신뢰할 만한 임상 연구의 결과들을 모두 합쳐 분석한 최근의 한 연구에 따르면, 우울과 불안에는 효과가 미미했다고 한다. 임상적 진단을 받은 우울증 환자의 경우에는 효과가 더 크기는 하다(작은 효과만 보인 결과를 해석하자면, 우울증이 있는 사람을 무작위로 선택하여 프로바이오틱스를 제공하면 위약 집단에 비해 좋아질 가능성이 17퍼센트 더 높다고 할 수 있다).[293] 이 분야는 연구가 폭발적으로 늘어났으나, 프로바이오틱스 사용이 정신 건강을 개선한다는 인과관계를 입증할 증거가 여전히 많지는 않다. 프로바이오틱스가 본디 효과를 보이는 이유도 아직 확실하지 않다.

프로바이오틱스를 긍정하는 연구에서 일반적으로 주장하는 한 가지 가능성은, 장내 마이크로바이옴의 다양성과 정신 건강이 직접적인 관계를 맺고 있다는 것이다. 마이크로바이옴이 뇌와 의사소통하기 위해서 사용할 수 있는 생물학적 신호 경로가 많이 존재하며, 이런 경로 가운데 하나가 혹은 여럿이 정신 건강을 직접적으로 변화시킬 수 있다(이 설명에 따르면 그렇다). 나는 이 책 제2장에서 다른 추측도 제시한 바 있다. 장내 마이크로바이옴이 정신 건강에 간접적으로 영향을 미친다는 것이다. 가장 간접적인 수준을 상상해보자. 장내 마이크로바이옴의 다양성 증진(혹은 식생활과 관련된 다른 생물학적 특징)이 붓기와 소화불량 같은 신체 건강의 문제를 일부 개선한다면, 그럴듯한 가설로 보일 것이다. 신체 건강이 좋아졌다는 느낌은 정신 건강에 분명 영향을 미칠 텐데, 이는 간접적인 방식이다(더 이상 불편함이나 통증을 느끼지 않는다). 간접적인 방식을 지지하는 또다른 설명은 이렇다. 장내 박테리아에서 발생하는 신호가 정신 건강과 관련된 특성 예를 들면 피로를 개선한다는 것이다. 이런 특성 혹은 특성들을 개선함으로써 연쇄적 효과가 발생하여 정신 건강에 전반적으로 영향을 미칠 수 있다. 여러 가능성이 존재하는 상황에서 확실한 판단을 내릴 수는 없다. 심리 추론의 오류에 빠질 수 있기 때문이다. 쥐에게 느낌이 어떤지 물어볼 수는 없는 노릇이다. 인간을 대상으로 한 실험이라도 프로바이오틱스가 어떻게 정신 건강을 개선할 수 있는지(혹은 그렇지 않은지) 알 수 있는 최적의 생물학적 측정 지표를 구해야 하는데, 현재로서는 제한적이다.

이와 같은 설명은 이 분야에 대한 간단한 기술일 뿐이다. 변화 속도가 아주 빨라서, 최적의 증거도 빨리 변할 수 있다. 매력 있는 분야이다 보니 과학계와 대중사회 모두 때때로 앞뒤 순서를 바꾸는 판단을 내릴 수 있다. 식단을 바꾸는 것은 아주 쉬워 보이니, 우울증을 치료할 가능성이 있다면 아마 시도해보는 편이 좋을 것이다. 식생활을 개선하면 진실로 정신 건강을 향상시킬 수 있는지, 만일 그렇다면 그 이유는 무엇인지를 밝히려면 훨씬 더 강력한 증거가 필요하다. 당장 내가 할 수 있는 조언은 다음과 같다. 당신이 자우어크라우트(독일의 양배추 발표 요리)를 비롯하여 프로바이오틱스가 풍부한 음식을 좋아한다면 먹어라. 좋아하지 않는다면 먹지 마라. 적어도 어떤 이득이든 있다는 인과관계를 보여주는 강력한 증거가 생길 때까지, 이득이 생기는 과정과 이유를 이해할 때까지. 지금의 증거에 따르면, 우울할 때 식생활에 조금 변화를 주는 쪽보다는 (예를 들면) 항우울제를 복용하는 쪽이 확실한 이득이 될 것이다.

"건강한" 생활양식의 부작용

정신 건강이 좋지 않았던 경험이 있다면, 가볍게 혹은 짧게라도 좋지 않았었다면 정신 건강에 좋다는 조깅을 비롯해 아사이베리를 많이 먹거나 케이크를 적게 먹기 등 여러 가지 "쉬운" 해결책들을 접했을 것이다. 이런 방식이 비과학적이라고 무시했을 수도 있고, 진심으로 수용했을 수도 있으며, 아니면 적당히 회의론적인 마음을 품고 시도해보았을 수도 있다.

당신이 어느 쪽을 택했든 간에 힘든 과정을 거쳐 깨달았을 것 같다. 다이어트와 운동으로 행복해지는 사람도 있지만, 불행해지는 사람도 있어 쉽지 않다는 사실을. 약물과 심리치료 등 임상적 치료법이 그렇듯, 다이어트와 운동 같은 "생활양식"에 대한 개입도 어떤 사람에게는 회복에 아주 중요한 생물학적 변화를 유도하지만, 다른 사람에게는 쓸모가 없거나 위험하기까지 하다. 그래서 어떤 치료법이든 개입이든 뇌의 어느 체계에 변화를 가져오는지 아는 일이 중요하며 무작정 추천하지는 않는 것이다. 우리는 이 같은 뇌의 변화와 관련된 잠재적 이득과 위험을 알아야 하고, 어떤 이유로 언제 효과를 보이는지도 알아야 하며, 만일 효과가 없다면 왜 없는지도 알아야 한다.

신체적이든 정신적이든 비의료적 개입이 가져다줄 이득을 논할 때, 흔히 그 위험이나 부작용은 외면한다. 약물에 대해서 논할 때나 뇌 자극처럼 확실한 신체적 개입에 대해서 논할 때는 부작용 이야기가 당연히 쉽게 나온다. 환각제나 전기경련요법에 대해서 언급할 때에도 부작용과 관련된 질문은 맨 처음 나오는 질문 가운데 하나이다. 그렇지만 심리치료와는 달리 "생활양식"에 근거한 개입은 부작용이 거의 간과된다.

식생활에 변화를 주면 건강에 신체적(그리고 아마 정신적으로도 일부) 이득이 있을 수 있지만, 잠재적 위험 또한 존재한다고 한다. 한 연구에 따르면, 다이어트를 자주 한 사람은 정신 건강이 나빠질 위험을 겪을 가능성이 더 크다. 감정 조절, 자존감, 섭식 행동에 문제가 생길 수 있다는 것이다.[294] 이 연구는 사람들에게 "체중 감량을 위한 다이어트"를 한 적이 있느냐고 질문했지만 "건강한" 음식 소비를 늘리는 식이요법이라고 해도 위험할 수 있다. 최근에 등장한 "건강 음식 집착증orthorexia"이라는 식이 개념은 건강한 음식만 먹으려고 집착하는 증세가 핵심이다.[295] 건강 음식 집착 척도에서 높은 점수가 나오는 사람은(음식의 영양 성분을 살피고, 건강에 "해로운" 식사에 기분이 나쁘고 등등) 우울증(그리고 폭식 증상) 척도에서도 높은 점수가 나온다.

많은 사람이 식이 제한은 상대적으로 해롭지 않다고 본다. 부작용이 따라붙지 않는다. 그리고 위에서 언급한 정신 건강의 저하와의 연관성은, 정신 건강이 나빠진 사람이 다이어트를 하면 나타날 수 있는 일이지 그 반대 방향이 꼭 성립한다고 할 수는 없다. 그렇지만 다이어트가 해롭지 않다고 할 수는 없는 중요한 임상 사례들이 있다. 가장 심한 경우 식이 제한은 섭식장애로 이어질 수도 있는데, 신경성 식욕부진처럼 정신질환 중에서 가장 사망률이 높은 질환도 해당한다.

10대 여성들이 식이 제한을 하면 여러 가지 섭식장애와 더불어 식욕부진이 생길 위험이 커진다. 14세에 다이어트 행동을 했다고 보고한 여성 청소년의 경우(적게 먹기, 체중 문제로 음식이나 음료를 먹지 않기, 먹는 음식 신경 쓰기 등) 이후 4년 내로 섭식장애 진단을 받을 가능성이 상당히 높다.[296] 집단적 차원에서 섭식장애의 유병률은 그 집단 내에 다이어트 행동을 한 비율과 비례한다고 한다. 가족력이 있는 사람이나 정신질환이 있는 사람은 특히 위험할 수 있다.[297] 심지어 다이어트와 섭식 문제가 서로 영향을 준다고 추정해도, 다이어트가 섭식 문제의 시작이 될 수 있다. 다이어트는 보기와는 달리 그리 무해하지 않다.

다이어트는 식이 문제에 언제나 박차를 가하지는 않는다. 당신은 다이어트로 얻게 될 여러 가지 보상에 대해서 별다른 영향을 받지 않을 수 있다(다이어트를 확실하게 습관으로 삼지 못했다며 슬퍼할지 모르지만, 사실은 운이 좋은 것이다). 다이어트를 튕겨낸 당신의 회복탄력성은 생존을 위한 흔한 보호적 요인에서 유래한다. 음식 보상을 향한 강한 추동, 배고플 때 느끼는 심한 불편함, 실컷 먹고 나면 느끼는 만족감 등이 보호적 요인에 해당한다(대부분의 사람들이 그렇다). 많은 경우 다이어트로 인한 어려움과 불편함은 보상을 능가하는데, 우리의 기본적 생존 본능에 거스르기 때문이다.

그렇지만 간과할 수 없는 소수 집단이 있다. 이들은 뇌의 보상 과정이 다르고, 배고픔과 배부름에 대한 신체 내부의 느낌도 다르다. 그래서 식사가 주는 보상보다 다이어트의 보상이 더 크게 다가올 수 있다. 식욕부진은 다이어트로 시작되는데, 이는 체중조절만을 목적으로 삼지 않을 수도 있다. 다이어트를 하는 과정에서 타인이 긍정적인 반응을 보내거나 자기 자신이 긍정적으로 여겨지면 다이어트가 강화될 수 있다. 그런데 시작은 선택이었더라도 음식을 제한하는 습관에서 벗어나지 못하면, 결국 섭식장애가 된다. 기분 전환을 위해서 마약에 손댔다가 중독에 빠지는 것과 비슷하다. 이 같은 과정은 배측 선조체처럼 습관에 영향을 미치는 뇌 심부 영역이 식욕부진의 기저에 있음을 뜻한다.[298]

배고픔이 뇌에서 처리되는 기본적인 과정도 섭식장애 환자의 경우 달라질 수 있다. 대부분의 사람들은 배고픔을 극단적으로 싫어하며 배부름을 보상으로 여긴다. 반면에 식욕부진에 빠진 사람들은 대화를 나누어보니, 흔히 배부름이 고통스럽거나 불편한 상태이고 배고픔이 편안하고 불안이 완화되는 상태에 해당했다. 예전의 심리학 연구에서는 식욕부진 환자와 그렇지 않은 사람이 배부를 때의 기분을 평가했는데, 식욕부진 환자는 부정적인 감정을 경험할 가능성이 더 컸던 반면, 식욕부진이 아닌 사람은 긍정적인 감정을 경험할 가능성이 더 컸다(배고픔의 경우에는 감정 평가에서 차이가 없었다).[299]

즉 많은 사람에게 보상으로 다가오는 편안한 내적 감정(배고픔의 완화, 배부름)이 식욕부진 환자에게는 혐오스럽게 다가온다는 말이다. 부정적인 신체 감각을 피하려고 하는 자연적 추동은 배고픔을 완화하고 포만감을 얻고자 하는 자연스러운 추동을 이론상으로 능가할 수 있다. 전통적인 거식증 이론은 다음과 같이 설명한다. 더 적게 먹을수록 음식의 적은 양에서 더 많은 포만감을 느끼는 한편, 더 많은 양(보통의 양)을 먹으면 더 불편한 양성 피드백 고리가 신체에 형성된다.[300] 한편 현대의 이론에 따르면, 신체의 내적 신호 지각(내수용감각)이 더 민감해지면 이런 증상으로 이어질 수 있다. 식욕부진 환자는 심장박동 및 호흡 감각의 강도를 더 높게 평가하는데, 특히 식사를 앞두고 그렇다.[301] 신체의 내적 신호 지각에 혼란이 오면, 신체와 뇌의 의사소통이 달라져 예정된 식사 앞에서 불안함을 느끼게 되고 배부름 같은 내적 감각을 피할 수 있다.[301] 식욕부진의 위험이 있는 사람의 경우, 보상에 대한 기대를 형성할 때 긍정적인 피드백보다 부정적인 피드백에서 더 많이 배운다.[302] 이 같은 학습을 통해서 부정적으로 경험된 내적 상태에 대한 회피가 강화될 수 있다. 즉 배부름이 일종의 처벌로 다가온다면, 조건화된 음식 회피에 힘을 실어주면서 배고픔을 장려하고 음식 섭취를 억누를 수 있다.

아직 해답을 구하지 못한 질문은, 사람들은 왜 내적 상태를 다르게 겪는가이다. 그 원인은 무엇일까? 식욕부진을 설명하는 전통적 모형은 소수 집단만이 애초에 그 피드백의 고리에 민감한 이유를 설명하지 못한다. 한 대규모 유전체 연구에서 식욕부진에 대한 취약성을 키우는 유전자를 찾아냈는데, 신진대사와 관련된 유전자도 포함된다.[303] (단순히 뇌의 차이가 아니라) 신진대사의 차이가 섭식장애를 유발할 수 있다는 뜻이다. 이런 차이가 있는 사람이 다이어트 행동을 할 경우, 유전적 소인으로 인한 뇌와 신진대사의 변화가 심리적 변화를 유발하고, 이 변화가 섭식장애 형태로 굳어질 수 있다. 이런 패턴은 수년간 지속되며, 때로는 평생 지속되기도 한다.

식욕부진은 여러 가지 섭식장애 가운데 하나일 뿐이다. 섭식장애에는 대식증bulimia(폭식 후 구토 등의 보상 행동이 나타남/역주)과 폭식 장애binge eating disorder(구토가 동반되지 않는 폭식증/역주)도 있다. 여러 가지 섭식장애는 뇌의 변화가 일부 겹칠 뿐이지만, 다이어트가 위험 요인이고 건강이 우려된다는 점에서 서로 관련이 있다. 그리고 문제가 있는 섭식 행동들, 예를 들어 음식 섭취 제한이나 체중 집착, "건강한" 식사에 대한 강박 등의 패턴은 진단 기준을 충족하지 않는다고 해도 장기간에 걸쳐 웰빙과 신체 건강을 해칠 수 있다. 이런 식습관 가운데 어떤 습관이든 보이는 사람에게 일단 질문을 던져보라.

섭식장애는 공공을 향한 건강 메시지에 고민거리를 제시한다. 비만을 줄이자는 캠페인의 경우, 체중 증가의 위험 및 체중 감소가 주는 건강상의 이득을 광범위하게 다룬다. 캠페인의 명분은 사회의 많은 사람이 과체중이고, (과체중이 언제나 원인은 아니지만) 여러 건강 질환과 관련이 있다는 것이다. 그렇지만 이 광고를 보는, 소수 집단이라고 해도 상당한 수의 사람이 섭식 행동에 문제가 생길 위험에 놓여 있다. 섭식 행동에 문제가 생기면 정신 건강이 나빠지고, 더 위험한 섭식장애에 빠질 위험도 커진다. 섭식 문제 또한 전체 사회의 건강에 큰 영향을 미친다.

***

정신 건강을 증진하기 위한 생활양식 개입법은 누구에게나 통하지는 않는다. 그렇지만 생활양식을 바꾸면 몇몇 사람은 진실로 이득을 본다. 그리고 정신 건강을 증진하기 위해서 우리가 시도하는 여러 가지 행위의 기저에는 공통의 신경 및 생리 과정이 존재한다. 이 과정을 살펴보면, 생활양식의 개입이 언제 성공을 거두고 또 거두지 못하는지 약간의 단서를 구할 수 있다.

몇몇 개입은 정신 건강 문제로 고통받는 많은 사람에게 효과가 있다. 운동의 경우, 운동을 시작할 힘이 별로 없고 울적하다면 운동량을 늘려가는 것이 기분 개선으로 이어질 것이다(꼭 그렇지는 않지만). 그렇지만 운동량 늘리기나 수면 개선과 같은 생활양식의 개입이 당장은 힘들 수도 있다. 상대적으로 중증의 정신질환을 앓는 사람이라면 적절한 약물이나 뇌 자극 치료를 받아서 이런 식의 개입이 가능해질 때, 비로소 시작할 수 있을 것이다.

당신이 정신 건강 증진을 위해서 비타민을 먹어보거나 운동 수업을 듣거나 다이어트를 시작한다면, 효과가 있는지 바로 알 수 있다. 왜 효과를 보이는지는 훨씬 더 복잡한 문제이다. 위약 효과는 절대 작은 원인이 아닌데, 사람들이 이 같은 개입에 얼마나 효과를 기대하느냐에 따라 위약 효과의 수준 또한 달라진다. 당신이 이득을 볼 가능성이 클수록 위약 효과에 민감한 상황은 유용하므로, 꼭 나쁜 일만은 아니다. 심지어 전통적 방식으로는 효과가 없는 개입에서도 이득을 볼 수 있다. 그렇지만 앞에서 논의한 모든 “생활양식”의 변화가 위약 효과를 통해서 이득을 준다고 보기는 어렵다. 여전히 불확실한 부분이 적지 않다. 식생활에 개입하는 여러 가지 방법은, 영양 섭취가 원래 부족했던 사람에게는 정신 건강에 보탬이 될 수 있다. 그렇지만 상대적으로 건강한 사람에게는 어떤 효과를 내는지 확실하지 않다. 프로바이오틱스 섭취와 같은 개입이 위약 이상으로 효과적인지는 여전히 알 수가 없다. 놀랍지는 않지만, 어떤 방식을 시도하든 당신이 그 시도를 할 때는(즉 식사 제한이나 과도한 운동) 전반적으로 행복이 줄어든다. 웰빙을 위한 시도가 "건강하지 않은" 식사보다 정신 건강에 훨씬 좋지 않은 것이다. 이런 개입을 싫어한다면 어떤 식이든 고통을 받으면서 할 필요가 없다. 위해가 잠재적 이득보다 더 클 수 있기 때문이다.

이 책의 마지막 장에서는 문화가 정신 건강과 질환에 미치는 영향에 대해서 살펴볼 것이다. 우리 사회는 정신적으로 아프다는 것이 무엇이고 정신적으로 건강하다는 것은 무엇인지에 대한 개념을 형성해왔다. 그렇지만 이런 규범은 나라마다, 시대마다 다를 수 있다. 이 말은 정신적 고통이 환경에 따라 아주 다르게 받아들여지며, 사회가 어떻게 받아들이냐에 따라 정신질환 자체의 경험도 달라진다는 뜻이다.

11

정신 건강과 정신장애의 변화

현대 사회가 정신 건강의 위축에 책임이 있다는 의견이 많다. 새로운 발상은 아니다. 역사상 새로운 문화적인 현상은 건강하지 못한 정신의 원인으로 지목되었는데, 보통 청년의 행동으로 구현된다. "딸이 너무나 치명적인 전염병에 노출되지 않도록 모든 부모에게 경고할 필요가 있습니다." 런던의 「타임스*Times*」에 나온 문장이다. 2020년대 틱톡에 관해 읽어 보았을 법한 말 같다. 사실 「타임스」의 이 문장은 1816년에 왈츠를 다룬 글이다.[304]

어떤 측면에서 이런 반동적 태도는 적절하다. 현대의 문화가 우리의 정신 건강을 형성하는데, 그 방향이 꼭 좋지는 않다. 하지만 정신 건강을 증진할 수 있다는 다른 주류적 문화는 무척 흐릿하다(대개 이전 세대의 불평 대상이던 바로 그 문화인데, 예를 들어 인스타그램에 시간을 사용하는 대신 소설을 읽으라는 의견이 그렇다. 독서가 빅토리아 시대에는 여성들에게 위험한 기분 전환용 행위로 받아들여졌다는 점에 주목하라).[305]

대부분의 사람들이 동의할 법한 한 가지 의견은, 요즘 시대가 "정신 건강의 위기"라는 것이다. 특히 어린이와 청소년이 위기에 처했다. 심지어 코로나19 대유행 이전에도* 영국에서는 자해행위뿐만 아니라 불안장애와 우울증, 섭식장애 진단이 꾸준히 늘어나고 있었다. 특정 연령대의 경우, 2003년과 2018년을 비교하면 불안장애와 우울증이 2배 이상 증가했다.[307] 주의력결핍 과잉행동 장애와 자폐 스펙트럼 장애의 진단 또한 이 기간에 2배로 늘었다.[307] 대부분의 사람들은 이 결과를(그리고 다른 나라와 집단에서 나온 비슷한 자료를) 보고 젊은이의 정신 건강이 시간이 지남에 따라 더 나빠졌다고 해석한다. 그런데 이런 해석도 비판은 가능하다. 진단 접근성이나 질환에 대한 인식, 심지어 진단 기준도 유병률의 증가를 불러올 수 있다는 것이다.[307] 흥미롭게도 이런 진단율의 증가는 정신 건강과 관련된 다른 수치와 잘 맞지 않는다. 한 대규모 연구에 따르면, 어린이와 청소년을 대상으로 정신질환 진단이 급격히 늘어났으나 정작 대상 집단이 보고하는 심리적 고통과 정서적 웰빙 점수와는 일관된 추세를 보이지 않았다. 이는 정신질환이 있다는 것이 어떤 의미인지 사회적 지식이 변화하는 과정에서 생겨날 수 있는 일종의 모순된 현상이다.[308]

문화는 생물학을 빗어나가고, 또 생물학과 상호작용한다. 문화의 영향력은 시대에 따라 다르고, 지역에 따라 그 수준도 다양하다. 일부 정신질환은 시대나 장소에 구애받지 않는 것처럼 보일 수도 있다. 가장 흔한 질환들은 나라와 역사를 막론하고 증상이 비슷하다. 그렇지만 정신질환이 문화에 의해 규정되는 만큼, 정신 건강에 대한 일반적 경험도 다를 수

---

* 어린이와 청소년의 정신 건강을 다룬 캐나다의 연구를 요약하자면, "대부분 악화되었으나 몇몇은 좋아졌다." 1,000명 넘는 규모의 이 연구에서, 적어도 70퍼센트가 정신 건강을 구성하는 여러 분야 가운데 한 분야가 나빠졌다고 보고했다. 그렇지만 같은 집단의 약 4분의 1은 적어도 한 분야가 좋아졌다고 했다.[306]

있다. 신경에 비슷한 변화가 일어나도 문화적 환경이 상이하면 다르게 인지할 수 있는 것이다. 이런 식으로 특징이 다르게 형성되고, 별개의 문화적 요인이 원인으로 여겨지면, 결과적으로 장애 자체의 속성도 정해질 수 있다.

역사적 예를 들어보자. 히스테리는 19세기 서구 유럽의 여성이 주로 진단받은 질환이다. 비슷한 장애가 훨씬 이전부터 있기는 했다. 히스테리의 전형적 증상은 기절 및 발작 유사 행동(오늘날에는 "비간질성 발작"이라고 한다), 빈혈, 마비, 통증이며 그 외 다른 신체적, 정신적 증상이 있다. 원래 신체적 문제로 여겨졌으나, 훗날 정신의학적 범주로 분류되었다. 이 같은 재분류에는 프로이트가 강한 영향을 미쳤다. 프로이트 본인은 히스테리를 여성 환자만의 질병으로 제한하지 않았고, 1905년에는 본인에게 히스테리가 있다고 진단을 내리기도 했다. 히스테리를 정신의학적 질환으로 정의하는 핵심적 특성은, 보통 신체적 문제로 보이나 병리학적 설명이 가능하지 않은 증상이라는 점이다.[309]

오늘날에는 히스테리라는 진단 자체가 존재하지 않으며, 존재한 적이 없었다고 주장하는 사람이 많다. 그렇다면 히스테리는 정말로 간질과 통증을 비롯한 여러 신체적 증상을 겪은 많은 여성을 정신의학과 환자로 잘못 분류한 포괄적 진단에 불과했던 것일까?

히스테리는 실제 임상적 현상이라기보다 의학 내 성차별에 대해 알려주는 바가 많은 질병이라는 의견이 있다. 히스테리에는 많은 여성 혐오적 요소가 있다. 심지어 그 명칭부터(hysteria는 그리스어로 자궁을 뜻한다) 어원이 성차별적이다. 고대 그리스(기원전 400년)에서는 이 병이 "자궁이 돌아다녀서" 나타나는 여러 의학적 증상으로, 일찍 결혼하여 가능한 한 많은 아이를 낳으면 예방할 수 있다고 보았다[310]("돌아다니는 자궁"이라는 개념을 고대 이집트 의학을 통해서 그리스에서 받아들였다는 주장도 있는데, 이를 정당화하는 증거는 많지 않다).[311]

그렇지만 존재하지 않는 질병이라고 해도, 정신의학적 차원에서의 히스테리는 여러 문화를 막론하고 놀랍도록 일관되게 나타난다. 사실 대부분의 과학 및 의학 연구는 전 세계 인구 가운데 소규모 하위집단을 대상으로 이루어졌다. 심리학계에서는 이 집단을 가리켜 W.E.I.R.D.(서구의Western, 교육받은Educated, 산업화된Industrialized, 부유한Rich, 민주주의Democratic 체제의 집단)라고 명명한 바 있다. "히스테리" 증상은 세계적으로 명칭이 다양하기는 하나 그 유병률은 비슷하며, 여러 사회 및 문화 집단에서 일관되게 나타난다.[312] 예를 들어 비간질성 발작의 경우 연구 대부분이 W.E.I.R.D. 집단을 대상으로 이루어졌지만,[312] 비간질성 발작 자체는 브라질과[313] 중국 남서부와[314] 인도에서도[315] 유병률, 연령 범위, 성별 비율, 위험 요인이 비슷하다.

히스테리의 증상 또한 시간을 초월하여 나타난다. 물론 "무도병"부터 "셸 쇼크shell shock"(전쟁에서 폭격 등에 노출된 군인들이 시달린 증상을 가리킨 용어/역주)까지 시대마다 명칭은 다르다. 히스테리가 흔한 질병이 되기 이전에는 집단에 퍼지는 경련과 춤 등 지금의 관점에서 집단 히스테리의 일화로 보이는 사례가 중세에 등장한다.[316] 유럽에서 히스테리에 의학적 진단을 내리기 시작하면서, 비간질성 발작은 19세기에 "신경증적 간질hystero-epilepsy"이라고 명명되었다.[312] 훗날 제1차 세계대전 시기에는 히스테리 증상(질병에서 비롯된 것이 아니고, 공인된 임상검사에서 신경질환과도 구별되는 증상)을 "셸 쇼크"라고 불렀다.[317]

시대마다 등장했다가 사라지는 질환이 있다. 그렇지만 그 기저의 과정은 시대와 장소를 막론하고 존재한다. 과거 히스테리로 진단을 받은 사람은 오늘날 (증상에 근거하여) 기능성 신경학적 장애나 공황장애 같은 정신의학적 질환, 혹은 간질 같은 전통적인 신경성 질환으로 진단을 받을 수 있다. 아니면 더 이상 진단을 받지 못할 수도 있다. 진단으로서의 히스테리는 더 이상 존재하지 않지만, 증상의 많은 부분은 사라지지 않았다. 실제로 의학적으로 실재하는 현상을 가리키고 있기 때문이다. 이렇게 보면 "히스테리"는 오늘날에도 특정 형태로 여전히 존재한다.

이렇게 문화적 부침에 따라 사라지는 질환이 있는가 하면, 새로 태어나는 질환도 있다. 2002년 미국의 생물학자 메리 레이타오는 아들이 겪는 지속적 가려움을 설명하기 위해서 "모겔론스Morgellons"라는 용어를 역사적 기록에서 빌려왔다.[318] 아들의 피부에 생긴 "섬유"가 1600년대 프랑스 어린이들 사이에 퍼진, 피부에 기생충 등이 침입한 병 모겔론스에 대한 묘사와 닮아 보여 병명을 되살려낸 것이었다.[319] 온라인에 소개된 모겔론스는 결국 뉴스로도 다루어졌다. 뉴스를 본 전국 각지의 다양한 사람이 자신들도 그 질병 때문에 너무 힘들었다고 했다. 대체로 과거 프랑스에서 등장한 모겔론스의 특성에 다 들어맞지는 않았으나(특히 질병을 호소하는 사람이 거의 다 성인이고 대부분 여성이었다), 이들의 경험은 온라인 포럼과 블로그, 기사에서 묘사한 새로운 모겔론스 증상과 비슷했다. 심한 가려움, 피부 속에 벌레가 기어다니는 느낌, 피부 병변에서 솟아나는 섬유. 환자의 수는 빠르게 증가하여, 모겔론스라는 명칭이 등장한 지 10년 만에 자가 진단을 내린 사람이 15개국에서 1만5,000명을 넘어섰다.[320]

수년 동안 환자들의 탄원이 이어지자, 미국 질병통제예방센터CDC에서 이 새로운 잠재적 유행병을 정식으로 조사했다.[321] 모겔론스 환자의 피부 병변에는 어떠한 기생충도, 마이코박테리아도 없었다. 임상에서 나타난 피부 병변의 경우, 벌레가 문 자국이거나 만성적으로 긁은 자국과 일치했다. 환자의 피부에서 나온 "섬유"는 피부 조각이거나 면직물에서 나온 섬유소였다.

이 종합 보고서에 따르면, 모겔론스는 체내 침입이 아닌 듯했다. CDC의 발표를 보면, 기생충 망상증이라는 기존의 의학적 질환과 겹치는 증상이 있었다.[321] 기생충 망상증은 몸 안으로 병원균이 들어왔거나 몸 위에 곤충 혹은 기생충이 기어다닌다는 확고한 신념을 품은 망상을 가리킨다. 심각한 정신질환으로, 일상의 경험에 부적절한 정서나 심한 불편함을 가져온다. 신뢰할 만한 다른 대규모 연구들 또한 결과가 비슷한데, 그중 유럽에서 실시된 한 연구는 모겔론스를 앓고 있다고 믿는 하위집단에서 침입의 증거를 찾지 못했다는 내용으로 피부 침입 망상을 다룬다.[322]

그렇지만 이런 보고서가 나왔다고 해서 모겔론스를 겪고 있다는 경험 자체는 사라지지 않았다. 오늘날에도 환자 및 관련 시민 단체는 모겔론스가 어떤 침입 때문에 생기는데(주로 라임병과 관련 있는 박테리아인 보렐리아가 원인으로 꼽힌다), 의학계가 이를 은폐하거나 무시하고 있다고 주장한다. 모겔론스 단체는 이 주장을 지지하는 듯한 연구를 지원한다(그렇지만 이런 연구 결과가 얼마나 구체적인지는 불확실하다. 심지어 모겔론스 증상이 없는 사람들도 이런 연구에서 검사하면 결과가 양성으로 나올지 모른다). 지금까지는 이런 단체에서 도출해낸 결과가 독립적 조사에서는 재현된 바 없다.[320] 심지어 인간 대신 동물을 대상으로 한 침입 망상도 있다. 전 세계 수의사 수백 명이, 외부에서 뭔가 침입했다는 어떠한 증거도 없는데 자기 반려동물에 거머리나 벼룩이 있거나 모겔론스 병이 있다고 확고하게 믿는 사람들을 접했다고 보고했다.[323]

모겔론스가 얼마나 힘든 병인지 무시하려는(혹은 은폐하려는) 것은 아니다. 가장 믿을 만한 증거를 보면 기생충 망상증이 모겔론스의 원인일 가능성이 크다(대부분 그렇고, 일부 사례는 다른 피부학적 문제일 수 있다). 이 증상만 해도 분명 상당히 고통스러우며 치료하기가 매우 어렵다. 환자들에게 온라인 커뮤니티가 필요할 만한 상황이다. 환자들은 아프고, 겁이 나고, 의사들에게 무시당한다고 느낀다. 기생충 망상증의 증상은 거짓이 아니다. 기생충이 있으리라는 기대와 믿음에 의해 생겨나는 이 증상은 당사자의 행동 때문에 심해진다(긁고, 비틀고, 지나치게 씻는 등의 행동이 해당 질병의 신체적 증상을 유발할 수 있다). 그렇지만 내 생각에는, 모겔론스가 온라인에서 그토록 강한 영향력을 발휘하며 커뮤니티도 있는 상황이 환자에게 도움이 되기도 했지만, 특정 증상이 강화되고 사실상 퍼져나가는 결과를 낳았다고 본다.

만일 문화가 정신질환의 개념과 범주, 심지어 확산에까지 영향을 미친다면, 이렇게 거푸집으로 모양을 찍듯 정신장애를 만들어낸다는 발상과 이 책에서 이제껏 전개한 논의가 어떻게 이어지는지 의문을 제기할 수 있다. 책에서는 정신 건강과 질환이 생물학적 근거가 있는 현상이라고 했다.

나는 이 두 아이디어에 서로 모순이 없다고 본다. 정신 건강의 저하를 부르는 특정 생물학적 변화가 존재한다. 그렇지만 이 변화는 사회적 맥락에 따라 다르게 해석되며, 심지어 다르게 경험될 수 있다. 사회문화적 요인은 의학적 질환에서 중요한데, 정신질환의 새 범주가 생길 때 담당하는 역할이 특히 흥미롭다. 사회는 병을 어떻게 설명할지 정할 뿐 아니라, 누가 어떻게 병을 경험하는지도 정한다. 현대 사회에서 어떤 집단에 속하는지가 정신질환에서 중요한 역할을 한다.

당신이 성별, 인종, 성 지향성으로 인해 편견을 경험하는 집단의 구성원이라면, 안타깝게도 살면서 정신장애를 경험할 가능성이 더 높다. 정해진 것은 아니므로 지리적, 문화적 요인에 따라 달라지기는 하지만, 특정 소수 집단의 구성원이라면 무엇보다도 친구나 가족으로부터 정신적 외상을 입거나 따돌림 혹은 거부를 겪을 가능성이 클 수 있다. 이런 힘든 경험이 정신장애의 위험을 키운다는 사실은 잘 알려져 있다. 물론 이런 경험만으로는 충분하지 않을 때가 많고, 다른 사회적 요인과 복잡한 상호작용을 한다. 예를 들어 예전부터 많은 사람이 소수 인종 혹은 소수 민족 집단에 대한 차별이 정신질환 유병률을 키운다고 주장했다.[324] 1990년대 런던에서 스코틀랜드 출신과 아일랜드 출신 주민이 현지 출신 주민보다 자살률이 2-3배 높았다는 증거가 이를 뒷받침한다.[325] 마찬가지로 비백인 소수민족(다수는 아프리카계 카리브인)은 정신증 발생률이 더 높은데, 지역 인구에서 소수민족이 차지하는 비율과 반비례한다. 비백인 소수민족의 정신증 발생률은 이 집단의 수가 가장 적은 동네에서 가장 높았다.[326] (소수민족 집단과 지역별 인구밀도의 관계를 살핀 후속 연구에서는 자살 시도에 대해 역U자형 곡선이 발견되었으며, 소수민족의 비율이 아주 낮거나 아주 높은 지역 모두 자살 시도율이 낮다는 점도 주목할 만하다.)[327] 성별과는 상관없이, 동성애자와 양성애자는 이성애자보다 정신증 증상을 경험할 가능성이 높은데, 따돌림 및 차별 경험도 일정 정도 상관관계를 보인다.[328] 위험 요인들은 상호작용하면서 집단마다 다른 정신 건강 결과를 생성한다. 예를 들어 동성애자나 양성애자 남자는 이성애자 남자보다 주요 우울증을 겪을 가능성이 3배 높고, 공황장애를 겪을 가능성은 4.7배 높다. 범불안장애의 경우, 동성애자나 양성애자 여자가 이성애자 여자보다 더 많이 겪는다(거의 4배나 높다).[329]

마지막으로 시대에 따라 정신의학적 질환이 어떻게 달라졌는지 보여주는 사례를 하나 더 들겠다. 알츠하이머병이다. 잠깐, 이의를 제기하고 싶을 것이다. 알츠하이머병을 비롯하여 치매는 정신의학적 장애가 아니라 신경학적 질병이다. 그런데 조현병과 알츠하이머병 둘 다 20세기 초에는 치매로 분류되었다. 과거에 조현병은 "조발성 치매dementia praecox"라고 했다.[330] 알츠하이머병과 다른 신경퇴행성 치매에 관한 생물학적 지식이 풍부해지면서, 비로소 치매와 정신의학적 장애를 구분하여 다루게 되었다(정신의학적 장애에 대한 낙인을 고려하여, 몇몇 단체는 치매가 정신질환이 아니라고 꼭 강조하고 싶어한다).

치매의 의학적 분류는 시간이 지남에 따라 달라졌는데, 이 병에 관한 생물학적 지식이 늘어났기 때문이다. 그렇지만 지금도 병의 진행 단계와 맥락에 따라 치매로 분류되기도 하고 분류되지 않을 수도 있는 인지 장애 스펙트럼이(그리고 뇌의 변화가) 존재한다. 정신질환의 특성 자체가 그러한데, 일상에서 많은 사람이 변화를 경험한다고 해도 그 변화로 인해 진단과 치료가 필요할 만큼 기능에 문제가 생길 때 정신질환으로 진단한다. 치매가 그랬듯, 이 책에서 논의한 정신장애의 특성 또한 시간이 지나면 변할 것이다. 사실, 그렇게 되기를 바란다. 증상의 공통적이고 뚜렷한 생물학적 토대에 기반한 지식이 더 늘어나 변화가 오기를 바란다. 사회적, 문화적 요인은 의학적 질환의 정의에 일조하는데, 특히 정신의학적 장애에서는 특별한 역할을 한다.

이 책에서는 정신 건강이 나빠지는 생물학적 경로에 관해 논했다. 이런 경로와는 구분되는 사회적 경로가 따로 존재하지는 않는다. 힘든 경험들은 뇌의 학습 과정을 통해서 세상에 대한 기대에 변화를 가져오며, 당신의 기분, 고통과 쾌감의 경험, 그리고 자기 신체에 대한 감각에 영향을 미친다. 그렇기에 정신장애는 본디 생물학적이다. 정신 건강의 위험은 분명 중요한 사회적 요인이 매개하지만, 이런 요인이 정신질환을 유발하는 과정은 전적으로 생물학적이다. 나는 흔히 호흡기 질환을 비유로 드는데, 호흡기 질환은 대기오염이나 흡연 같은 환경적 요인이 유발할 수 있다. 이런 경우, 호흡기 질환의 위험을 크게 증가시키는 명백한 환경적 요인이 존재한다. 그렇지만 결국 공기증이나 만성 기관지염, 폐암 같은 최종 질환은 신체의 생물학적 과정이 유도한다. 최종적 공통 경로는 호흡기 체계이다. 흡연은 **말단** 원인이고 폐와 목, 기관 등의 생물학적 변화가 **근접** 원인이라고 볼 수 있다. 정신질환의 경우, 사회적 요인은 흔히 **말단**에서 원인을 제공하지만(정신적 외상, 장기간의 스트레스, 경제적 불안정), 뇌의(그리고 신체의) 생물학적 변화를 통해서 정신 건강에 영향을 미친다. 이 생물학적 변화가 **근접** 원인이다. 정신질환의 경우 최종적인 공통 경로는 신경 체계이다.

인생에서 어려운 일을 아무리 자주 겪는다고 해도 정신질환을 경험하는 사람은 많지 않다. 정신 건강을 지탱하는 생물학적 근접 체계는 같고, 여기에 경험이 말단에서 영향을 미치기 때문이다. 그러므로 가족이나 친구 관계, 상대적인 경제적 안정 같은 사회적 보호 요인 또한 역경에 처해도 정신이 건강하도록 생물학적 경로를 통해서 효과를 발휘한다.

장애의 경계와 범주가 시공간에 따라 변할 수는 있어도, 정신 건강과 장애의 경험은 보편적이다. 질병 경험과 치료, 생물학적 변화는 당신에게 가장 친숙할 수 있는 진단 범주와 반드시 일치하지 않는다는 점이 중요하다. 이런 이유로, 비슷한 생물학적 변화라고 해도 시공간이 달라지면 당연히 다른 방식으로 설명된다. 심지어 같은 시공간이라고 해도 정신질환을 서로 구별해서 독립적 존재로 간주하는 일이 과연 유용한지, 과학자들은 의문을 제기하고 있다.

신경과학 분야의 많은 연구자가 이제는 정신장애를 구분하는 일이 한때 생각했던 것만큼 그렇게 생물학적으로 의미 있는 작업은 아니라고 여긴다. 누군가 자기 증상을 이해할 때 도움이 되는 등 실용적인 차원에서 유용할 수는 있다. 정신장애가 있는 대부분의 사람들이 한 가지 이상의 질환에 진단 기준을 충족하는 것이 현실이다. 한 가지 질환 내에서도 증상에 큰 차이가 있다(같은 질환이라도 그 기저의 신경 과정이 다르다). "항우울제" 혹은 "항정신증 약"처럼 질환 하나를 표적으로 삼는 치료제들은 사실 진단을 초월하여, "우울증"이나 "정신증" 이상의 다른 질환을 치료하는 데까지 쓰인다. 의미론적 혹은 철학적 접근으로 보일 수 있겠지만, 사실 아주 실용적인 문제이기도 하다. 증상의 기저에 있는 생물학과 그 치료법이 장애의 범주에 완전히 들어맞지 않는다면, 정신 건강과 그 장애에 대해서 잘못 이해하게 만들어 더 나은 치료법을 찾는 흐름에 방해가 될 수도 있다. 예를 들어 기존의 진단 범주에 맞는 치료법을 찾으려고 노력하는 대신, 과학자들은 특정 생물학적 혹은 인지적 패턴에 변화를 주는 치료법을 찾으려고 시도할 수도 있다. 그렇다면 (공식적인 진단과는 상관없이) 이런 패턴을 경험하는 사람이 도움을 받을 수 있을 것이다.

새로운 패러다임으로 나아가려면, 사회 또한 움직일 필요가 있다. 통념상 장애가 신체 혹은 뇌의 생물학적 변화를 동반한다면, 그것은 "현실"이지 "상상 속에서만 존재하지" 않는다고 한다. 그래서 치매는 정신의학이 아니라 신경학적 질환으로 재분류되었다. 이런 통념은 "코로나 후유증" 같은 새로운 질환이 "신체적" 문제인지, 아니면 "정신적" 문제인지 주장할 때 쓰인다. 원인 모를 장애의 맥락에서 발생하는 생물학적 변화의 경우, 어떤 증거든 "신체적"이라는 설명을 지지하는 증거로 받아들여진다.

그렇지만 원인 모를 장애가 순수하게 “신체적” 현상이라고 한다면, 정신에만 국한될 뿐 생물학적 변화와는 관련이 없는 질환이 따로 있다고 추정하게 된다. 이런 범주는 존재하지 않는다. 예를 들어 혈액 속의 염증 표지자 인터루킨-6, 인터루킨-1β, 종양 괴사 인자는 코로나 후유증 환자의 경우 수치가 증가한다.[331] 또한 주요 우울장애 환자의 혈액에서도 증가한다.[332, 333] 생물학적 변화의 존재 자체는 “신체적” 질환과 “정신적” 질환을 가리지 않고 일어난다. (생물학적 변화가 공통점을 가지고 있다고 해서, 코로나 후유증과 우울증이 같다는 뜻은 전혀 아니다. 생물학적 메커니즘의 존재가 신체적 질환과 정신적 질환을 구별하지 않는다는 뜻이다. 현재 코로나 후유증으로 간주되는 병은, 내 생각에는 단일 장애가 아니라 여러 가지 바이러스 감염 후 현상을 아우르고 있다. 물론 미래에 등장할 증거에 의해 내 생각도 그릇된 추측으로 판명이 날 테지만.)

정신적 현상과 신체적 현상을 나누는 경계가 흐릿하다는 말은, 모든 질병의 존재가 생물학적 변화를 동반한다는 의미이다. 우리가 건강한지 아닌지 여부를 결정짓는 것은 우리의 생명 활동이기 때문이다. 같은 이유로 신체적 질병의 경험이 전부 상상이라고 해도, 그 마음의 경험은 신체적 세계 속에 존재한다. 그렇기에 신체 건강과 정신 건강의 교차점에 딱 떨어지는 장애가 존재한다. 물론, 여러 “신체적” 질병은 신체에 변화(감염에 처방하는 항생제, 인대파열 수술 등)를 주어 가장 잘 치료할 수 있다. 그렇지만 신체적 치료는 소위 신체 질병에만 국한되지 않는다. 일부 우울증 환자는 소염제 같은 “신체적” 개입에 잘 반응한다.[334] 마찬가지로 순수하게 “정신적” 치료로 여겨지는 방식 또한 장기간 이어진 신체 질환을 고칠 핵심 치료가 될 수 있다. 예를 들어 심리사회적 개입은 관절염 통증과[335] 과민성 대장증후군을[336] 효과적으로 감소시킨다. 그렇다고 감염을 항생제 대신 심리치료로 고치자는 말은 아니다. 신체적 질병을 겪는다고 해서, 최적의 치료법이 언제나 신체적일 필요는 없다는 뜻이다. 만성통증 같은 장기 신체질환을 앓는 일부 환자의 경우, 전통적으로 정신 건강에만 해당한 치료로 증상이 완화되기도 한다. 그리고 정신질환이 있는 환자도 신체 건강을 표적으로 삼는 치료법에서 이득을 얻는다. 이렇게 원인뿐만이 아니라 경험의 관점에서도 정신질환과 신체질환 사이에 크고 깊은 공통부분이 존재한다는 것을 알 수 있다. 예를 들어 기능성 증상의 경험은 질병 혹은 부상 때문에 생긴 증상의 경험과 구분하기 어렵다. 어떤 쪽을 치료하든 아픔의 주관적 경험에 있는 생물학적 근거를 더 잘 이해할 필요가 있다. 이 같은 근거는 당사자의 질환에 직접적 원인으로 작용하거나 간접적으로 원인을 제공할 수 있다.

전체적으로 볼 때 오늘날의 정신 건강 치료법은 폭넓고 다양하여 미래를 낙관하게 된다. 실험으로 증명된 유용한 치료법은 미래에 분명 더 많아질 것이다. 침습적 뇌 자극이나 덜 침습적 뇌 자극일 수도 있고, 환각제일 수도 있으며, 혹은 새로 확립된 다이어트와 수면, 운동 개입법일 수도 있다. 그렇지만 먼저 정신 건강에 대한 사고방식이 본질적으로 달라져야 이 같은 치료법도 현실에서 구현될 수 있다. 그러려면 두 가지 변화가 긴급하다.

먼저, 정신질환의 개별 진단 패러다임을 넘어서야 한다. 그러려면 어떤 (정신적, 신체적) 과정에 이상이 생겼는지, 그리고 그 문제에 어떤 치료법이 효과적인지 더 세세하게 규정해야 할 것이다. 이 문제는 오늘날 연구 분야에서 가장 어려운 과제 가운데 하나와 이어진다. 바로 개인별로 적절한 치료법을 찾아내는 과제이다. 누구에게나 맞는 치료법을 찾는 접근방식은 실패했다. 이런 접근방식을 지지하는 사람들이 아무리 열정을 보여도, 새로운 치료법을 이런 식으로 찾아서는 안 된다. 미래에는 특정 진단에 묶이는 증상들을 근거로 치료법을 권하는 방식이 아니라, 각 개인의 핵심 과정을 수량화하여 측정하는 쪽으로 나아가야 한다. 개인의 정신 건강에 가장 중요한 체계나 체계들을 표적으로 삼는 새로운 치료법 혹은 기존의 치료법을 제공해야 한다.

두 번째로 필요한 긴급한 변화는 정신 건강의 "심리적" 요소와 "신체적" 요소를 구분하는 오래된 관행을 거부하는 것이다. 이러한 관행은 과학적으로 더 이상 쓸모가 없고, 이 임의적 구분의 교차점에서 질병을 경험한 많은 사람에게 분명 해롭다. "당신의 머릿속"에 있는 모든 것은 현실이고, 측정 가능한 현상이다. 막연하고 손에 잘 잡히지 않는 어려운 문제는(심리적 고통, 정신적 괴로움) 과학을 통해서 분석하고 측정할 수 있으며, 따라서 바꿀 수 있다. 우리의 경험은 입력 정보(눈, 귀, 신체가 감지하는 정보)와 출력 정보, 즉 뇌가 자체적으로 만들어내는 기대가 서로 복잡하게 상호작용하며 생겨난다. 이 같은 상호작용을 토대로 우리는 신체와 정신이 건강하다고 혹은 건강하지 않다고 느낀다. 건강하지 않은 정신 혹은 신체 경험의 근접 원인이 무엇인지 이해하는 작업이 건강을 개선하는 비결이다.

미래 사회의 정신 건강 치료법은 한 가지 방식만이 돌파구가 되지 않을 것이다. 고통에 대한 만병통치약은 찾지 못할 것이다. 개인이 느끼는 고통의 기저에 어떤 과정이 있는지, 치료법은 무엇인지 구조적이고 과학적으로 살피는 시대가 도래할 것이다. 진단명을 넘어서서 개인별 맞춤 치료를 지향할 것이다. 증상을 유발하는 과정들, 그리고 이 과정에 대응하는 치료법은 심리학적 요소와 생물학적 요소, 정신과 신체를 가르는 전통적 구분을 따르지 않을 것이다. 오히려 쌍을 이루는 이 개념들은 상호의존적이므로 분리할 수 없다고 강조할 것이다. 미래의 치료법이 궁극적으로 성공을 거두려면, 뇌의 가능성을 현실에서 실현해야 한다. 뇌는 환경 적응적이므로 좋은 경험이든 나쁜 경험이든 다양한 경험에서 학습하며, 이를 통해서 웰빙에 대한 감각을 구축한다. 이렇게 자로 재듯 헤아리고 다시 헤아리는 과정에 건강한 정신을 향한 가능성이 존재한다. 우리의 신경 체계가 건강한 정신과 건강하지 못한 정신을 모두 구축한다면, 재구축도 가능한 일이다. 약물치료부터 위약과 대화 치료에 이르기까지 다양한 정신 건강 개입은 외부 세계와 내부 세계에 대한 우리의 기대에 변화를 가져온다. 이 변화는 항상성을 유지하는 뇌와 신체 체계의 맞물림, 바로 "뇌의 균형"을 통해서 이루어진다. 정신 건강에서 기쁨은 잠깐이지만 균형은 한결같다.

감사의 말

이 책을 쓰는 것은 큰 기쁨이었다. 이 작업을 완성하는 과정에서 많은 사람에게 매우 큰 빚을 졌다. 너무나 훌륭한 에이전트 캐리 플릿은 책의 윤곽만 잡혀 있을 뿐 하나도 완성되지 않은 상태에서부터 적절한 결과를 내기 위해서 몇 개월 동안 함께 작업해주었다. 고맙게도 초고를 읽어주고, 본업으로 돌아가라는 충고를 바로 꺼내지 않은 오랜 친구인 세실리 게이퍼드에게도 고마움을 전한다. 펭귄 출판사의 편집자 조지핀 그레이우드와 작업하게 되어 정말 운이 좋았다. 책에 관한 생각을 잘 조율해주고 각 장마다 적확한 피드백을 준 덕분에, 어린 새끼 같은 내 원고가 다 자란 책이 될 수 있었다.

나의 멋진 친구들과 연구 협력자들, 동료들이 베풀어준 아량에 크나큰 고마움을 전한다. 새러 가핑클, 롭 러틀리지, 루시 포크스, 케이틀린 히치콕, 새미 체크라우드, 라우리 누멘마, 리베카 로슨, 존 로이저는 책을 읽고 많은 의견을 제시해주었다. 여러분을 비롯한 많은 이들의 연구가 이 책의 이야기를 이루었다. 존, 당신의 가르침이 내 경력의 뼈대가 되어주었어요. 당신을 만나지 못했다면 내 삶의 많은 부분이 진실로 많이 달라졌을 거예요.

나의 친구와 가족은 지난 3년 반 동안 책에 대한 내 수다를 견뎌주었다(학계 일정도 맞추다 보니 책 작업에 아주 긴 시간이 걸려서 그들이 꽤 지루했을 것이다). 책-작가로서 진실로 영감이 되어주는 존재인 어머니에게 특히 고마움을 전한다. 책이 완성되기 전, 나는 아버지와 수년 동안 책에 관한 아이디어를 나누었다. 내 파트너의 가족들에게도 아낌없이 도와주어 정말 고맙다는 인사를 전한다. 여러 멋진 친구들에게 빚을 졌는데, 특히 케이틀린 히치콕과 던컨 애스틀, 앤서니 오드와이어, 조니 홈스, 멜 번스, 주느비에브 로리어에게 감사를 전하고 싶다. 책을 쓰는 동안 정말 소중한 도움을 주었다. 당신들 모두와 알고 지내다니 나는 정말 운이 좋다. 마지막으로 오톨린의 존재 덕분에 책을 마칠 일정을 잡을 수 있었고, 가능한 한 효율적으로 작업해야 한다는 마음을 먹게 되었다. 오톨린에게 고마움을 전한다. 그리고 오톨린의 존재를 선사해주고, 뻔한 일상에도 기쁨을 채워주는 리베카에게 고마움을 전한다.

참고 자료

1 Bylsma, L. M., Taylor-Clift, A. & Rottenberg, J. Emotional reactivity to daily events in major and minor depression. *Journal of Abnormal Psychology* 120, 155 (2011).

2 Bentham, J. *Deontology Or the Science of Morality in which the Harmony and Coincidence of Duty and Self-interest, Virtue and Felicity, Prudence and Benevolence are Explained and Exemplified*. vol. 2 (Longman, 1834).

3 Kahneman, D. & Tversky, A. Experienced utility and objective happiness: A moment-based approach. *The Psychology of Economic Decisions* 1, 187–208 (2003).

4 Jebb, A. T., Tay, L., Diener, E. & Oishi, S. Happiness, income satiation and turning points around the world. *Nature Human Behaviour* 2, 33–38 (2018).

5 Berridge, K. C. & Kringelbach, M. L. Building a neuroscience of pleasure and well-being. *Psychology of Well-Being: Theory, Research and Practice* 1, 1–26 (2011).

6 Disabato, D. J., Goodman, F. R., Kashdan, T. B., Short, J. L. & Jarden, A. Different types of well-being? A cross-cultural examination of hedonic and eudaimonic well-being. *Psychological Assessment* 28, 471 (2016).

7 Trautmann, S., Rehm, J. & Wittchen, H. The economic costs of mental disorders: Do our societies react appropriately to the burden of mental disorders? *EMBO reports* 17, 1245–1249 (2016).

8 Arsenault-Lapierre, G., Kim, C. & Turecki, G. Psychiatric diagnoses in 3275 suicides: a meta-analysis. *BMC Psychiatry* 4, 1–11 (2004).

9 World Health Organization. *Suicide*. https://www.who.int/news-room/fact-sheets/detail/suicide (2021).

10 Newcomer, J. W. & Hennekens, C. H. Severe mental illness and risk of cardiovascular disease. *JAMA* 298, 1794–1796 (2007).

11 Steptoe, A., Deaton, A. & Stone, A. A. Subjective wellbeing, health, and ageing. *The Lancet* 385, 640–648 (2015).

12 Diener, E. & Tay, L. A scientific review of the remarkable benefits of happiness for successful and healthy living. *Happiness: Transforming the Development Landscape* 90–117 (2017).

13 Kiecolt-Glaser, J. K., McGuire, L., Robles, T. F. & Glaser, R. Emotions, morbidity, and mortality: New perspectives from psychoneuroimmunology. *Annual Review of Psychology* 53, 83–107 (2002).

14 Kim, E. S., Sun, J. K., Park, N. & Peterson, C. Purpose in life and reduced incidence of stroke in older adults: 'The Health and Retirement Study'. *Journal of Psychosomatic Research* 74, 427–432 (2013).

15 Davidson, K. W., Mostofsky, E. & Whang, W. Don't worry, be happy: positive affect and reduced 10-year incident coronary heart disease: the Canadian Nova Scotia Health Survey. *European Heart Journal* 31, 1065–1070 (2010).

16 Cohen, S., Doyle, W. J., Turner, R. B., Alper, C. M. & Skoner, D. P. Emotional style and susceptibility to the common cold. *Psychosomatic Medicine* 65, 652–657 (2003).

17 Hermesdorf, M. et al. Pain sensitivity in patients with major depression: differential effect of pain sensitivity measures, somatic cofactors, and disease characteristics. *The Journal of Pain* 17, 606–616 (2016).

18 Hooten, W. M. Chronic pain and mental health disorders: shared neural mechanisms, epidemiology, and treatment. *Mayo Clinic Proceedings* 91, 955–970 (2016).

19 Butler, R. K. & Finn, D. P. Stress-induced analgesia. *Progress in Neurobiology* 88, 184–202 (2009).

20 Terman, G. W., Morgan, M. J. & Liebeskind, J. C. Opioid and non-opioid stress analgesia from cold water swim: importance of stress severity. *Brain Research* 372, 167–171 (1986).

21 Bagley, E. E. & Ingram, S. L. Endogenous opioid peptides in the descending pain modulatory circuit. *Neuropharmacology* 173, 108131 (2020).

22 Killian, P., Holmes, B. B., Takemori, A. E., Portoghese, P. S. & Fujimoto, J.

M. Cold water swim stress- and delta-2 opioid-induced analgesia are modulated by spinal gamma-aminobutyric acidA receptors. *Journal of Pharmacology and Experimental Therapeutics* 274, 730–734 (1995).

23 Janssen, S. A. & Arntz, A. Real-life stress and opioid-mediated analgesia in novice parachute jumpers. *Journal of Psychophysiology* 15, 106 (2001).

24 Rivat, C. et al. Non-nociceptive environmental stress induces hyperalgesia, not analgesia, in pain and opioid-experienced rats. *Neuropsychopharmacology* 32, 2217–2228 (2007).

25 Maihöfner, C., Forster, C., Birklein, F., Neundörfer, B. & Handwerker, H. O. Brain processing during mechanical hyperalgesia in complex regional pain syndrome: a functional MRI study. *Pain* 114, 93–103 (2005).

26 Gureje, O., Simon, G. E. & Von Korff, M. A cross-national study of the course of persistent pain in primary care. *Pain* 92, 195–200 (2001).

27 Currie, S. R. & Wang, J. More data on major depression as an antecedent risk factor for first onset of chronic back pain. *Psychological medicine* 35, 1275 (2005).

28 Brandl, F. et al. Common and specific large-scale brain changes in major depressive disorder, anxiety disorders, and chronic pain: a transdiagnostic multimodal meta-analysis of structural and functional MRI studies. *Neuropsychopharmacology* 47, 1–10 (2022).

29 Eisenberger, N. I. & Moieni, M. Inflammation affects social experience: Implications for mental health. *World Psychiatry* 19, 109 (2020).

30 Moseley, G. L. & Vlaeyen, J. W. Beyond nociception: the imprecision hypothesis of chronic pain. *Pain* 156, 35–38 (2015).

31 Wiech, K., Ploner, M. & Tracey, I. Neurocognitive aspects of pain perception. *Trends in Cognitive Sciences* 12, 306–313 (2008).

32 Hawkes, C. H. Endorphins: the basis of pleasure? *Journal of Neurology, Neurosurgery, and Psychiatry* 55, 247 (1992).

33 Hambach, A., Evers, S., Summ, O., Husstedt, I. W. & Frese, A. The impact of sexual activity on idiopathic headaches: an observational study. *Cephalalgia* 33, 384–389 (2013).

34 Darwin, C. & Prodger, P. *The expression of the emotions in man and animals*. (Oxford University Press, USA, 1998).

35 Berridge, K. C. Measuring hedonic impact in animals and infants: microstructure

of affective taste reactivity patterns. *Neuroscience & Biobehavioral Reviews* 24, 173–198 (2000).

36 Blood, A. J. & Zatorre, R. J. Intensely pleasurable responses to music correlate with activity in brain regions implicated in reward and emotion. *Proceedings of the National Academy of Sciences* 98, 11818–11823 (2001).

37 Hornak, J. et al. Changes in emotion after circumscribed surgical lesions of the orbitofrontal and cingulate cortices. *Brain* 126, 1691–1712 (2003).

38 Kringelbach, M. L. & Berridge, K. C. Towards a functional neuroanatomy of pleasure and happiness. *Trends in Cognitive Sciences* 13, 479–487 (2009).

39 Smith, K. S., Mahler, S. V., Peciña, S. & Berridge, K. C. Hedonic hotspots: Generating sensory pleasure in the brain. *Pleasures of the brain.* (eds. Kringelbach, M. L. & Berridge, K. C.) 27–49 (Oxford University Press, 2010).

40 Calder, A. J. et al. Disgust sensitivity predicts the insula and pallidal response to pictures of disgusting foods. *The European Journal of Neuroscience* 25, 3422–3428 (2007).

41 National Centre for Health Statistics. *U.S. Overdose Deaths In 2021 Increased Half as Much as in 2020– But Are Still Up 15%.* (2022).

42 Manninen, S. et al. Social laughter triggers endogenous opioid release in humans. *Journal of Neuroscience* 37, 6125–6131 (2017).

43 Fabre-Nys, C., Meller, R. E. & Keverne, E. Opiate antagonists stimulate affiliative behaviour in monkeys. *Pharmacology Biochemistry and Behavior* 16, 653–659 (1982).

44 Scott, S. K., Lavan, N., Chen, S. & McGettigan, C. The social life of laughter. *Trends in Cognitive Sciences* 18, 618–620 (2014).

45 Yuan, J. W., McCarthy, M., Holley, S. R. & Levenson, R. W. Physiological down-regulation and positive emotion in marital interaction. *Emotion* 10, 467 (2010).

46 Sirgy, M. J. *The Psychology of Quality of Life: Hedonic Well-being, Life Satisfaction, and Eudaimonia.* vol. 50 (Springer Science & Business Media, 2012).

47 Woolley, J. D., Lee, B. S. & Fields, H. L. Nucleus accumbens opioids regulate flavor-based preferences in food consumption. *Neuroscience* 143, 309–317 (2006).

48 Caref, K. & Nicola, S. M. Endogenous opioids in the nucleus accumbens promote

approach to high-fat food in the absence of caloric need. *eLife* 7, e34955 (2018).

49 Beaver, J. D. et al. Individual differences in reward drive predict neural responses to images of food. *Journal of Neuroscience* 26, 5160–5166 (2006).

50 Miller, J. M. et al. Anhedonia after a selective bilateral lesion of the globus pallidus. *American Journal of Psychiatry* 163, 786–788 (2006).

51 Beck, A. T., Steer, R. A. & Brown, G. K. Beck depression inventory-II. *San Antonio*, TX 78204–2498 (1996).

52 Koob, G. F. & Le Moal, M. Drug addiction, dysregulation of reward, and allostasis. *Neuropsychopharmacology* 24, 97–129 (2001).

53 Ahmed, S. H. & Koob, G. Transition from moderate to excessive drug intake: change in hedonic set point. *Science* 282, 298–300 (1998).

54 Pfaus, J. G. et al. Who, what, where, when (and maybe even why)? How the experience of sexual reward connects sexual desire, preference, and performance. *Archives of Sexual Behavior* 41, 31–62 (2012).

55 Ukponmwan, O., Rupreht, J. & Dzoljic, M. REM sleep deprivation decreases the antinociceptive property of enkephalinase-inhibition, morphine and cold-water-swim. *General Pharmacology* 15, 255–258 (1984).

56 Swami, V., Hochstöger, S., Kargl, E. & Stieger, S. Hangry in the field: An experience sampling study on the impact of hunger on anger, irritability, and affect. *PLOS ONE* 17, e0269629 (2022).

57 Schachter, S. & Singer, J. Cognitive, social, and physiological determinants of emotional state. *Psychological Review* 69, 379 (1962).

58 Barrett, L. F., Quigley, K. S., Bliss-Moreau, E. & Aronson, K. R. Interoceptive sensitivity and self-reports of emotional experience. *Journal of Personality and Social Psychology* 87, 684 (2004).

59 Erdmann, G. & Janke, W. Interaction between physiological and cognitive determinants of emotions: Experimental studies on Schachter's theory of emotions. *Biological Psychology* 6, 61–74 (1978).

60 Marshall, G. D. & Zimbardo, P. G. Affective consequences of inadequately explained physiological arousal. *Journal of Personality and Social Psychology* 37, 970–988 (1979).

61 Rogers, R. W. & Deckner, C. W. Effects of fear appeals and physiological arousal upon emotion, attitudes, and cigarette smoking. *Journal of Personality and*

Social Psychology 32, 222 (1975).

62 Manstead, A. S. & Wagner, H. L. Arousal, cognition and emotion: An appraisal of two-factor theory. *Current Psychological Reviews* 1, 35–54 (1981).

63 Jenewein, J., Wittmann, L., Moergeli, H., Creutzig, J. & Schnyder, U. Mutual influence of posttraumatic stress disorder symptoms and chronic pain among injured accident survivors: a longitudinal study. Journal of Traumatic Stress: *Official Publication of the International Society for Traumatic Stress Studies* 22, 540–548 (2009).

64 Morley, S., Eccleston, C. & Williams, A. Systematic review and meta-analysis of randomized controlled trials of cognitive behaviour therapy and behaviour therapy for chronic pain in adults, excluding headache. *Pain* 80, 1–13 (1999).

65 Craig, A. D. How do you feel? Interoception: the sense of the physiological condition of the body. *Nature Reviews Neuroscience* 3, 655 (2002).

66 Garfinkel, S. N. et al. Fear from the heart: sensitivity to fear stimuli depends on individual heartbeats. *Journal of Neuroscience* 34, 6573–6582 (2014).

67 Dalmaijer, E., Lee, A., Leiter, R., Brown, Z. & Armstrong, T. Forever yuck: oculomotor avoidance of disgusting stimuli resists habituation. *Journal of Experimental Psychology*: General 150, 1598–1611 (2021).

68 Nord, C. L., Dalmaijer, E. S., Armstrong, T., Baker, K. & Dalgleish, T. A causal role for gastric rhythm in human disgust avoidance. *Current Biology* 31, 629–634 (2021).

69 Gialluisi, A. et al. Lifestyle and biological factors influence the relationship between mental health and low-grade inflammation. *Brain, Behavior, and Immunity* 85, 4–13 (2020).

70 Strike, P. C., Wardle, J. & Steptoe, A. Mild acute inflammatory stimulation induces transient negative mood. *Journal of Psychosomatic Research* 57, 189–194 (2004).

71 Brydon, L. et al. Synergistic effects of psychological and immune stressors on inflammatory cytokine and sickness responses in humans. *Brain, Behavior, and Immunity* 23, 217–224 (2009).

72 Harrison, N. A. et al. A neurocomputational account of how inflammation enhances sensitivity to punishments versus rewards. *Biological Psychiatry* 80, 73–81 (2016).

73 Kuhlman, K. R. et al. Within-subject associations between inflammation and features of depression: Using the flu vaccine as a mild inflammatory stimulus. *Brain, Behavior, and Immunity* 69, 540–547 (2018).

74 Bonaccorso, S. et al. Depression induced by treatment with interferon-alpha in patients affected by hepatitis C virus. *Journal of Affective Disorders* 72, 237–241 (2002).

75 Lynall, M.-E. et al. Peripheral blood cell-stratified subgroups of inflamed depression. *Biological Psychiatry* 88, 185–196 (2020).

76 Dinan, T. G. & Cryan, J. F. Melancholic microbes: a link between gut microbiota and depression? *Neurogastroenterology & Motility* 25, 713–719 (2013).

77 Cryan, J. F. et al. The microbiota-gut-brain axis. *Physiological Reviews* 99, 1877–2013 (2019).

78 Dominguez-Bello, M. G. et al. Delivery mode shapes the acquisition and structure of the initial microbiota across multiple body habitats in newborns. *Proceedings of the National Academy of Sciences* 107, 11971–11975 (2010).

79 Morais, L. H. et al. Enduring behavioral effects induced by birth by caesarean section in the mouse. *Current Biology* 30, 3761–3774 (2020).

80 Elvers, K. T. et al. Antibiotic-induced changes in the human gut microbiota for the most commonly prescribed antibiotics in primary care in the UK: a systematic review. *BMJ Open* 10, e035677 (2020).

81 Lach, G. et al. Enduring neurobehavioral effects induced by microbiota depletion during the adolescent period. *Translational Psychiatry* 10, 1–16 (2020).

82 Tamburini, S., Shen, N., Wu, H. C. & Clemente, J. C. The microbiome in early life: implications for health outcomes. *Nature Medicine* 22, 713–722 (2016).

83 Zhang, T. et al. Assessment of cesarean delivery and neurodevelopmental and psychiatric disorders in the children of a population-based Swedish birth cohort. *JAMA Network Open* 4, e210837 (2021).

84 Korpela, K. et al. Intestinal microbiome is related to lifetime antibiotic use in Finnish pre-school children. *Nature Communications* 7, 1–8 (2016).

85 Lavebratt, C. et al. Early exposure to antibiotic drugs and risk for psychiatric disorders: a population-based study. *Translational Psychiatry* 9, 1–12 (2019).

86 Valles-Colomer, M. et al. The neuroactive potential of the human gut microbiota in quality of life and depression. *Nature Microbiology* 4, 623–632 (2019).

87 Tillisch, K. et al. Consumption of fermented milk product with probiotic modulates brain activity. *Gastroenterology* 144, 1394–1401 (2013).
88 Schmidt, K. et al. Prebiotic intake reduces the waking cortisol response and alters emotional bias in healthy volunteers. *Psychopharmacology* 232, 1793–1801 (2015).
89 Beaumont, W. & Osler, W. *Experiments and Observations on the Gastric Juice and the Physiology of Digestion*. (Courier Corporation, 1996).
90 Konkel, L. What Is Your Gut Telling You? Exploring the Role of the Microbiome in Gut-Brain Signaling. *Environmental Health Perspectives* 126 (2018).
91 Lishman, W. A. *Organic Psychiatry: The Psychological Consequences of Cerebral Disorder*. (Blackwell Science Ltd, 1998).
92 Stone, J. et al. Who is referred to neurology clinics?—The diagnoses made in 3781 new patients. *Clinical Neurology and Neurosurgery* 112, 747–751 (2010).
93 Stone, J., Burton, C. & Carson, A. Recognising and explaining functional neurological disorder. *BMJ* 371, (2020).
94 Voon, V. et al. The involuntary nature of conversion disorder. *Neurology* 74, 223–228 (2010).
95 Brown, R. J. & Reuber, M. Psychological and psychiatric aspects of psychogenic non-epileptic seizures (PNES): a systematic review. *Clinical Psychology Review* 45, 157–182 (2016).
96 Stone, J. et al. The role of physical injury in motor and sensory conversion symptoms: a systematic and narrative review. *Journal of Psychosomatic Research* 66, 383–390 (2009).
97 Walzl, D., Solomon, A. J. & Stone, J. Functional neurological disorder and multiple sclerosis: a systematic review of misdiagnosis and clinical overlap. *Journal of Neurology* 269, 654–63 (2021).
98 Kutlubaev, M. A., Xu, Y., Hackett, M. L. & Stone, J. Dual diagnosis of epilepsy and psychogenic nonepileptic seizures: systematic review and meta-analysis of frequency, correlates, and outcomes. *Epilepsy&Behavior* 89, 70–78 (2018).
99 Critchley, H. et al. Transdiagnostic expression of interoceptive abnormalities in psychiatric conditions. *SSRN* 3487844 (2019).
100 Nord, C. L., Lawson, R. P. & Dalgleish, T. Disrupted dorsal mid-insula activation during interoception across psychiatric disorders. *American Journal of Psychiatry*

178, 761–770 (2021).

101 Campayo, J. G., Asso, E., Alda, M., Andres, E. M. & Sobradiel, N. Association between joint hypermobility syndrome and panic disorder: a case-control study. *Psychosomatics* 51, 55–61 (2010).

102 Eccles, J. A. et al. Brain structure and joint hypermobility: relevance to the expression of psychiatric symptoms. *The British Journal of Psychiatry* 200, 508–509 (2012).

103 Munoz, L. M. P. From Conditioning Monkeys to Drug Addiction: Understanding Prediction and Reward. *Cognitive Neuroscience Society* https://www.cogneurosociety.org/series1predictionreward/ (2013).

104 O'Doherty, J. P., Dayan, P., Friston, K., Critchley, H. & Dolan, R. J. Temporal Difference Models and Reward-Related Learning in the Human Brain. *Neuron* 38, 329–337 (2003).

105 Rutledge, R. B., Skandali, N., Dayan, P. & Dolan, R. J. A computational and neural model of momentary subjective well-being. *Proceedings of the National Academy of Sciences* 111, 12252–12257 (2014).

106 Rutledge, R. B., Skandali, N., Dayan, P. & Dolan, R. J. Dopaminergic modulation of decision making and subjective well-being. *Journal of Neuroscience* 35, 9811–9822 (2015).

107 Kieslich, K., Valton, V. & Roiser, J. P. Pleasure, reward value, prediction error and anhedonia. *Cultural Topics in Behavioral Neurosciences* 58, 281–304 (2022).

108 Peeters, F., Nicolson, N. A., Berkhof, J., Delespaul, P. & deVries, M. Effects of daily events on mood states in major depressive disorder. *Journal of Abnormal Psychology* 112, 203 (2003).

109 Eshel, N. & Roiser, J. P. Reward and Punishment Processing in Depression. *Biological Psychiatry* 68, 118–124 (2010).

110 McCabe, C., Woffindale, C., Harmer, C. J. & Cowen, P. J. Neural processing of reward and punishment in young people at increased familial risk of depression. *Biological Psychiatry* 72, 588–594 (2012).

111 Beats, B. C., Sahakian, B. J. & Levy, R. Cognitive performance in tests sensitive to frontal lobe dysfunction in the elderly depressed. *Psychological Medicine* 26, 591–603 (1996).

112 Matsumoto, M. & Hikosaka, O. Representation of negative motivational value in

the primate lateral habenula. *Nature Neuroscience* 12, 77–84 (2009).

113 Matsumoto, M. & Hikosaka, O. Lateral habenula as a source of negative reward signals in dopamine neurons. *Nature* 447, 1111–1115 (2007).

114 Li, K. et al. βCaMKII in lateral habenula mediates core symptoms of depression. *Science* 341, 1016–1020 (2013).

115 Lawson, R. P. et al. Disrupted habenula function in major depression. *Molecular Psychiatry* 22, 202–208 (2016).

116 Drevets, W. C. et al. Amphetamine-induced dopamine release in human ventral striatum correlates with euphoria. B*iological Psychiatry* 49, 81–96 (2001).

117 Friedman, A. K. et al. Enhancing depression mechanisms in midbrain dopamine neurons achieves homeostatic resilience. *Science* 344, 313–319 (2014).

118 Chaudhury, D. et al. Rapid regulation of depression-related behaviours by control of midbrain dopamine neurons. *Nature* 493, 532–536 (2013).

119 Zimmerman, M., Ellison, W., Young, D., Chelminski, I. & Dalrymple, K. How many different ways do patients meet the diagnostic criteria for major depressive disorder? *Comprehensive Psychiatry* 56, 29–34 (2015).

120 Milner, P. M. The discovery of self-stimulation and other stories. *Neuroscience and Biobehavioral Reviews* 13, 61–7 (1989).

121 Bishop, M., Elder, S. T. & Heath, R. G. Intracranial self-stimulation in man. *Science* 140, 394–396 (1963).

122 Heath, R. G. Pleasure and brain activity in man. Deep and surface electroencephalograms during orgasm. *The Journal of Nervous and Mental Disease* 154, 3–18 (1972).

123 Heath, R. G. Electrical self-stimulation of the brain in man. American *Journal of Psychiatry* 120, 571–577 (1963).

124 Portenoy, R. K. et al. Compulsive thalamic self-stimulation: a case with metabolic, electrophysiologic and behavioral correlates. *Pain* 27, 277–290 (1986).

125 Berridge, K. C. Pleasures of the brain. *Brain and cognition* 52, 106–128 (2003).

126 Oliveira, S. F. The dark history of early deep brain stimulation. *The Lancet Neurology* 17, 748 (2018).

127 Heath, R. G. *Exploring the Mind-Brain relationship* (Moran Printing, Incorporated, 1996).

128 Garris, P. A. et al. Dissociation of dopamine release in the nucleus accumbens

from intracranial self-stimulation. *Nature* 398, 67–69 (1999).
129 Abbott, A. The molecular wake-up call. *Nature* 447, 368–370 (2007).
130 Husain, M. & Roiser, J. P. Neuroscience of apathy and anhedonia: a transdiagnostic approach. *Nature Reviews Neuroscience* 19, 470–484 (2018).
131 Brissaud, É. *Leçons sur les maladies nerveuses*. (Masson, 1899).
132 Prange, S. et al. Historical crossroads in the conceptual delineation of apathy in Parkinson's disease. *Brain* 141, 613–619 (2018).
133 Sherrington, C. *Man on his Nature* (Cambridge University Press, 1951).
134 Cools, R., Barker, R. A., Sahakian, B. J. & Robbins, T. W. L-Dopa medication remediates cognitive inflexibility, but increases impulsivity in patients with Parkinson's disease. *Neuropsychologia* 41, 1431–1441 (2003).
135 Scott, B. M. et al. Co-occurrence of apathy and impulse control disorders in Parkinson's disease. *Neurology* 95 (2020).
136 Hróbjartsson, A. & Gøtzsche, P. C. Placebo interventions for all clinical conditions. *Cochrane Database of Systematic Reviews* (2004).
137 Kaptchuk, T. J. et al. Components of placebo effect: randomised controlled trial in patients with irritable bowel syndrome. *BMJ* 336, 999–1003 (2008).
138 Lucchelli, P. E., Cattaneo, A. D. & Zattoni, J. Effect of capsule colour and order of administration of hypnotic treatments. *European Journal of Clinical Pharmacology* 13, 153–155 (1978).
139 Huskisson, E. Simple analgesics for arthritis. *BMJ* 4, 196–200 (1974).
140 Sihvonen, R. et al. Arthroscopic partial meniscectomy versus sham surgery for a degenerative meniscal tear. *The New England Journal of Medicine* 369, 2515–2524 (2013).
141 Kaptchuk, T. J. et al. Placebos without deception: a randomized controlled trial in irritable bowel syndrome. *PLOS ONE* 5, e15591 (2010).
142 Bingel, U. et al. The effect of treatment expectation on drug efficacy: imaging the analgesic benefit of the opioid remifentanil. *Science Translational Medicine* 3, 70ra14 (2011).
143 Zunhammer, M. Meta-analysis of neural systems underlying placebo analgesia from individual participant fMRI data. *Nature Communications* 12, 1–11 (2021).
144 Ploghaus, A. et al. Exacerbation of pain by anxiety is associated with activity in a hippocampal network. *Journal of Neuroscience* 21, 9896–9903 (2001).

145 Bushnell, M. C., eko, M. & Low, L. A. Cognitive and emotional control of pain and its disruption in chronic pain. *Nature Reviews Neuroscience* 14, 502–511 (2013).

146 De la Fuente-Fernández, R. et al. Expectation and dopamine release: mechanism of the placebo effect in Parkinson's disease. *Science* 293, 1164–1166 (2001).

147 Scott, D. J. et al. Placebo and nocebo effects are defined by opposite opioid and dopaminergic responses. *Archives of General Psychiatry* 65, 220–231 (2008).

148 Peciña, M. et al. Association between placebo-activated neural systems and antidepressant responses: neurochemistry of placebo effects in major depression. *JAMA Psychiatry* 72, 1087–1094 (2015).

149 Furukawa, T. et al. Waiting list may be a nocebo condition in psychotherapy trials: A contribution from network meta-analysis. *Acta Psychiatrica Scandinavica* 130, 181–192 (2014).

150 Gold, S. M. et al. Control conditions for randomised trials of behavioural interventions in psychiatry: a decision framework. *The Lancet Psychiatry* 4, 725–732 (2017).

151 Jepma, M., Koban, L., van Doorn, J., Jones, M. & Wager, T. D. Behavioural and neural evidence for self-reinforcing expectancy effects on pain. *Nature Human Behaviour* 2, 838–855 (2018).

152 Crane, G. E. Further studies on iproniazid phosphate: Isonicotinil-isopropylhydrazine phosphate Marsilid. *The Journal of Nervous and Mental Disease* 124, 322–331 (1956).

153 Loomer, H. P., Saunders, J. C. & Kline, N. S. A clinical and pharmacodynamic evaluation of iproniazid as a psychic energizer. *Psychiatric Research Reports* 8, 129–41 (1957).

154 Crane, G. E. The psychiatric side-effects of iproniazid. *American Journal of Psychiatry* 112, 494–501 (1956).

155 West, E. D. & Dally, P. J. Effects of iproniazid in depressive syndromes. *British Medical Journal* 1, 1491 (1959).

156 Muller, J. C., Pryor, W. W., Gibbons, J. E. & Orgain, E. S. Depression and anxiety occurring during Rauwolfia therapy. *Journal of the American Medical Association* 159, 836–839 (1955).

157 Jensen, K. Depressions in patients treated with reserpine for arterial hypertension.

Acta Psychiatrica Scandinavica 34, 195–204 (1959).

158 Shrestha, S. et al. Serotonin-1A receptors in major depression quantified using PET: controversies, confounds, and recommendations. *Neuroimage* 59, 3243–3251 (2012).

159 Cowen, P. J. & Browning, M. What has serotonin to do with depression? *World Psychiatry* 14, 158–160 (2015).

160 Cipriani, A. et al. Comparative efficacy and acceptability of 12 new-generation antidepressants: a multiple-treatments meta-analysis. *The Lancet* 373, 746–758 (2009).

161 Harmer, C. J., Hill, S. A., Taylor, M. J., Cowen, P. J. & Goodwin, G. M. Toward a neuropsychological theory of antidepressant drug action: increase in positive emotional bias after potentiation of norepinephrine activity. *American Journal of Psychiatry* 160, 990–992 (2003).

162 Roiser, J. P., Elliott, R. & Sahakian, B. J. Cognitive mechanisms of treatment in depression. *Neuropsychopharmacology* 37, 117–136 (2012).

163 Harmer, C. J. et al. Effect of acute antidepressant administration on negative affective bias in depressed patients. *The American Journal of Psychiatry* 166, 1178–1184 (2009).

164 Harmer, C. J., Heinzen, J., O'Sullivan, U., Ayres, R. A. & Cowen, P. J. Dissociable effects of acute antidepressant drug administration on subjective and emotional processing measures in healthy volunteers. *Psychopharmacology* 199, 495–502 (2008).

165 Godlewska, B. R., Norbury, R., Selvaraj, S., Cowen, P. J. & Harmer, C. J. Short-term SSRI treatment normalises amygdala hyperactivity in depressed patients. *Psychological Medicine* 42, 2609–2617 (2012).

166 Stuhrmann, A., Suslow, T. & Dannlowski, U. Facial emotion processing in major depression: a systematic review of neuroimaging findings. *Biology of Mood and Anxiety Disorders* 1 (2011).

167 Outhred, T. et al. Impact of acute administration of escitalopram on the processing of emotional and neutral images: a randomized crossover fMRI study of healthy women. *Journal of Psychiatry & Neuroscience*: JPN 39, 267 (2014).

168 Harmer, C. J. & Cowen, P. J. 'It's the way that you look at it'—a cognitive neuropsychological account of SSRI action in depression. *Philosophical*

Transactions of the Royal Society B: Biological Sciences 368, 20120407 (2013).

169 Le Masurier, M., Cowen, P. J. & Harmer, C. J. Emotional bias and waking salivary cortisol in relatives of patients with major depression. *Psychological Medicine* 37, 403–410 (2007).

170 Heathcote, L. C. et al. Negative interpretation bias and the experience of pain in adolescents. *The Journal of Pain* 17, 972–981 (2016).

171 Davey, G. C. & Meeten, F. The perseverative worry bout: A review of cognitive, affective and motivational factors that contribute to worry perseveration. *Biological psychology* 121, 233–243 (2016).

172 Miskowiak, K. W. et al. Affective cognition in bipolar disorder: a systematic review by the ISBD targeting cognition task force. *Bipolar Disorders* 21, 686–719 (2019).

173 Marwick, K. & Hall, J. Social cognition in schizophrenia: a review of face processing. *British Medical Bulletin* 88, 43–58 (2008).

174 Vocks, S. et al. Meta-analysis of the effectiveness of psychological and pharmacological treatments for binge eating disorder. *International Journal of Eating Disorders* 43, 205–217 (2010).

175 Ford, A. C., Talley, N. J., Schoenfeld, P. S., Quigley, E. M. & Moayyedi, P. Efficacy of antidepressants and psychological therapies in irritable bowel syndrome: systematic review and meta-analysis. *Gut* 58, 367–378 (2009).

176 Rush, A. J. et al. Bupropion-SR, sertraline, or venlafaxine-XR after failure of SSRIs for depression. *New England Journal of Medicine* 354, 1231–1242 (2006).

177 Godlewska, B. R., Browning, M., Norbury, R., Cowen, P. J. & Harmer, C. J. Early changes in emotional processing as a marker of clinical response to SSRI treatment in depression. *Translational psychiatry* 6, e957 (2016).

178 Horder, J., Cowen, P. J., Di Simplicio, M., Browning, M. & Harmer, C. J. Acute administration of the cannabinoid CB1 antagonist rimonabant impairs positive affective memory in healthy volunteers. *Psychopharmacology* 205, 85–91 (2009).

179 Lewis, G. et al. Maintenance or discontinuation of antidepressants in primary care. *New England Journal of Medicine* 385, 1257–1267 (2021).

180 Baum-Baicker, C. The psychological benefits of moderate alcoholconsumption: a review of the literature. *Drug and Alcohol Dependence* 15, 305–322 (1985).

181 Sher, K. J. & Walitzer, K. S. Individual differences in the stress-response-

dampening effect of alcohol: A dose-response study. *Journal of Abnormal Psychology* 95, 159 (1986).

182 Rodgers, B. et al. Non-linear relationships in associations of depression and anxiety with alcohol use. *Psychological Medicine* 30, 421–432 (2000).

183 Nutt, D. J., King, L. A., Saulsbury, W. & Blakemore, C. Development of a rational scale to assess the harm of drugs of potential misuse. *The Lancet* 369, 1047–1053 (2007).

184 Nutt, D. J., King, L. A. & Phillips, L. D. Drug harms in the UK: a multicriteria decision analysis. *The Lancet* 376, 1558–1565 (2010).

185 Nutt, D. Government vs science over drug and alcohol policy. *The Lancet* 374, 1731–1733 (2009).

186 Nutt, D. New psychoactive substances: Pharmacology influencing UK practice, policy and the law. *British Journal of Clinical Pharmacology* 86, 445–451 (2020).

187 Eastwood, N., Shiner, M. & Bear, D. The numbers in black and white: Ethnic disparities in the policing and prosecution of drug offences in England and Wales. *Release: Drugs, The Law & Human Rights* (2013).

188 Arria, A. M., Caldeira, K. M., Bugbee, B. A., Vincent, K. B. & O'Grady, K. E. Marijuana use trajectories during college predict health outcomes nine years post-matriculation. *Drug and Alcohol Dependence* 159, 158–165 (2016).

189 Hasan, A. et al. Cannabis use and psychosis: a review of reviews. *European Archives of Psychiatry and Clinical Neuroscience* 270, 403–412 (2020).

190 Kraan, T. et al. Cannabis use and transition to psychosis in individuals at ultra-high risk: review and meta-analysis. *Psychological Medicine* 46, 673–681 (2016).

191 Fusar-Poli, P. et al. Abnormal frontostriatal interactions in people with prodromal signs of psychosis: a multimodal imaging study. *Archives of General Psychiatry* 67, 683–691 (2010).

192 Pasman, J. A. et al. GWAS of lifetime cannabis use reveals new risk loci, genetic overlap with psychiatric traits, and a causal effect of schizophrenia liability. *Nature Neuroscience* 21, 1161–1170 (2018).

193 Morgan, C. J. & Curran, H. V. Effects of cannabidiol on schizophrenia-like symptoms in people who use cannabis. *The British Journal of Psychiatry* 192, 306–307 (2008).

194 Englund, A. et al. Cannabidiol inhibits THC-elicited paranoid symptoms and hippocampal-dependent memory impairment. *Journal of Psychopharmacology* 27, 19–27 (2013).

195 Freeman, T. P. et al. Cannabidiol for the treatment of cannabis use disorder: a phase 2a, double-blind, placebo-controlled, randomised, adaptive Bayesian trial. *The Lancet Psychiatry* 7, 865–874 (2020).

196 Samorini, G. The oldest archeological data evidencing the relationship of Homo sapiens with psychoactive plants: A worldwide overview. *Journal of Psychedelic Studies* 3, 63–80 (2019).

197 Hall, W. Why was early therapeutic research on psychedelic drugs abandoned? *Psychological Medicine* 52, 26–31 (2022).

198 Griffiths, R. R., Richards, W. A., Johnson, M. W., McCann, U. D. & Jesse, R. Mystical-type experiences occasioned by psilocybin mediate the attribution of personal meaning and spiritual significance 14 months later. *Journal of Psychopharmacology* 22, 621–632 (2008).

199 Jesse, R. & Griffiths, R. R. Psilocybin research at Johns Hopkins: A 2014 report. *Seeking the sacred with psychoactive substances: Chemical paths to spirituality and to god* 2, 29–43 (2014).

200 Carhart-Harris, R. L. et al. Psilocybin with psychological support for treatment-resistant depression: an open-label feasibility study. *The Lancet Psychiatry* 3, 619–627 (2016).

201 Carhart-Harris, R. et al. Trial of psilocybin versus escitalopram for depression. *New England Journal of Medicine* 384, 1402–1411 (2021).

202 Vollenweider, F. X. et al. Positron emission tomography and fluorodeoxyglucose studies of metabolic hyperfrontality and psychopathology in the psilocybin model of psychosis. *Neuropsychopharmacology* 16, 357–372 (1997).

203 Carhart-Harris, R. L. et al. Neural correlates of the psychedelic state as determined by fMRI studies with psilocybin. *Proceedings of the National Academy of Sciences* 109, 2138–2143 (2012).

204 Roseman, L., Demetriou, L., Wall, M. B., Nutt, D. J. & Carhart-Harris, R. L. Increased amygdala responses to emotional faces after psilocybin for treatment-resistant depression. *Neuropharmacology* 142, 263–269 (2018).

205 Olson, J. A., Suissa-Rocheleau, L., Lifshitz, M., Raz, A. & Veissiere,

S. P. Tripping on nothing: placebo psychedelics and contextual factors. *Psychopharmacology* 237, 1371–82 (2020).

206 Duerler, P. et al. Psilocybin Induces Aberrant Prediction Error Processing of Tactile Mismatch Responses—A Simultaneous EEG–FMRI Study. *Cerebral Cortex* 32, 186–196 (2021).

207 Preller, K. H. et al. Changes in global and thalamic brain connectivity in LSD-induced altered states of consciousness are attributable to the 5-HT2A receptor. *eLife* 7, (2018).

208 Carhart-Harris, R. L. & Friston, K. REBUS and the anarchic brain: toward a unified model of the brain action of psychedelics. *Pharmacological Reviews* 71, 316–344 (2019).

209 Doss, M. K. et al. Psilocybin therapy increases cognitive and neural flexibility in patients with major depressive disorder. *Translational Psychiatry* 11, 1–10 (2021).

210 Rudd, M. D. et al. Brief cognitive-behavioral therapy effects on post-treatment suicide attempts in a military sample: results of a randomized clinical trial with 2-year follow-up. *American Journal of Psychiatry* 172, 441–449 (2015).

211 Tolin, D. F. Is cognitive-behavioral therapy more effective than other therapies?: A meta-analytic review. *Clinical Psychology Review* 30, 710–720 (2010).

212 Cuijpers, P., Andersson, G., Donker, T. & van Straten, A. Psychological treatment of depression: results of a series of meta-analyses. *Nordic Journal of Psychiatry* 65, 354–364 (2011).

213 Cuijpers, P., van Straten, A., Andersson, G. & van Oppen, P. Psychotherapy for depression in adults: a meta-analysis of comparative outcome studies. *Journal of Consulting and Clinical Psychology* 76, 909–922 (2008).

214 Mobini, S. et al. Effects of standard and explicit cognitive bias modification and computer-administered cognitive-behaviour therapy on cognitive biases and social anxiety. *Journal of Behavior Therapy and Experimental Psychiatry* 45, 272–279 (2014).

215 Paykel, E. S. Cognitive therapy in relapse prevention in depression. *International Journal of Neuropsychopharmacology* 10, 131–136 (2007).

216 Nord, C. L. et al. Neural effects of antidepressant medication and psychological treatments: a quantitative synthesis across three meta-analyses. *The British Journal of Psychiatry* 219, 546–50 (2021).

217 DeRubeis, R. J., Siegle, G. J. & Hollon, S. D. Cognitive therapy versus medication for depression: treatment outcomes and neural mechanisms. *Nature Reviews Neuroscience* 9, 788–796 (2008).
218 Moutoussis, M., Shahar, N., Hauser, T. U. & Dolan, R. J. Computation in psychotherapy, or how computational psychiatry can aid learning-based psychological therapies. *Computational Psychiatry* 2, 50–73 (2018).
219 Dercon, Q. et al. A core component of psychological therapy causes adaptive changes in computational learning mechanisms. (2022).
220 O'Donohue, W. T. & Fisher, J. E. *Cognitive Behavior Therapy: Core Principles for Practice*. (John Wiley & Sons, 2012).
221 Cuijpers, P. et al. A network meta-analysis of the effects of psychotherapies, pharmacotherapies and their combination in the treatment of adult depression. *World Psychiatry* 19, 92–107 (2020).
222 Revell, E. R., Gillespie, D., Morris, P. G. & Stone, J. Drop attacks as a subtype of FND: a cognitive behavioural model using grounded theory. *Epilepsy & Behavior Reports* 100491 (2021).
223 O'Connell, N. et al. Outpatient CBT for motor functional neurological disorder and other neuropsychiatric conditions: a retrospective case comparison. *The Journal of Neuropsychiatry and Clinical Neurosciences* 32, 58–66 (2020).
224 Manjaly, Z.-M.&Iglesias, S. A computational theory of mindfulness based cognitive therapy from the "bayesian brain" perspective. *Frontiers in Psychiatry* 11, 404 (2020).
225 Kuyken, W. et al. How does mindfulness-based cognitive therapy work? *Behaviour Research and Therapy* 48, 1105–1112 (2010).
226 Lutz, J. et al. Mindfulness and emotion regulation—an fMRI study. *Social Cognitive and Affective Neuroscience* 9, 776–785 (2014).
227 Carlson, L. E. & Brown, K. W. Validation of the Mindful Attention Awareness Scale in a cancer population. *Journal of Psychosomatic Research* 58, 29–33 (2005).
228 Farias, M., Maraldi, E., Wallenkampf, K. C. & Lucchetti, G. Adverse events in meditation practices and meditation-based therapies: a systematic review. *Acta Psychiatrica Scandinavica* 142, 374–393 (2020).
229 Hirshberg, M. J., Goldberg, S. B., Rosenkranz, M. & Davidson, R. J. Prevalence

of harm in mindfulness-based stress reduction. *Psychological Medicine* 52, 1080–1088 (2022).

230 Van Dam, N. T. & Galante, J. Underestimating harm in mindfulness–based stress reduction. *Psychological Medicine* 1–3 (2020).

231 Reitmaier, J. et al. Effects of rhythmic eye movements during a virtual reality exposure paradigm for spider-phobic patients. *Psychology and Psychotherapy: Theory, Research and Practice* 95, 57–78 (2022).

232 Mitchell, J. M. et al. MDMA-assisted therapy for severe PTSD: a randomized, double-blind, placebo-controlled phase 3 study. *Nature Medicine* 27, 1025–1033 (2021).

233 Linden, M. & Schermuly-Haupt, M.-L. Definition, assessment and rate of psychotherapy side-effects. *World Psychiatry* 13, 306 (2014).

234 Pagnin, D., de Queiroz, V., Pini, S. & Cassano, G. B. Efficacy of ECT in depression: a meta-analytic review. *Focus* 6, 155–162 (2008).

235 Slotema, C. W., Blom, J. D., Hoek, H. W. & Sommer, I. E. Should we expand the toolbox of psychiatric treatment methods to include Repetitive Transcranial Magnetic Stimulation (rTMS)? A meta-analysis of the efficacy of rTMS in psychiatric disorders. *The Journal of Clinical Psychiatry* 71, 873–84 (2010).

236 Read, J., Cunliffe, S., Jauhar, S. & McLoughlin, D. M. Should we stop using electroconvulsive therapy? *BMJ* 364, (2019).

237 Rozing, M. P., Jørgensen, M. B. & Osler, M. Electroconvulsive therapy and later stroke in patients with affective disorders. *The British Journal of Psychiatry* 214, 168–170 (2019).

238 Osler, M., Rozing, M. P., Christensen, G. T., Andersen, P. K. & Jørgensen, M. B. Electroconvulsive therapy and risk of dementia in patients with affective disorders: a cohort study. *The Lancet Psychiatry* 5, 348–356 (2018).

239 Nuninga, J. O. et al. Volume increase in the dentate gyrus after electroconvulsive therapy in depressed patients as measured with 7T. *Molecular Psychiatry* 25, 1559–1568 (2020).

240 Semkovska, M. & McLoughlin, D. M. Objective cognitive performance associated with electroconvulsive therapy for depression: a systematic review and meta-analysis. *Biological psychiatry* 68, 568–577 (2010).

241 Golinkoff, M. & Sweeney, J. A. Cognitive impairments in depression. *Journal of*

Affective Disorders 17, 105–112 (1989).

242 Steinberg, H. Electrotherapeutic disputes: the 'Frankfurt Council'of 1891. *Brain* (2011).

243 Cambiaghi, M. & Sconocchia, S. Scribonius Largus (probably before 1CE- after 48CE). *Journal of Neurology* 265, 2466–2468 (2018).

244 McWhirter, L., Carson, A. & Stone, J. The body electric: a long view of electrical therapy for functional neurological disorders. *Brain* 138, 1113–1120 (2015).

245 Franklin, B. An Account of the Effects of Electricity in paralytic Cases. In a Letter to John Pringle, MDFRS from Benjamin Franklin, Esq; FRS-See an Account of some surprising Effects of Electricity, in Vol. XXIII, Page 280, of our Magazine. *New Universal Magazine: or, Miscellany of Historical, Philosophical, Political and Polite Literature* 25, 282–283 (1759).

246 Harris, W. Diagnosis And Electrical Treatment Of Nerve Injuries Of The Upper Extremity. *The British Medical Journal* 722–724 (1908).

247 Nitsche, M. A. & Paulus, W. Excitability changes induced in the human motor cortex by weak transcranial direct current stimulation. *The Journal of Physiology* 527, 633–639 (2000).

248 Nord, C. L. et al. The neural basis of hot and cold cognition in depressed patients, unaffected relatives, and low-risk healthy controls: an fMRI investigation. *Journal of Affective Disorders* 274, 389–398 (2020).

249 O'Reardon, J. P. et al. Efficacy and safety of transcranial magnetic stimulation in the acute treatment of major depression: a multisite randomized controlled trial. *Biological Psychiatry* 62, 1208–1216 (2007).

250 Mutz, J., Edgcumbe, D. R., Brunoni, A. R. & Fu, C. H. Efficacy and acceptability of non-invasive brain stimulation for the treatment of adult unipolar and bipolar depression: a systematic review and meta-analysis of randomised sham-controlled trials. *Neuroscience & Biobehavioral Reviews* (2018).

251 Cole, E. J. et al. Stanford Accelerated Intelligent Neuromodulation Therapy for Treatment-Resistant Depression. *American Journal of Psychiatry* 177, 716–726 (2020).

252 Fitzgerald, P. B. et al. A randomized trial of rTMS targeted with MRI based neuro-navigation in treatment-resistant depression. *Neuropsychopharmacology* 34, 1255–1262 (2009).

253 Fregni, F. et al. Treatment of major depression with transcranial direct current stimulation. *Bipolar disorders* 8, 203–204 (2006).

254 Nord, C. L. et al. Neural predictors of treatment response to brain stimulation and psychological therapy in depression: a double-blind randomized controlled trial. *Neuropsychopharmacology* 44, 1613–22 (2019).

255 Mayberg, H. S. et al. Deep brain stimulation for treatment-resistant depression. *Neuron* 45, 651–660 (2005).

256 Mayberg, H. S. et al. Reciprocal limbic-cortical function and negative mood: converging PET findings in depression and normal sadness. *American Journal of Psychiatry* 156, 675–682 (1999).

257 Vicheva, P., Butler, M. & Shotbolt, P. Deep brain stimulation for obsessive-compulsive disorder: A systematic review of randomised controlled trials. *Neuroscience & Biobehavioral Reviews* 109, 129–138 (2020).

258 Martinez-Ramirez, D. et al. Efficacy and safety of deep brain stimulation in Tourette syndrome: the international Tourette syndrome deep brain stimulation public database and registry. *JAMA Neurology* 75, 353–359 (2018).

259 Holtzheimer, P. E. et al. Subcallosal cingulate deep brain stimulation for treatment-resistant depression: a multisite, randomised, sham-controlled trial. *The Lancet Psychiatry* 4, 839–849 (2017).

260 Scangos, K. W. et al. Closed-loop neuromodulation in an individual with treatment-resistant depression. *Nature Medicine* 1–5 (2021).

261 Davydov, D. M., Stewart, R., Ritchie, K. & Chaudieu, I. Resilience and mental health. *Clinical Psychology Review* 30, 479–495 (2010).

262 Berryman, J. W. Motion and rest: Galen on exercise and health. *The Lancet* 380, 210–211 (2012).

263 Schuch, F. B. et al. Exercise as a treatment for depression: a meta-analysis adjusting for publication bias. *Journal of Psychiatric Research* 77, 42–51 (2016).

264 Chalder, M. et al. Facilitated physical activity as a treatment for depressed adults: randomised controlled trial. *BMJ* 344, (2012).

265 Chekroud, S. R. et al. Association between physical exercise and mental health in 1·2 million individuals in the USA between 2011 and 2015: a cross-sectional study. *The Lancet Psychiatry* 5, 739–746 (2018).

266 Firth, J. et al. Effect of aerobic exercise on hippocampal volume in humans: a

systematic review and meta-analysis. *Neuroimage* 166, 230–238 (2018).

267 Ruscheweyh, R. et al. Physical activity and memory functions: an interventional study. *Neurobiology of Aging* 32, 1304–1319 (2011).

268 Du, M.-Y. et al. Voxelwise meta-analysis of gray matter reduction in major depressive disorder. *Progress in Neuro-Psychopharmacology and Biological Psychiatry* 36, 11–16 (2012).

269 Pereira, A. C. et al. An in vivo correlate of exercise-induced neurogenesis in the adult dentate gyrus. *Proceedings of the National Academy of Sciences* 104, 5638–5643 (2007).

270 Kandola, A., Ashdown-Franks, G., Hendrikse, J., Sabiston, C. M. & Stubbs, B. Physical activity and depression: Towards understanding the antidepressant mechanisms of physical activity. *Neuroscience & Biobehavioral Reviews* 107, 525–539 (2019).

271 White, K., Kendrick, T. & Yardley, L. Change in self-esteem, self-efficacy and the mood dimensions of depression as potential mediators of the physical activity and depression relationship: Exploring the temporal relation of change. *Mental Health and Physical Activity* 2, 44–52 (2009).

272 Babson, K. A., Trainor, C. D., Feldner, M. T. & Blumenthal, H. A test of the effects of acute sleep deprivation on general and specific self-reported anxiety and depressive symptoms: an experimental extension. *Journal of Behavior Therapy and Experimental Psychiatry* 41, 297–303 (2010).

273 Reeve, S., Emsley, R., Sheaves, B. & Freeman, D. Disrupting sleep: the effects of sleep loss on psychotic experiences tested in an experimental study with mediation analysis. *Schizophrenia Bulletin* 44, 662–671 (2018).

274 McGrath, J. J. et al. Psychotic experiences in the general population: across-national analysis based on 31,261 respondents from 18 countries. *JAMA Psychiatry* 72, 697–705 (2015).

275 Mendelson, W. B., Gillin, J. C. & Wyatt, R. J. *Human Sleep and Its Disorders*. (Plenum Press, 1977).

276 Gehrman, P. et al. Predeployment sleep duration and insomnia symptoms as risk factors for new-onset mental health disorders following military deployment. *Sleep* 36, 1009–1018 (2013).

277 Koffel, E., Polusny, M. A., Arbisi, P. A. & Erbes, C. R. Pre-deployment daytime

and nighttime sleep complaints as predictors of post-deployment PTSD and depression in National Guard troops. *Journal of anxiety disorders* 27, 512–519 (2013).
278 Baglioni, C. et al. Sleep and mental disorders: A meta-analysis of polysomnographic research. *Psychological Bulletin* 142, 969 (2016).
279 Geoffroy, P. A. et al. Insomnia and hypersomnia in major depressive episode: prevalence, sociodemographic characteristics and psychiatric comorbidity in a population-based study. *Journal of Affective Disorders* 226, 132–141 (2018).
280 Marcks, B. A., Weisberg, R. B., Edelen, M. O. & Keller, M. B. The relationship between sleep disturbance and the course of anxiety disorders in primary care patients. *Psychiatry Research* 178, 487–492 (2010).
281 Reeve, S., Sheaves, B. & Freeman, D. Sleep disorders in early psychosis: incidence, severity, and association with clinical symptoms. *Schizophrenia Bulletin* 45, 287–295 (2019).
282 Ablin, J. N. et al. Effects of sleep restriction and exercise deprivation on somatic symptoms and mood in healthy adults. *Clinical and Experimental Rheumatology* 31, S53-9 (2013).
283 Lautenbacher, S., Kundermann, B. & Krieg, J.-C. Sleep deprivation and pain perception. *Sleep Medicine Reviews* 10, 357–369 (2006).
284 Freeman, D. et al. The effects of improving sleep on mental health (OASIS): a randomised controlled trial with mediation analysis. *The Lancet Psychiatry* 4, 749–758 (2017).
285 Ioannou, M. et al. Sleep deprivation as treatment for depression: Systematic review and meta-analysis. *Acta Psychiatrica Scandinavica* 143, 22–35 (2021).
286 Humpston, C. et al. Chronotherapy for the rapid treatment of depression: A meta-analysis. *Journal of Affective Disorders* 261, 91–102 (2020).
287 Benedetti, F. et al. Sleep deprivation hastens the antidepressant action of fluoxetine. *European Archives of Psychiatry and Clinical Neuroscience* 247, 100–103 (1997).
288 Handy, A. B., Greenfield, S. F., Yonkers, K. A. & Payne, L. A. Psychiatric symptoms across the menstrual cycle in adult women: A comprehensive review. *Harvard Review of Psychiatry* 30, 100–117 (2022).
289 Dutheil, S., Ota, K. T., Wohleb, E. S., Rasmussen, K. & Duman, R. S. High-

fat diet induced anxiety and anhedonia: impact on brain homeostasis and inflammation. *Neuropsychopharmacology* 41, 1874–1887 (2016).

290 Lassale, C. et al. Healthy dietary indices and risk of depressive outcomes: a systematic review and meta-analysis of observational studies. *Molecular Psychiatry* 24, 965–986 (2019).

291 Parletta, N. et al. A Mediterranean-style dietary intervention supplemented with fish oil improves diet quality and mental health in people with depression: A randomized controlled trial (HELFIMED). *Nutritional Neuroscience* 22, 474–487 (2019).

292 Cowan, C. S., Callaghan, B. L. & Richardson, R. The effects of a probiotic formulation (Lactobacillus rhamnosus and L. helveticus) on developmental trajectories of emotional learning in stressed infant rats. *Translational psychiatry* 6, e823 (2016).

293 Liu, R. T., Walsh, R. F. & Sheehan, A. E. Prebiotics and probiotics for depression and anxiety: a systematic review and meta-analysis of controlled clinical trials. *Neuroscience & Biobehavioral Reviews* 102, 13–23 (2019).

294 Ackard, D. M., Croll, J. K. & Kearney-Cooke, A. Dieting frequency among college females: Association with disordered eating, body image, and related psychological problems. *Journal of Psychosomatic Research* 52, 129–136 (2002).

295 Greetfeld, M. et al. Orthorexic tendencies in the general population: association with demographic data, psychiatric symptoms, and utilization of mental health services. *Eating and Weight Disorders-Studies on Anorexia, Bulimia and Obesity* 26, 1511–1519 (2021).

296 Rohde, P., Stice, E. & Marti, C. N. Development and predictive effects of eating disorder risk factors during adolescence: Implications for prevention efforts. *International Journal of Eating Disorders* 48, 187–198 (2015).

297 Hsu, L. G. Can dieting cause an eating disorder? *Psychological Medicine* 27, 509–513 (1997).

298 Uniacke, B., Walsh, B. T., Foerde, K. & Steinglass, J. The role of habits in anorexia nervosa: Where we are and where to go from here? *Current Psychiatry Reports* 20, 1–8 (2018).

299 Garfinkel, P. E. Perception of hunger and satiety in anorexia nervosa. *Psychological Medicine* 4, 309–315 (1974).

300 Lautenbacher, S., Hölzl, R., Tuschl, R. & Strian, F. The significance of gastrointestinal and subjective responses to meals in anorexia nervosa (1986). *In Topics in behavioral medicine* (eds. Finck, J., Finck, Vandereycken, W., Fontaine, O., and Eelen, P.), 91–9 (Swets & Zeitlinger, B. V., 1986). 301 Khalsa, S. S. et al. Altered interoceptive awareness in anorexia nervosa: effects of meal anticipation, consumption and bodily arousal. *International Journal of Eating Disorders* 48, 889–897 (2015).

302 Bernardoni, F. et al. More by stick than by carrot: A reinforcement learning style rooted in the medial frontal cortex in anorexia nervosa. *Journal of Abnormal Psychology* 130, 736 (2021).

303 Watson, H. J. et al. Genome-wide association study identifies eight risk loci and implicates metabo-psychiatric origins for anorexia nervosa. *Nature Genetics* 51, 1207–1214 (2019).

304 Knowles, M. *The Wicked Waltz and Other Scandalous Dances: Outrage at Couple Dancing in the 19th and Early 20th Centuries*. (McFarland, 2009).

305 Pearson, J. *Women's reading in Britain*, 1750–1835: A Dangerous Recreation. (Cambridge University Press, 1999).

306 Cost, K. T. et al. Mostly worse, occasionally better: impact of COVID-19 pandemic on the mental health of Canadian children and adolescents. *European Child & Adolescent Psychiatry* 31, 671–684 (2022).

307 Cybulski, L. et al. Temporal trends in annual incidence rates for psychiatric disorders and self-harm among children and adolescents in the UK, 2003–2018. *BMC Psychiatry* 21, 1–12 (2021).

308 Pitchforth, J. et al. Mental health and well-being trends among children and young people in the UK, 1995–2014: analysis of repeated cross-sectional national health surveys. *Psychological Medicine* 49, 1275–1285 (2019).

309 Miller, E. Hysteria: its nature and explanation. *British Journal of Clinical Psychology* 26, 163–173 (1987).

310 Faraone, C. A. Magical and medical approaches to the wandering womb in the ancient Greek world. *Classical Antiquity* 30, 1–32 (2011).

311 Merskey, H. & Potter, P. The womb lay still in ancient Egypt. *The British Journal of Psychiatry* 154, 751–753 (1989).

312 Carota, A. & Calabrese, P. Hysteria around the world. *Hysteria: The Rise of an*

Enigma 35, 169–180 (2014).

313 Alessi, R. & Valente, K. D. Psychogenic non-epileptic seizures at a tertiary care center in Brazil. *Epilepsy & Behavior* 26, 91–95 (2013).

314 An, D., Wu, X., Yan, B., Mu, J. & Zhou, D. Clinical features of psychogenic nonepileptic seizures: a study of 64 cases in southwest China. *Epilepsy & Behavior* 17, 408–411 (2010).

315 Dhiman, V. et al. Semiological characteristics of adults with psychogenic nonepileptic seizures (PNESs): an attempt towards a new classification. *Epilepsy & Behavior* 27, 427–432 (2013).

316 Trimble, M. & Reynolds, E. H. A brief history of hysteria: from the ancient to the modern. *Handbook of Clinical Neurology* 139, 3–10 (2016).

317 Popkirov, S., Wessely, S., Nicholson, T. R., Carson, A. J. & Stone, J. Different shell, same shock. *BMJ* 359, (2017).

318 Chu, C. Morgellons Disease—Dredged Up From History and Customized. *JAMA Dermatology* 154, 451 (2018).

319 Kellett, C. E. Sir Thomas Browne and the disease called the Morgellons. *Annals of Medical History* 7, 467 (1935).

320 Hylwa, S. A. & Ronkainen, S. D. Delusional infestation versus Morgellons disease. *Clinics in Dermatology* 36, 714–718 (2018).

321 Pearson, M. L. et al. Clinical, epidemiologic, histopathologic and molecular features of an unexplained dermopathy. *PLOS ONE* 7, e29908 (2012).

322 Freudenmann, R. W. et al. Delusional infestation and the specimen sign: a European multicentre study in 148 consecutive cases. *British Journal of Dermatology* 167, 247–251 (2012).

323 Lepping, P., Rishniw, M. & Freudenmann, R. W. Frequency of delusional infestation by proxy and double delusional infestation in veterinary practice: observational study. *The British Journal of Psychiatry* 206, 160–163 (2015).

324 Chakraborty, A. & McKenzie, K. Does racial discrimination cause mental illness? *The British Journal of Psychiatry* 180, 475–477 (2002).

325 Neeleman, J., Mak, V. & Wessely, S. Suicide by age, ethnic group, coroners' verdicts and country of birth: A three-year survey in inner London. *The British journal of psychiatry* 171, 463–467 (1997).

326 Boydell, J. et al. Incidence of schizophrenia in ethnic minorities in London:

ecological study into interactions with environment. *BMJ* 323, 1336 (2001).

327 Neeleman, J., Wilson-Jones, C. & Wessely, S. Ethnic density and deliberate self harm; a small area study in south east London. *Journal of Epidemiology & Community Health* 55, 85–90 (2001).

328 Gevonden, M. J. et al. Sexual minority status and psychotic symptoms: findings from the Netherlands Mental Health Survey and Incidence Studies (NEMESIS). *Psychological medicine* 44, 421–433 (2014).

329 Cochran, S. D., Sullivan, J. G. & Mays, V. M. Prevalence of mental disorders, psychological distress, and mental health services use among lesbian, gay, and bisexual adults in the United States. *Journal of Consulting and Clinical Psychology* 71, 53 (2003).

330 Boller, F. & Forbes, M. M. History of dementia and dementia in history: an overview. *Journal of the Neurological Sciences* 158, 125–133 (1998).

331 Schultheiß, C. et al. The IL-1β, IL-6, and TNF cytokine triad is associated with post-acute sequelae of COVID-19. *Cell Reports Medicine* 3, 100663 (2022).

332 Dahl, J. et al. The plasma levels of various cytokines are increased during ongoing depression and are reduced to normal levels after recovery. *Psychoneuroendocrinology* 45, 77–86 (2014).

333 Dowlati, Y. et al. A meta-analysis of cytokines in major depression. *Biological Psychiatry* 67, 446–457 (2010).

334 Köhler, O. et al. Effect of anti-inflammatory treatment on depression, depressive symptoms, and adverse effects: a systematic review and meta-analysis of randomized clinical trials. *JAMA Psychiatry* 71, 1381–1391 (2014).

335 Dixon, K. E., Keefe, F. J., Scipio, C. D., Perri, L. M. & Abernethy, A. P. Psychological interventions for arthritis pain management in adults: a meta-analysis. *Health Psychology* 26, 241 (2007).

336 Lackner, J. M., Mesmer, C., Morley, S., Dowzer, C. & Hamilton, S. Psychological treatments for irritable bowel syndrome: a systematic review and meta-analysis. *Journal of Consulting and Clinical Psychology* 72, 1100 (2004).

역자 후기

달리기를 30분쯤 하면 천연 오피오이드가 분비되어 행복감을 느끼게 되는데, 뇌에서 이 회로망 자체가 생겨나려면 운동을 3주일 정도는 지속해야 한다는 뉴스를 본 적이 있다. 그런데 저 3주일이라는 기간을 얼마나 믿을 수 있을까. 적어도 내 경우는 달리기를 몇 년 했으나, 회로망이 과연 생기기는 한 것인지 여전히 의심하고 있다. 물론 운동의 강도와 시간 등을 따져야 할 문제이고, 그냥 열심히 하지 않아서 그럴 수도 있으니 진지하게 받아들이지는 않는다. 어쨌든 달리기를 할 때마다 무슨 영화를 누리겠다고 이러고 있을까 같은 생각을 하는데, 가끔은 아주 반가운 경험도 한다. 최근에는 아침에 막 허물을 벗고 나와서 연두색 날개를 말리고 있는 매미 한 마리를 보았다. 매미의 날개가 저렇게 아름다운 색일 수 있는지, 신기해서 한참 구경하다가 달리던 길로 돌아갔다.

이 책은 일상에서 사소한 즐거움, 반가움을 선사하는 사건들의 중요성을 뇌과학의 관점에서 이야기하는 책이다. 저자는 쾌감과 통증을 처리하는 뇌의 과정들과 신체와 뇌의 밀접한 연락 체계를 설명하며, 뇌가 단순히 외부에서 전달되는 정보를 처리하는 수동적인 기관이 아니라 주어진 환경의 맥락 속에서 미리 상황을 예측하고 준비하는 능동적인 기관이라는 점을 강조한다. 또한 신체 내외부에서 주어지는 정보들은 선명하지 않으며 잡음 속에서 진짜 소리를 찾아가는 일종의 탐색 과정이라는 점도

지적하고 있다. 그렇기에 만성통증처럼 아픔에 오래 시달린 환자는 실제 통증보다 더 과장되게 아픔을 느낄 수 있고, 기능성 신경학적 장애처럼 뇌의 해석 과정 때문에 신체적 문제가 생기는 경우도 있을 수 있다.

약물치료나 심리치료 등 정신적 문제를 해결하기 위해 여러 치료법을 찾아보고 경험한 독자라면, 이 같은 치료법이 어떻게 뇌에서 효과를 발휘하는지 화학적 분석 말고 인지적 관점에서 제시한 설명에 흥미를 느낄 것이다. 저자는 우울증 환자 등에서 찾을 수 있는 일상의 정보들을 현실보다 더 부정적으로 처리하는 편향을 약물이 어떻게 옮겨놓는지 알려준다. 사소한 사건들의 처리에 변화가 일어나고, 이런 변화가 축적되어야 비로소 약물의 효과를 느낄 수 있다. 심리치료, 그리고 아직은 미지의 세계에 가까운 기분 전환용 약물들은 이와는 반대의 방향으로 정보 처리를 바꿔나간다.

이렇게 일상의 사건들이 우리의 인생 전반에 대한 감각을 구축해나간다면, 일상에서 전반적으로 긍정적인 체험이 주어진다면 좋을 텐데, 지금의 이 시대가 그런 환경을 제공할 수 있을까. 가끔 일상의 소소한 기쁨을 발견한다고 해도 미래의 전망 자체가 불안한 현대인에게 얼마나 도움이 될까. 마지막 장에서 저자는 사회문화적으로 질병의 정의 및 경험이 어떻게 달라져왔는지를 살펴보며, 차별과 따돌림 같은 경험이 인간의 정신 건강을 얼마나 나쁜 방향으로 몰아갈 수 있는지 설명한다. 연구는 과학자의 몫이라도, 큰 틀에서 정신 건강을 증진할 수 있는 방향을 잡아갈 수 있는 것은 사회의 몫이라는 생각을 다시 하게 된다.

2024년 9월

진영인

인명 색인